Springer
Berlin
Heidelberg
New York
Barcelona
Hongkong
London
Mailand
Paris
Tokio

Die Reihe **Xpert.press** des Springer-Verlags vermittelt Professionals in den Bereichen Betriebs- und Informationssysteme, Software Engineering und Programmiersprachen aktuell und kompetent relevantes Fachwissen über Technologien und Produkte zur Entwicklung und Anwendung moderner Informationstechnologien.

Martin Trapp

Optimierung objektorientierter Programme

Übersetzungstechniken, Analysen und Transformationen

Mit 29 Abbildungen

Springer

Dr. Martin Trapp
IBM T.J. Watson Research Center
Yorktown Heights, NY, USA
trapp@watson.ibm.com

ISBN-13: 978-3-642-63999-9 e-ISBN-13: 978-3-642-59502-8
DOI: 10.1007/978-3-642-59502-8

Die Deutsche Bibliothek – CIP-Einheitsaufnahme
Trapp, Martin: Optimierung objektorientierter Programme: Übersetzungstechniken, Analysen und Transformationen/Martin Trapp. – Berlin; Heidelberg; New York; Barcelona; Hongkong; London; Mailand; Paris; Tokio: Springer, 2001
(Xpert.press)
ISBN-13: 978-3-642-63999-9

Zur Erlangung des akademischen Grades eines Doktors der Ingenieurwissenschaften von der Fakultät für Informatik der Universität Karlsruhe genehmigte Dissertation von Martin Trapp aus Baden-Baden.
Tag der mündlichen Prüfung: 22.12.1999
Erster Gutachter: Prof. Dr. Gerhard Goos
Zweiter Gutachter: Prof. Dr. Theo Ungerer

Dieses Werk ist urheberrechtlich geschützt. Die dadurch begründeten Rechte, insbesondere die der Übersetzung, des Nachdrucks, des Vortrags, der Entnahme von Abbildungen und Tabellen, der Funksendung, der Mikroverfilmung oder der Vervielfältigung auf anderen Wegen und der Speicherung in Datenverarbeitungsanlagen, bleiben, auch bei nur auszugsweiser Verwertung, vorbehalten. Eine Vervielfältigung dieses Werkes oder von Teilen dieses Werkes ist auch im Einzelfall nur in den Grenzen der gesetzlichen Bestimmungen des Urheberrechtsgesetzes der Bundesrepublik Deutschland vom 9. September 1965 in der jeweils geltenden Fassung zulässig. Sie ist grundsätzlich vergütungspflichtig. Zuwiderhandlungen unterliegen den Strafbestimmungen des Urheberrechtsgesetzes.

Springer-Verlag Berlin Heidelberg New York
ein Unternehmen der BertelsmannSpringer Science+Business Media GmbH
http://www.springer.de

© Springer-Verlag Berlin Heidelberg 2001
Reprint of the original edition 2001

Die Wiedergabe von Gebrauchsnamen, Handelsnamen, Warenbezeichnungen usw. in diesem Werk berechtigt auch ohne besondere Kennzeichnung nicht zu der Annahme, dass solche Namen im Sinne der Warenzeichen- und Markenschutz-Gesetzgebung als frei zu betrachten wären und daher von jedermann benutzt werden dürften.

Umschlaggestaltung: KünkelLopka, Heidelberg
Satz: Reprofertige Vorlagen vom Autor
SPIN: 10844503 33/3142 GF 543210

Vorwort

Meine ersten praktischen Erfahrungen mit der Objektorientierung machte ich Ende der 80er Jahre in einem System mit *Bytecode* Interpretierer, automatischer Speicherbereinigung und *Threads*. Ich hatte damals zwar nicht die leiseste Ahnung von objektorientiertem Programmieren, war aber von der Eleganz dieses Ansatzes sehr beeindruckt. Fünf Jahre später hätte man ein solches System wohl als *Virtual Machine* erfunden.

Objektorientierte Kapselung, Delegation, Polymorphie und autonome Komponenten können sehr hilfreiche Konzepte zur Strukturierung komplexer Software-Systeme sein. Objektorientierte Programmiersprachen unterstützen entsprechende Mechanismen, aber Systeme werden nicht automatisch objektorientiert, nur weil sie in einer objektorientierten Programmiersprache implementiert werden: C-Programmierer können auch in Java prima C-Programme schreiben, und umgekehrt kann man mit etwas Disziplin auch in C recht objektorientiert programmieren. Aus diesem Grund heißt dieses Buch auch nicht „Optimierungen für objektorientierte Programmiersprachen“, sondern „Optimierung objektorientierter Programme“.

Was macht also nun ein objektorientiertes Programm aus, und warum sind nicht bereits alle Fragen der optimierenden Übersetzung durch die bekannten Arbeiten über Fortran beantwortet? Typisch für gute objektorientierte Programme ist m.E. die zielgerichtete Verwendung von Abstraktionsmechanismen, um dadurch software-technische Ziele wie Verständlichkeit, Wartbarkeit, Robustheit, kurze Implementierungszeiten und einfache Testbarkeit zu erreichen. Diese Abstraktionsmechanismen sind im allgemeinen aber nicht umsonst zu bekommen. Meist verbergen sie Implementierungsdetails nicht nur vor dem Programmierer, sondern sehr häufig auch vor traditionellen, lokalen Programmoptimierungen.

Bei der zielgerichteten Verwendung objektorientierter Techniken scheiden sich oft die Geister: Der sicherste Weg zur Vermeidung von Effizienzeinbußen, die durch objektorientierte Abstraktionsmechanismen entstehen können, ist die völlige Vermeidung dieser Mechanismen. Damit gehen natürlich aber auch die software-technischen Vorteile des objektorientierten Ansatzes verloren.

Ob eine objektorientierte Abstraktion in einer bestimmten Programmzeile hilfreich, unnötig oder einfach nur teuer ist, hängt in der Regel von der konkreten Verwendung in einem größeren Kontext ab. Selbst innerhalb desselben Programms kann die Beantwortung dieser Frage für verschiedene Verwendungen oft unterschiedlich ausfallen. Die Entscheidung über die Spezialisierung oder Elimination von objektorientierten Mechanismen sollte daher auch nicht auf der Quellcodeebene gefällt werden, sondern einem optimierenden Übersetzer für objektorientierte Programme überlassen werden, der dafür geeignete Techniken besitzt.

Beim Schreiben dieses Buches war es mir wichtig, die einzelnen Probleme und Techniken nicht zusammenhangslos abzuhandeln, sondern immer auch die zugrundeliegenden Ursachen und die wechselseitigen Beziehungen deutlich hervorzuheben. Die hier vorgestellten Verfahren wurden ursprünglich für statische Übersetzer entwickelt. Inzwischen werden sie auch bei der dynamischen Übersetzung mit Erfolg angewandt.

Die in diesem Buch beschriebenen neuen Ansätze, Techniken und Mechanismen zur Optimierung objektorientierter Programme sind Ergebnisse meiner Tätigkeit als wissenschaftlicher Mitarbeiter am Lehrstuhl von Professor Goos an der Universität Karlsruhe. Derzeit führe ich meine Arbeiten am IBM T.J. Watson Research Center, Yorktown Heights fort, wo wir mit Jalapeño ein System zur adaptiven Optimierung für Java entwickeln.

Ich möchte mich an dieser Stelle herzlichst bei allen bedanken, die mich in meiner Arbeit unterstützt haben, insbesondere aber auch bei jenen, die mich in dieser Zeit mit Nachsicht ertrugen.

White Plains, New York, im August 2001 *Martin Trapp*

Inhalt

1 Einleitung

Dieses Buch stellt neuartige Ansätze für die optimierende Übersetzung objektorientierter Programme vor. Schwerpunkte bilden hierbei praxistaugliche Realisierungen für geeignete Programmrepräsentationen, effiziente Programmanalysen und optimierende Transformationen sowie die Integration dieser Mechanismen in einen optimierenden Übersetzer.

Objektorientierung ist eine wesentliche Schlüsseltechnologie für ein weites Feld von Anwendungen. Beispielsweise nutzen Banken und Versicherungen, aber auch Internetdienste und Anwendungen im *business-to-business* Bereich diese Technologie in immer stärkerem Umfang. Der objektorientierte Ansatz zeigt vor allem dann seine Stärken, wenn es darum geht, große Systeme zuverlässig zu entwerfen und zu realisieren. Die Vorteile liegen insbesondere in der Kapselung von Zuständigkeiten, was wiederum kürzere Entwicklung-, Implementierungs- und Testzeiten sowie eine bessere Verständlichkeit, Flexibilität und Wartbarkeit der Systeme zur Folge hat. Durch all diese Verbesserungen tragen objektorientierte Technologien ganz wesentlich zur Steigerung der Produktivität und Qualität im Software-Entwicklungsprozeß bei.

Ein wesentliches Problem des objektorientierten Software-Entwurfs ist jedoch die vergleichsweise geringe Effizienz der damit entwickelten Programme. Die ausführbaren Programme sind sehr groß und haben im Vergleich zu nicht objektorientierten Programmen meist eine wesentlich höhere Laufzeit. Dieser Unterschied in den Ausführungszeiten beträgt nicht selten eine ganze Größenordnung, was in etwa dem Faktor entspricht, um den sich bislang die Prozessorleistung von Rechnern in jeweils fünf Jahren erhöht hat.

Die Folge ist meist, daß die Vorteile, die die Objektorientierung bei der Software-Erstellung bietet, durch schwerwiegende Effizienzeinbußen beim ausführbaren Code erkauft werden müssen. In der Praxis führt dieser Gegensatz häufig dazu, daß die Abstraktionsmöglichkeiten objektorientierter Programmierung zu Gunsten schnellerer Ausführungszeiten gemieden werden.

Damit gehen aber auch viele der angestrebten Vorteile des objektorientierten Ansatzes verloren: Durch Vermeidung von Polymorphie und Delegation sowie durch das Aufweichen des Geheimnisprinzips bei Klassen lassen sich natürlich einige Ineffizienzen objektorientierter Programme bereits auf Ebene des Quellcodes beseitigen. Allerdings sinkt dadurch auch die Wiederverwendbarkeit und Flexibilität der Programmkomponenten drastisch.

Um die Vorteile des objektorientierten Programmierens beibehalten und gleichzeitig effiziente Programmausführung erreichen zu können, muß die Optimierung der Programme ohne Änderungen an den Programmquellen möglich sein. Erreichen läßt sich dies nur durch optimierende Übersetzung, d.h. durch Optimierungen, die automatisch vom Übersetzer angewandt werden, während er aus den objektorientierten Programmquellen ausführbare Maschinenprogramme erzeugt.

Warum sind objektorientierte Programme ineffizient?

Programmiersprachen, die für die Implementierung objektorientierter Entwürfe geeignet sind, unterscheiden sich nur wenig von traditionellen imperativen Programmiersprachen. Erweiterungen betreffen vor allem zusätzliche Abstraktionsmechanismen, wie die Kapselung von Daten und Code in Objekten, die bessere Abstraktion von Implementierungsdetails, die Möglichkeit zur Wiederverwendung von Implementierungen durch Vererbung und die Polymorphie, die es erlaubt, Objekte unterschiedlicher Klassen mit Hilfe desselben Programmcodes zu verarbeiten.

Objektorientierte Abstraktionen wie Polymorphie, Kapselung und Delegation sind in erster Linie Mechanismen für den Entwurf und die Erstellung von Software. Auf Ebene des ausführbaren Maschinencodes sind sie oft nicht nur überflüssig, sondern auch ausschlaggebend für die Geschwindigkeitseinbußen im Vergleich zu nicht objektorientierten Programmen. Die Abstraktionen erhöhen nicht nur direkt die Laufzeit der ausführbaren Programme, sondern behindern darüber hinaus auch bekannte Standardoptimierungen für imperative Programme.

Trotzdem werden objektorientierte Programme in der Regel wie herkömmliche imperative Programme übersetzt, ohne dabei wirklich auf die durch den objektorientierten Entwurf eingeführten Besonderheiten einzugehen. Polymorphie, Kapselung und Delegation werden häufig eins-zu-eins in das ausführbare Programm übernommen. Diese strukturerhaltende Übersetzung ist die Hauptursache von Ineffizienzen bei objektorientierten Programmen.

Was wollen wir erreichen?

Die zu lösende Optimierungsaufgabe besteht demnach darin, zur Laufzeit nicht benötigte Abstraktionsmechanismen im ausführbaren Programm zu eliminieren oder zumindest deren Kosten weitgehend zu reduzieren. Dazu ist es notwendig, auf Wiederverwendbarkeit und Flexibilität ausgerichtete Prozeduren und Datenstrukturen im Hinblick auf ihre unterschiedlichen Verwendungen in der gegebenen, konkreten Anwendung zu spezialisieren.

Während die Vermeidung polymorpher Prozeduraufrufe bereits Gegenstand verschiedener Arbeiten auf diesem Gebiet war, wurden auf Ineffizienzen, die durch

Delegation und Kapselung hervorgerufen werden, lediglich die klassischen Optimierungsverfahren für imperative Sprachen angewandt. Hierdurch lassen sich bei objektorientierten Programmen allerdings nur geringe Verbesserungen erzielen.

Nicht betrachtet wurden bisher Ineffizienzen, die entstehen, weil der Zustand, der bei konventionellen imperativen Programmen in lokalen Variablen gehalten wird, bei objektorientierten Programmen in der Regel auf dynamisch erzeugte Objekte verteilt wird. In herkömmlichen Übersetzern werden Zugriffe auf dynamisch erzeugte Variablen faktisch von der Optimierung ausgeschlossen. Die Berechnung ihrer Effekte scheitert mit bekannten Analysetechniken an der Genauigkeit oder am hohen Speicherbedarf der Analyse. Hinzukommt, daß sich die Effekte von Haldenzugriffen in gängigen Zwischensprachen meist nicht adäquat darstellen lassen.

Das Ziel des vorliegenden Buches ist es, einen ganzheitlichen Ansatz zur Effizienzsteigerung objektorientierter Programme durch optimierende Übersetzung vorzustellen. Dabei sollen insbesondere Ineffizienzen beseitigt werden, die durch die Benutzung objektorientierter Abstraktionsmechanismen eingeführt werden, so beispielsweise Ineffizienzen in Folge der Modellierung von Daten als dynamisch erzeugte Objekte. Das Optimierungsziel ist die Verkürzung der Laufzeit der ausführbaren Programme. Änderungen an den Programmquellen sollen dabei nicht notwendig sein.

Wir wollen zeigen, daß durch optimierende Übersetzung für typische objektorientierte Programme und Idiome Laufzeiten erreichbar sind, die die Ausführungsgeschwindigkeit konventioneller, nicht objektorientierter Realisierungen erreichen.

Dabei sollen die vorgestellten Optimierungen und Analysen jedoch auch praktikabel sein. Damit meinen wir, daß die Optimierungen zum einen effektiv sind, sich zum anderen aber auch effizient anwenden lassen. Effizienter Umgang mit Ressourcen ist dabei ein wichtiges Kriterium, da die hier entwickelten Techniken auch für realistische Programme einsetzbar sein sollen.

Wo setzen wir an?

Die Grundidee bei der optimierenden Übersetzung besteht darin, bereits während der Übersetzung Aussagen über die spätere Programmausführung zu bestimmen. Diese Informationen werden benutzt, um die Ausführungskosten der erzeugten Programme zu reduzieren. Typische traditionelle Optimierungen sind z.B. die Vereinfachung von Ausdrücken und die Elimination unnötiger Berechnungen.

Für die optimierende Übersetzung objektorientierter Programme ist es notwendig, die im Quellprogramm enthaltene Allgemeinheit bei Prozeduren und Objekten soweit einzuschränken, wie dies auf Grund ihrer konkreten Benutzung in einer größeren Übersetzungseinheit möglich ist. Dadurch können die vorhandenen Abstraktionen wie Polymorphie, Delegation und Datenkapselung häufig effizienter realisiert oder sogar völlig beseitigt werden.

Übersetzer optimieren Programme durch lokale, syntaktische Transformationen auf einer internen Programmrepräsentation. Eine Ersetzung ist nur zulässig, wenn sie die Semantik des Programms erhält. Die für diesen Nachweis notwendigen Programmeigenschaften müssen zunächst durch globale Programmanalysen bestimmt werden. Die Anforderungen an Programmrepräsentation, Programmanalyse und optimierende Transformationen sind dabei jeweils paarweise voneinander abhängig. Es ist daher nicht möglich, eines dieser Themen zufriedenstellend ohne die beiden anderen zu behandeln. Entsprechend legt dieses Buch besonderen Wert auf Techniken für die Realisierung von Programmrepräsentationen, Programmanalyse und Programmtransformationen sowie auf deren Integration:

Übersetzerinterne Repräsentation:
Um Speicherzugriffe, Objekterzeugungen und Prozeduraufrufe wie herkömmliche Ausdrücke optimieren zu können, werden alle Abhängigkeiten zwischen Operationen funktional modelliert. Diese Darstellung ist eine neuartige SSA-Form (*Static Single Assignment*), in der Operationen und deren Abhängigkeiten inklusive Ausgabe- und Antiabhängigkeiten explizit als Graph dargestellt werden. Dabei werden disjunkte Speicherbereiche unterschieden, um möglichst nur essentielle Abhängigkeiten zu berücksichtigen. Durch diesen Ansatz werden die bekannten Vorteile von SSA-Darstellungen auf Programme mit dynamischer Speicherbelegung ausgedehnt.

Programmanalyse:
Für den Auf- und Umbau der Programmrepräsentation werden insbesondere Informationen über mögliche Benutzungen und Definitionen von Speicherzellen benötigt. Diese Informationen bestimmen wir mit Hilfe einer neuen, effizienten Technik für interprozedurale, kontextsensitive Programmanalysen. Diese nutzt die expliziten Abhängigkeiten in der Repräsentation und zeichnet sich durch eine sehr kompakte Darstellung kontextsensitiver Informationen aus. Die von der Analyse auszuführenden Berechnungen können sehr effizient direkt auf dieser kompakten Darstellung durchgeführt werden. Die Analyse beruht auf einer abstrakten Interpretation der Programmrepräsentation, wobei die Genauigkeit durch Parametrisierung der Abstraktion variiert werden kann.

Optimierende Transformationen:
In der hier definierten Programmrepräsentation ist es möglich, globale Optimierungen durch lokale Ersetzungsschritte zu beschreiben. Neben traditionellen Optimierungen geben wir vor allem auch Ersetzungsregeln an, mit denen lesende und schreibende Speicherzugriffe eliminiert, Objekte in Prozedurschachteln eingebaut, und dynamische Objekterzeugungen beseitigt werden können. Dadurch entstehen auch größere zusammenhängende Ausdrücke, die zu neuen Anwendungsmöglichkeiten für traditionelle Optimierungen führen. Die explizit verfügbaren Abhängigkeiten erleichtern die Optimierung sehr, insbesondere auch bei Operationen, die in vielen traditionellen Implementierungen von der Optimierung ausgeschlossen werden.

Iterative Optimierung:
Exakte Programminformationen sind in den meisten Fällen nicht berechenbar und, abgesehen davon, mit den beschränkten Ressourcen von Rechnern kaum praktisch darstellbar. Programmanalysen können daher lediglich Approximationen der gesuchten Informationen bestimmen. Leider ist es dabei im allgemeinen nicht möglich, die Genauigkeit der Analyse a priori so festzulegen, daß sie mit den zur Verfügung stehenden Ressourcen Informationen mit bestmöglicher Genauigkeit liefert. Allerdings können wir Optimierungen benutzen, um den Umfang der zu analysierenden Programme zu verringern und dabei die Genauigkeit der Analysen schrittweise anpassen. Um dies zu erreichen verfolgen wir einen iterativen Ansatz:

Die Programmrepräsentation wird zunächst mit den aus der semantischen Analyse bekannten Informationen aufgebaut. Dann analysieren wir diese Struktur und nutzen die gewonnenen Informationen zur Optimierung. Dadurch kann das Programm vereinfacht und in seiner Größe reduziert werden: Tote Berechnungen und nicht essentielle Abhängigkeiten können eliminiert werden. Nach der Optimierung können wir entweder wieder zur Analyse zurückkehren und dabei die Genauigkeit erhöhen, oder zur Zielcodegenerierung übergehen und dadurch die Iteration abbrechen.

Die in diesem Buch eingeführten Techniken gehen speziell auf die Anforderungen objektorientierter Programme ein. Sie lassen sich aber auch auf traditionelle imperative Sprachen gewinnbringend anwenden. Außerdem können sie auch neue Anwendungsgebiete eröffnen, die über den eigentlichen Übersetzungsprozeß hinausgehen, so z.B. im *Reengeneering* und bei der Programmverifikation.

Charakterisierung der zu übersetzenden Programme

In diesem Buch werden Übersetzungs- und Optimierungstechniken für sequentielle imperative Sprachen behandelt. Starke Typisierung wird dabei nicht vorausgesetzt; wir nehmen allerdings an, daß die Sprache keine beliebige Zeigerarithmetik erlaubt, sondern Zeiger nur als Verweise auf Objekte und deren Felder benutzt werden.

Neben den prinzipiellen objektorientierten Abstraktionsmechanismen wie Kapselung durch Objekte, Polymorphie und Delegation bieten objektorientierte Sprachen oft auch noch weitergehende Abstraktionen an, wie Fallunterscheidung nach Typen, automatische Speicherbereinigung (*Garbage Collection*) und explizite Ausnahmebehandlung (*Exception Handling*). Diese Konzepte sind so verbreitet, daß sie im folgenden gleichrangig mit den Kernkonzepten des objektorientierten Programmierens behandelt werden.

Typische Beispiele für Sprachen, die unter diese Charakterisierung fallen, sind Sather (GOOS, 1997), Eiffel (MEYER, 1992), Smalltalk (GOLDBERG und ROBSON, 1983), Java (GOSLING et al., 1996) und C# (ALBAHANI et al., 2000).

Nicht behandelt werden die Veränderung von Programmen zur Laufzeit, z.B. durch dynamisches Nachladen von Klassen, sowie Konzepte nicht sequentiellen Programmierens wie *threads*. Programmfragmente, die wir als Beispiele verwenden, orientieren sich in Syntax und Semantik an der Sprache Sather.

Aufbau des Buches

Zunächst bestimmen wir in Kapitel 2 die Ursachen für Ineffizienzen objektorientierter Programme genauer und untersuchen, durch welche Optimierungen die Laufzeit objektorientierter Programme verkürzt werden kann. Dabei interessiert uns auch, welche Programminformationen für diese Optimierungen benötigt werden. In Kapitel 3 vergleichen wir bekannte Ansätze für Optimierungen, Programmanalysen und Programmrepräsentationen und zeigen, warum diese bisher nur eingeschränkt für die Optimierung objektorientierter Programme geeignet sind.

Für die identifizierten offenen Probleme entwickeln wir in den Kapiteln 4 und 5 geeignete Lösungen. Dabei steht bei der Programmrepräsentation die explizite Darstellung der essentiellen Datenabhängigkeiten und bei der Programmanalyse die Praktikabilität für realistische Programme im Vordergrund.

Aufbauend auf den Eigenschaften der Programmrepräsentation und mit Hilfe der analysierten Programminformationen definieren wir in Kapitel 6 konkrete Optimierungen zur Beseitigung der Ineffizienzen objektorientierter Programme. Die Effektivität des hier vorgestellten Ansatzes wird in Kapitel 7 durch Messungen anhand von Beispielen belegt. Anhang A beschreibt die Grundlagen von Entscheidungsdiagrammen, und Anhang B enthält detailliertere Angaben zu den in Kapitel 7 benutzten Testprogrammen.

2 Anforderungsanalyse

Um mögliche Ansatzpunkte für die Optimierung objektorientierter Programme zu identifizieren, analysieren wir im folgenden zunächst die Ursachen für Ineffizienzen solcher Programme. Anschließend untersuchen wir, wie und unter welchen Voraussetzungen diese Ineffizienzen durch geeignete Optimierungen beseitigt werden können. Eine abschließende Diskussion faßt die gemachten Annahmen und benötigten Voraussetzungen zusammen und definiert dadurch die Anforderungen, die wir an Optimierungen, Programmanalysen und Programmrepräsentationen stellen.

Bei dieser Untersuchung von Problemen und geeigneter Lösungen setzen wir grundlegende Kenntnisse über traditionelle Optimierungen, Programmdarstellungen und Analysetechniken stillschweigend voraus. Die ausführliche Einführung dieser Begriffe holen wir anschließend in Kapitel 3 bei der Diskussion des Stands der Technik nach.

2.1 Ineffizienzen objektorientierter Programme

Alle Programme, die in Hochsprachen formuliert sind, besitzen Ineffizienzen in Form redundanter, toter oder zu teuerer Berechnungen. In objektorientierten Programmen treten solche Ineffizienzen besonders gehäuft auf.

Objektorientierung ist in erster Linie eine Entwurfsmethodik, und weniger eine Implementierungstechnik. Im Entwurf werden Abstraktionsmechanismen wie Datenkapselung, Generizität, Polymorphie und Vererbung eingesetzt, um softwaretechnische Ziele wie Flexibilität, Wiederverwendbarkeit, Verständlichkeit und Wartbarkeit zu erreichen. Die Abstraktionen werden aus dem Entwurf in die Implementierung übernommen und finden sich auch in den ausführbaren Programmen wieder. Häufig gibt es dafür jedoch keine Rechtfertigung: In vielen Fällen bieten die durch den Entwurf motivierten Abstraktionsmechanismen auf Ebene des ausführbaren Programms keine Vorteile, sondern erhöhen stattdessen lediglich die Ausführungszeit.

Effizienzgesichtspunkte stehen daher häufig im Widerspruch zu einer sauberen, objektorientierten Modellierung. Typischerweise wird in der Praxis häufig versucht, objektorientierte Abstraktionen schon beim Entwurf oder bei der Implementierung zu Gunsten einer effizienteren Ausführung aufzugeben. Die Vermeidung von Abstraktionen auf Entwurfs- oder Quellcodeebene ist jedoch keine vertretbare

Lösung des Problems, da damit auch die Vorteile des objektorientierten Programmierens weitgehend verloren gehen.

Für eine Untersuchung von Ineffizienzen bei objektorientierten Programmen können wir die eingesetzten Abstraktionsmechanismen nicht für sich alleine betrachten. Vielmehr liegen die Ursachen für Ineffizienzen im Zusammenspiel von objektorientiertem Entwurf und traditioneller Übersetzung. Wir stellen die wesentlichen Faktoren nun kurz vor und werden sie in den folgenden Abschnitten 2.1.1 bis 2.1.3 detaillierter belegen.

Hoher Abstraktionsgrad:
Die für objektorientierte Programme typischen Abstraktionsmechanismen wie Klassenbildung und Polymorphie führen direkt zu teuren Zugriffsfunktionen auf Code und Daten. Dabei werden mehr Speicherzugriffe und Indirektionen benötigt als in traditionellen imperativen Realisierungen. Diese Operationen führen nicht nur direkt zu höheren Ausführungszeiten, sondern behindern darüberhinaus auch klassische Optimierungen.

Anwendungsunabhängiger Entwurf:
Der Entwurf von Objekten unabhängig von einer speziellen Anwendung führt zu vielen allgemein gehaltenen Prozeduren und Datenstrukturen. Die Gesamtheit der realisierten Funktionalität wird in den wenigsten konkreten Anwendungen auch wirklich benötigt. Andererseits sind die allgemein gehaltenen Modellierungen in der Regel teurer als dies bei einer zielgerichteten Entwicklung für eine konkrete Anwendung der Fall wäre.

Hohe Kontextabhängigkeit:
Datenkapselung, Vererbung und Generizität führen dazu, daß ein und dieselbe Vereinbarung von Code bzw. Datenstrukturen in vielen unterschiedlichen Anwendungskontexten benutzt wird. Optimierungen können hier nur den kleinsten gemeinsamen Nenner aller Verwendungen ausnutzen.

2.1.1 Ineffizienzen durch Abstraktion

Die grundlegenden Abstraktionsmechanismen objektorientierter Programme sind nach Booch (1994) die Kapselung von Daten und Prozeduren in Objekten, das Geheimnisprinzip zum Verbergen von Implementierungsdetails und die Polymorphie, die erlaubt, Objekte unterschiedlicher Klassen gleich zu behandeln.

Diese Abstraktionen haben direkte und indirekte Auswirkungen auf die Effizienz objektorientierter Programme:

Kapselung von Code und Daten:
Welche Teile des Programmzustands im selben Objekt realisiert werden, wird beim objektorientierten Entwurf festgelegt, indem unterschiedliche Konzepte der realen Welt durch eigene Objekte und Klassen modelliert werden. Darüberhinaus werden Objekte im Entwurf aus softwaretechnischen Gründen in kleinere Einheiten aufgeteilt, um durch die feinere Granularität z.B. strenger abgegrenzte Zuständigkeiten zu erzwingen. Teilzustände

werden daher zu eigenständigen Objekten, die durch Verweise an andere Objekte angebunden werden.

Viele kleine, anonyme Objekte:

Diese Modellierung führt häufig zu Datenstrukturen mit wenigen Feldern. Viele dieser Speicherzellen enthalten selbst wieder nur Verweise auf andere Objekte. Häufig müssen daher lange Indirektionsketten durchlaufen werden, um auf die eigentlichen Daten zugreifen zu können. Da die Lebenszeiten der Objekte statisch meist nicht bekannt sind, werden die Objekte in der Regel auf der Halde angelegt.

Die häufige, dynamische Erzeugung von Objekten auf der Halde verteuert direkt die Ausführung objektorientierter Programme. Ebenso wird die Ausführungszeit durch die große Anzahl von Speicherzugriffen erhöht, die notwendig sind, um auf den Programmzustand zuzugreifen. Darüberhinaus blockieren die Zugriffe auf die Halde traditionelle Optimierungen und Programmanalysen. Ihre Effekte werden gewöhnlich sehr konservativ abgeschätzt, indem Ergebnisse lesender Speicherzugriffe als unbekannte Werte behandelt werden. Entsprechend werden schreibende Zugriffe als Veränderungen aller Speicherzellen in der Halde interpretiert.

Viele kurze Prozeduren:

Wegen der Kapselung kann der Zustand eines Objekts nur durch Prozeduren dieses Objekts ausgelesen oder verändert werden. Zustandsänderungen an anderen Objekten können nicht durch direkten Zugriff auf deren private Felder herbeigeführt werden. Stattdessen muß diese Aufgabe durch entsprechende Prozeduren des anderen Objekts ausgeführt werden. Dies führt zu vielen kleinen Prozeduren, die einen Großteil ihrer Funktionalität nicht direkt erbringen, sondern an Prozeduren anderer Objekte delegieren.

Die große Anzahl von Prozeduraufrufen führt direkt zu höheren Ausführungszeiten. Neben den reinen Kosten für Aufruf und Rücksprung zählen hierzu auch die Kosten für die Parameterübergabe, das Aufbauen und Initialisieren der Prozedurschachtel sowie das Retten von Registern. Das ständige Umsetzen des Befehlszählers bei Prozeduraufrufen hat auch den Nachteil, daß die auszuführenden Befehle im ausführbaren Programm seltener in direkter Nachbarschaft stehen. Durch diese mangelhafte Lokalität entstehen zusätzliche Kosten, da der Befehls-*Cache* sehr häufig neu geladen werden muß. Indirekte Kosten entstehen, wie bei Speicherzugriffen, durch schlecht abgeschätzte Zustandsänderungen auf dem Speicher. Ergebnisse von Prozeduraufrufen werden wie unbekannte Werte behandelt. Je kürzer die Prozeduren sind, um so geringer sind die Möglichkeiten für intraprozedurale Optimierungen.

Polymorphie (Abstraktion von gemeinsamem Verhalten):
Objektorientierung erlaubt, Objekte unterschiedlicher Klassen gleich zu behandeln, falls sie bezüglich eines abstrakten Verhaltens austauschbar sind.

Teure Zugriffsfunktionen:
Polymorphe Zugriffe auf Code und Daten erfolgen in Abhängigkeit der Klasse des Objekts, auf das zugegriffen wird. Dies ist im Vergleich zu einfachen Zugriffen in traditionellen imperativen Programmen eine zusätzliche Indirektion.

Behinderung interprozeduraler Optimierungen und Analysen:
Bei polymorphen Prozeduraufrufen ist die aufzurufende Prozedur allein mit Informationen aus der semantischen Analyse nicht eindeutig bestimmt. Es ist möglich, die Menge der in Frage kommenden Prozeduren pessimistisch abzuschätzen. Dies führt jedoch zu ungenaueren interprozeduralen Programmanalysen und verhindert oder erschwert den offenen Einbau von Prozeduren.

Vererbung und Generizität (Wiederverwendung von Code):
Bei Vererbung gehört eine Prozedur nicht nur zu der Klasse, in der sie textuell definiert wird, sondern sie kann auch im Kontext aller erbenden Klassen ausgeführt werden. Die Zugriffsfunktion für den Aufruf einer geerbten Prozedur bezeichnet die Prozedur in der geerbten Klasse. Zugriffe aus einer geerbten Prozedur auf Code und Daten der erbenden Klasse werden durch Polymorphie realisiert. Entsprechendes gilt für generische Klassen: Die Vereinbarungen gelten gleichermaßen für alle Instantiierungen der generischen Klasse. Die polymorphen Bindungen sind hier abhängig von der konkreten Parametrisierung der Klassen.

Vererbung und Generizität führen zu einem Anwachsen polymorpher Zugriffe und damit zu einer Erhöhung der polymorphiebedingten Ineffizienzen.

Dynamische Objekte:
Moderne objektorientierte Programmiersprachen abstrahieren von Details bei der Belegung und Freigabe des von Objekten benötigten Speichers.

Objekterzeugung:
In Programmiersprachen wie C/C++ oder Pascal können Programmierer ihr Wissen über die Benutzung von Datenstrukturen nutzen, um eine effizientere Speicherbelegung zu erzwingen. Typische Strategien sind die Erzeugung von Datenstrukturen im Keller oder die Erzeugung und Freigabe mehrerer Objekte auf einen Schlag.

In den meisten objektorientierten Programmiersprachen werden solche Einflußmöglichkeiten nicht unterstützt. Der Programmierer hat keinen Einfluß darauf, wie Objekte im Speicher angelegt werden. Meist wird nur die dynamische Erzeugung auf der Halde angeboten.

Automatische Speicherbereinigung:

Die automatische Speicherbereinigung durchsucht den von einem Programm belegten Speicher nach nicht mehr benötigten Objekten und gibt diese frei.

Diese Suche führt direkt zu einer höheren Laufzeit der Programme. Außerdem führt die automatische Speicherbereinigung auch dazu, daß Programmanalysen deutlich komplizierter werden: Einige Programmiersprachen, wie z.B. Java, sehen vor, daß die Speicherbereinigung vor Freigabe der Objekte noch ausgezeichnete Prozeduren auf dem Objekt aufrufen kann. Dieser aus Sicht der Quelle nicht explizite Steuerfluß muß bei Analysen explizit berücksichtigt werden, da sie sonst falsche Ergebnisse liefern.

Die strukturellen Unterschiede zwischen objektorientierten und nicht objektorientierten Programmen lassen sich auch auf Ebene der ausführbaren Programme nachweisen: (Calder et al., 1994) identifizieren deutliche Unterschiede bei der Analyse von C++ und C Programmen. Die Testprogramme wurden mit dem Gnu C/C++ Übersetzer mit eingeschalteter Optimierung erzeugt und auf einer DECstation 5000/240 mit Mips-Prozessor ausgeführt. Die signifikantesten Ergebnisse dieser Untersuchung sind:

- Indirekte Prozeduraufrufe haben an Verzweigungen in C++ einen 20 Mal höheren Anteil als in C. Ca. jeder dritte Prozeduraufruf ist indirekt.
- Prozeduraufrufe sind in C++ fünfmal häufiger als in C. Ungefähr jede 40-te Instruktion ist ein Prozeduraufruf.
- C++ Prozeduren sind im Schnitt nur 1/4 so lang, wie Prozeduren in C, enthalten aber nur 1/7 so viele Grundblöcke. Das heißt, C++ Grundblöcke sind ca. anderthalbmal so lang wie Grundblöcke in C.
- Der Anteil der Speicherzugriffe an den ausgeführten Maschinenbefehlen ist bei C++ Programmen mit fast 40% anderthalbmal so groß wie bei C Programmen.
- Die Anzahl dynamisch erzeugter Datenstrukturen auf der Halde ist bei C++ Programmen zehnmal höher als bei C Programmen.

Das mit 2:1 sehr hohe Verhältnis von direkten zu indirekten Aufrufen ist eine direkte Folge der Polymorphie. Außer zur Steigerung der allgemeinen Wiederverwendbarkeit von Klassen wird Polymorphie häufig auch benutzt, um bedingte Berechnungen und Fallunterscheidungen auszudrücken.

Den Hauptgrund für die längeren Grundblöcke sehen Calder et al. (1994) im komplexeren Code für polymorphe Zugriffe und in der Tatsache, daß Fallunterscheidungen teilweise durch polymorphe Aufrufe ausgedrückt werden.

Der Anstieg der Speicherzugriffe auf 40% spiegelt die Effekte von Kapselung und Delegation auf der Datenseite wider. Der Zustand von Berechnungen wird seltener in lokalen Variablen oder Registern gehalten. Stattdessen wird er vermehrt in dynamisch erzeugten Objekten auf der Halde abgelegt.

2.1.2 Ineffizienzen durch anwendungsunabhängigen Entwurf

Anwendungsunabhängiger Entwurf bedeutet, daß Objekte nicht auf die Verwendung in einem einzelnen Programm hin entworfen werden, sondern mit dem Ziel, sie unverändert in möglichst vielen unterschiedlichen Anwendungen einsetzen zu können. Das bedeutet aber auch, daß weder die Anwendung Annahmen über die Implementierung des Objekts machen darf, noch das Objekt über seine Umgebung.

Ineffizienzen, die entstehen, weil Anwendungen keine Annahmen über die Implementierung von Objekten machen dürfen, haben wir bereits oben unter dem Punkt Datenkapselung untersucht. Daß ein Objekt keine impliziten Annahmen über seine Verwendung in einem Programm machen darf, kann unterschiedliche Auswirkungen haben:

Überangebot an Funktionalität:

Damit Objekte möglichst vielseitig verwendbar sind, stellen sie an ihrer Schnittstelle meist eine sehr umfangreiche Funktionalität bereit. Da nicht bekannt ist, in welcher Weise ein Programm das Objekt verwenden wird, werden oft alternative oder spezialisierte Prozeduren bereitgestellt. Durch Ausfaktorisierung von Gemeinsamkeiten werden diese in ihrer Implementierung teilweise auch auf andere Prozeduren desselben Objekts zurückgeführt, was zu kurzen Rümpfen und Ineffizienzen durch objektinterne Delegation führt. Der Einsatz prozeduraler Abstraktion in objektorientierten Programmen unterscheidet sich demnach deutlich von der zielgerichteten, schrittweisen Verfeinerung, wie sie typischerweise bei nicht objektorientierten Programmen angewandt wird.

Bei Verwendung desselben Objekts in unterschiedlichen Programmen werden meist verschiedene Teile der Schnittstelle benutzt. In der Regel benötigt kein Programm den vollen Umfang der angebotenen Funktionalität. Bei der Verwendung von Bibliotheken und Anwendungsrahmen[1] kommt zu der unnötigen Funktionalität von Objekten oftmals noch hinzu, daß ganze Klassen definiert werden, die im konkret zu übersetzenden Programm überhaupt keine Anwendung finden.

Das Überangebot von Funktionalität führt zu unnötig großen ausführbaren Programmen und erhöhtem Speicherverbrauch. Dies kann wiederum negative Auswirkungen auf die Ausführungszeiten haben, so z.B. durch Ladezeiten, Cache- und Seitenfehler. Enthält das Programm mehr Klassen als nötig, so kann dies die Optimierungen polymorpher Aufrufe behindern.

Unnötig große Allgemeinheit:

Da Prozeduren keine impliziten Annahmen über ihre Verwendung in einem konkreten Programm machen dürfen, müssen sie explizite Abfragen enthalten, mit denen z.B. die Einhaltung von Vorbedingungen überprüft

1) Engl.: *framework*.

werden. Um Prozeduren in möglichst vielen Anwendungen ohne spezielle Anpassungen einsetzen zu können, enthalten Prozeduren objektorientierter Programme darüberhinaus häufig Code zur Behandlung von Sonderfällen, auch wenn diese in den meisten Anwendungen nicht auftreten.

Dieser Code erhöht die Ausführungskosten selbst für Programme, in denen Verletzungen von Vorbedingungen oder zu behandelnde Sonderfälle gar nicht vorkommen können.

2.1.3 Ineffizienzen durch hohe Kontextabhängigkeit

Für die Darstellung von Programmen sind wir immer nur an endlichen Repräsentationen interessiert. Dies gilt sowohl für die Formulierung in der Quell- und Zielsprache, als auch für alle übersetzerinternen Programmrepräsentationen. Der Umfang solcher Darstellungen ist durch die Ressourcen realer Maschinen beschränkt. Die Anzahl der Operationen, die bei der dynamischen Ausführung eines Programms abgearbeitet werden, ist hingegen nicht notwendigerweise beschränkt. Programmteile, die in der Darstellung syntaktisch nur einmal vorhanden sind, werden bei der Ausführung des Programms mehrfach durchlaufen. Dies gilt bei allen Programmiersprachen z.B. für Code in Schleifen oder in mehrfach benutzten Prozeduren. Ebenso beschreiben Definitionen von Datenstrukturen eine Vielzahl dynamischer Instantiierungen dieser Strukturen zur Laufzeit. Jede Abfolge von Berechnungen während der Ausführung eines Programms definiert einen Ausführungskontext. Die Ergebnisse von Berechnungen können sich je nach Ausführungskontext unterscheiden. Diese Kontextabhängigkeit hat Nachteile für die Optimierung:

Einschränkung von Optimierungsmöglichkeiten:
Der Nachteil hoher Kontextabhängigkeit besteht bei der Optimierung von Programmen darin, daß nur solche Optimierungen angewandt werden dürfen, die für alle möglichen Anwendungskontexte zulässig sind. Je größer die Kontextabhängigkeit, um so wahrscheinlicher ist es, daß die Voraussetzungen für die Anwendbarkeit einer Optimierung für irgendeinen Anwendungskontext nicht erfüllt sind.

Objektorientierte Programmiersprachen bieten mit Vererbung und Generizität weitere Abstraktionen an, die zu einer noch größeren Kontextabhängigkeit bei Definitionen von Prozeduren und Datenstrukturen führen. Eine textuelle Definition steht stellvertretend für Definitionen in allen erbenden Klassen oder in verschieden parametrisierten Instantiierungen einer generischen Klasse. Darüberhinaus wird prozedurale Abstraktion in objektorientierten Programmen, wie wir bereits im letzten Abschnitt gesehen haben, häufiger und anders benutzt als bei nicht objektorientierten Programmen. Dies führt insgesamt zu einer höheren Kontextabhängigkeit von Code und Daten in objektorientierten Programmen.

Die Kontextabhängigkeit von Operationen hat darüberhinaus Nachteile für Programmanalysen: Die Untersuchung sämtlicher möglicher Ausführungskontexte ist im allgemeinen nicht möglich, da deren Anzahl unbeschränkt sein kann. Daher müssen für statische Aussagen über das Programm die dynamischen Ausführungskontexte durch eine endliche Menge von Analysekontexten abstrahiert werden. Werden dabei Ausführungskontexte zusammengefaßt, für die unterschiedliche Programminformationen gelten, so kann die Analyse diese nicht mehr unterscheiden. Entsprechend sinkt die Genauigkeit der Analyse mit dem Anstieg der Abstraktion beim Übergang von Ausführungskontexten auf Analysekontexte. Umgekehrt steigt mit der Anzahl der unterschiedenen Analysekontexte der Aufwand für die Analyse.

2.2 Benötigte Optimierungen

In diesem Abschnitt zeigen wir, mit welchen Optimierungen den oben beschriebenen Ineffizienzen begegnet werden kann. Dabei interessiert uns insbesondere, welche Anforderungen die einzelnen Optimierungen an die Programmanalyse stellen. Eine globale Diskussion der benötigten Programminformationen folgt in Abschnitt 2.3.

2.2.1 Traditionelle Optimierungen

Zunächst benötigen wir, wie auch bei herkömmlichen imperativen Programmen, die traditionellen Optimierung zur Vermeidung redundanter, toter oder zu teuerer Berechnungen.

Für die statische Auswertung oder Vereinfachung von Ausdrücken müssen statische Abschätzungen über die Operanden der Ausdrücke verfügbar sein. Um nicht erreichbare oder tote Berechnungen erkennen zu können, werden Informationen über den Steuer- und Datenfluß benötigt. Optimierungen zur Vermeidung partieller Redundanzen benötigen möglichst genaue Abschätzungen darüber, welche Variablen in Ausdrücken gelesen und durch Zuweisungen überschrieben werden. Wegen der Struktur objektorientierter Programme sind hierbei lokal bestimmbare Programminformationen nicht sehr hilfreich. Stattdessen müssen die Informationen durch interprozedurale Analysen bestimmt oder sehr grob abgeschätzt werden.

Verfahren für die Generierung effizienten Zielcodes benötigen möglichst große, zusammenhängende Ausdrücke. Befehlsanordnungsverfahren setzen voraus, daß die Ausführungsreihenfolge der Befehle nur partiell geordnet ist. Beide Voraussetzungen sind bei objektorientierten Programmen in der Regel selten erfüllt: Die eingesetzten Abstraktionsmechanismen objektorientierter Programme führen zu isolierten Ausdrücken, die häufig durch Prozeduraufrufe und Speicherzugriffe unterbrochen werden. Sowohl Prozeduraufrufe als auch lesende Speicherzugriffe blockieren Optimierungen, da die Werte ihrer Ergebnisse statisch nicht bekannt sind. Dies betrifft sowohl die statische Abschätzung der Menge von Werten, die ein

Ausdruck annehmen kann, als auch die Zuordnung von Wertnummern.[1] Um konservativ zu sein, müssen die Ergebnisse sehr grob abgeschätzt werden. Im Fall von Wertnummern bedeutet dies, daß jedes Ergebnis eines Speicherzugriffs oder eines Prozeduraufrufs durch eine bisher noch nicht benutzte Wertnummer beschrieben wird. Dies ist gleichbedeutend damit, daß dem Optimierer keine Information über solche Ergebnisse vorliegt.

Um die Anwendbarkeit traditioneller Optimierungen zu erhöhen, werden zunächst Transformationen benötigt, die entweder Prozeduraufrufe und lesende Speicherzugriffe durch Ausdrücke mit statisch bekannten Ergebnissen ersetzen, oder zumindest genauere Aussagen über die zur Laufzeit möglicherweise auftretenden Werte und damit weniger pessimistische Wertnummern erlauben. Mögliche Ansätze hierzu bestehen im Einsetzen von Prozedurrümpfen an Stelle von Aufrufen und in der Elimination lesender Speicherzugriffe durch Ausdrücke, die den aktuellen Variableninhalt berechnen. Auf beide Ansätze gehen wir im nächsten Abschnitt unter dem Gesichtspunkt der Vermeidung unnötiger Abstraktionen noch genauer ein.

2.2.2 Elimination unnötiger Abstraktionen

In Abschnitt 2.1.1 haben wir als hauptsächliche Ineffizienzen die hohe Anzahl von dynamisch erzeugten Objekten, Speicherzugriffen und Prozeduraufrufen sowie teure Zugriffsfunktionen bei Polymorphie identifiziert.

Reduktion der Anzahl dynamisch erzeugter Objekte:
Durch Elimination von Objekten können wir sowohl die Kosten für die Erzeugung der Objekte reduzieren, als auch den Aufwand für die automatische Speicherbereinigung.

Ansätze hierzu bietet das Verschmelzen mehrerer Objekte zu einem einzelnen Objekt. Von besonderem Interesse ist dabei die Einbettung von Objekten in Prozedurschachteln, da dann die Belegung und Freigabe des Speichers für Objekte mit dem Erzeugen und Vernichten lokaler Variablen verbunden werden kann, wodurch keine zusätzlichen Kosten entstehen. Eine weitere Optimierungsmöglichkeit ist die Wiederverwendung toter Objekte anstelle neuer Objekterzeugungen. Dies reduziert insgesamt die Anzahl der erzeugten Objekte und entlastet die automatische Speicherbereinigung.

Beim Verschmelzen von Objekten ist zu beachten, daß das verschmolzene Objekt mindestens solange lebendig ist, wie jedes einzelne Teilobjekt. Verschmelzungen von Objekten mit Prozedurschachteln sind daher nur möglich, wenn deren Lebenszeit nicht größer ist als die der Prozedur. Die wesentliche Programminformation für Objektreduzierungen sind daher Lebenszeiten von Objekten.

1) Werden für zwei Ausdrücke dieselben Wertnummern bestimmt, vgl. (Waite und Goos, 1984), so liefern sie dasselbe Ergebnis.

Reduktion von Speicherzugriffen:

Die große Anzahl von Speicherzugriffen in objektorientierten Programmen verlängern die Ausführungszeit der Programme, ohne direkt zu den eigentlichen Berechnungen beizutragen. Für die Reduktion von Speicherzugriffen müssen wir deren dynamische Effekte durch statische Auswertung zur Übersetzungszeit vorwegnehmen. Dadurch können wir sowohl lesende, als auch schreibende Speicherzugriffe eliminieren:

Ist beim lesenden Zugriff auf eine Speicherzelle deren aktueller Inhalt bekannt, so kann der lesende Zugriff bereits statisch durch den zu lesenden Wert ersetzt werden.

Auch wenn der aktuelle Inhalt einer Variable an einem Programmpunkt statisch nicht bekannt ist, können lesende Zugriffe eliminiert werden: Ist für die Variable die letzte Zuweisung vor dem lesenden Zugriff bekannt und eineindeutig, so können wir den lesenden Zugriff durch den Ausdruck auf der rechten Seite der Zuweisung ersetzen. Dabei müssen wir nachweisen, daß das beobachtbare Programmverhalten nicht verändert wird.

Entsprechend kann ein schreibender Zugriff, der den Inhalt einer Variable nicht verändert oder der an eine Variable zuweist, die nicht mehr lebendig ist, eliminiert werden.

Die beschriebenen Ersetzungen benötigen Informationen über die Operationen, durch die Variablen gelesen oder geschrieben werden. Im Fall der Ersetzung eines lesenden Zugriffs durch den dynamischen Inhalt der Variable benötigen wir zusätzlich statische Angaben darüber, welche Zustände der Speicher zur Laufzeit des Programms annehmen kann.

Reduktion von Prozeduraufrufen:

Prozeduraufrufe können durch die Rümpfe der aufzurufenden Prozeduren ersetzt werden, falls diese statisch bekannt sind. Diese Technik heißt *offener Einbau*, vgl. Abschnitt 3.1.3.3. Polymorphie führt jedoch dazu, daß die aufzurufenden Prozeduren bei objektorientierten Programmen in der Regel statisch nicht eindeutig sind.

Wesentliche Voraussetzung für die Elimination von Prozeduraufrufen sind möglichst genaue Abschätzungen über die für einen Aufruf in Frage kommenden Prozeduren. Wir benötigen also Aussagen über den interprozeduralen Steuerfluß.

Reduktion von Polymorphie:

Polymorphe Zugriffe auf Code und Daten können wir durch billigere Zugriffsfunktionen ersetzen, falls wir bereits statisch bestimmen können, auf welches Merkmal zugegriffen wird.

Bei einem polymorphen Zugriff `o.x` ist die Zugriffsfunktion $f_x(o)$ abhängig vom dynamischen Typ d des qualifizierenden Objekts o. d ist ein Untertyp des statischen Typs s von o. Allerdings treten für einen konkreten Zugriff nicht notwendigerweise alle möglichen Untertypen d_i von s zur Laufzeit auch wirklich auf. Können wir statisch feststellen, daß $f_x(o)$ für alle zur Laufzeit vorkommenden Werte von o denselben Wert f_x hat, so können wir $f_x(o)$ durch f_x ersetzen.

Dazu benötigen wir möglichst exakte statische Abschätzungen über den dynamischen Typ des qualifizierenden Ausdrucks, d.h. über die Klasse des Objekts, auf dessen Daten oder Prozeduren zugegriffen wird.

2.2.3 Spezialisierung des anwendungsunabhängigen Entwurfs

Die Ineffizienzen des anwendungsunabhängigen Entwurfs können wir bei der optimierenden Übersetzung nur vermeiden, indem wir die auf Wiederverwendbarkeit ausgerichteten Programmteile auf ihre konkrete Verwendung im zu übersetzenden Programm hin spezialisieren.

Eliminierung unnötiger Funktionalität:
Klassen und Prozeduren, die zwar in einem vorliegenden Programm vereinbart, jedoch nicht benutzt werden, sind tot. Für sie braucht kein Code erzeugt werden. Eine solche Optimierung setzt eine gute Abschätzung der im gesamten Programm erreichbaren Prozeduren und Objekterzeugungen voraus.

Reduktion der Allgemeinheit:
Für die Auswertung von Vorbedingungen und Zusicherungen, die bereits statisch überprüft werden können, braucht kein Code erzeugt werden. Die statische Auswertung von Ausdrücken ist eine traditionelle Technik, vgl. Abschnitt 2.2.1.

Code, der Sonderfälle behandelt, die in einem zu übersetzenden Programm nachweislich nicht vorkommen, kann ebenfalls mit Standardtechniken eliminiert werden. Die entsprechenden Optimierungen sind die Elimination nicht erreichbaren oder toten Codes, vgl. Abschnitt 2.2.1. Durch statische Auswertung von Ausdrücken können wiederum mehr Berechnungen als nicht erreichbar oder tot erkannt werden.

2.2.4 Reduktion der Kontextabhängigkeit

Um objektorientierte Programme trotz der hohen Kontextabhängigkeit von Code und Daten dennoch gut optimieren zu können, müssen wir die Anzahl der Ausführungskontexte für Code und Vereinbarungen reduzieren. Dabei steht es uns frei, Ausführungspfade teilweise durch Auffalten der Repräsentation explizit zu machen. Beispiele hierfür sind der offene Einbau von Prozeduren oder das Ausrollen von Schleifen. Erst durch das Auffalten der Programmrepräsentation können die einzelnen Kopien auf ihre konkrete Verwendung hin optimiert werden, ohne dabei immer alle möglichen Verwendungen der ursprünglichen Vereinbarungen berücksichtigen zu müssen. Natürlich können wir Kontextabhängigkeiten nicht einfach durch ein vollständiges Auffalten der Programmrepräsentation eliminieren, da die Größe der Repräsentation bei einer solchen Auffaltung in der Regel unbeschränkt wachsen würde.

Voraussetzung für eine sinnvolle Replikation von Code und Daten sind Aussagen darüber, wie ein und dieselbe Vereinbarung in unterschiedlichen Ausführungskontexten benutzt wird, und in welchen Fällen sich effizientere Spezialisierungen erreichen lassen, falls die Vereinbarung für einen einzelnen Anwendungskontext optimiert wird. Dies setzt wiederum voraus, daß bereits die Programmanalysen kontextsensitiv sind, d.h., daß sie Ausführungskontexte unterscheiden können, ohne dabei Informationen unterschiedlicher Kontexte zu vermischen.

2.3 Benötigte Programminformationen

In Abschnitt 2.2 haben wir bei den einzelnen Optimierungen bereits angegeben, welche Programminformationen wir als Voraussetzungen für die einzelnen Transformationen benötigen. Die Ergebnisse sind in Tabelle 2.1 nochmals zusammengefaßt. In diesem Abschnitt gehen wir auf die prinzipielle Berechnung dieser Programminformationen ein.

Die Programminformationen scheinen auf den ersten Blick sehr unterschiedlich zu sein. Bei näherer Betrachtung weisen sie jedoch enge Verwandtschaften und wechselseitige Beziehungen auf. Die benötigten Informationen lassen sich reduzieren auf:

- Ergebnisse von Ausdrücken.
- Inhalte von Variablen.
- Realisierbarkeit von Steuerflußpfaden.

Auf diese drei Punkte gehen wir in den nächsten Abschnitten genauer ein.

2.3.1 Definitionen und Benutzungen

Operationen, die direkt oder indirekt auf Variablen zugreifen, heißen Benutzungen, bzw. Definitionen:

Definition 2.3.1 (Definition einer Variablen) *Eine Operation, die den Inhalt einer Variable ändert, heißt eine* Definition *dieser Variablen.*

Definition 2.3.2 (Benutzung einer Variablen) *Eine Operation, die den Inhalt einer Variable liest, heißt eine* Benutzung *dieser Variablen.*

Definition 2.3.3 (DEF und USE) *Die Menge der Variablen, die durch eine Operation geschrieben werden, heißt DEF, die Menge der Variablen, die durch eine Operation gelesen werden, heißt USE.*

Optimierung	Benötigte Information
Statische Auswertung oder Vereinfachung von Ausdrücken	Abschätzungen über die Werte der Operanden.
Entfernen toten oder nicht erreichbaren Codes	Kenntnis über Verwendung von Ausdrücken und über die Realisierbarkeit von Steuerflußpfaden.
Vermeidung partieller Redundanzen	Menge der Variablen, die durch eine Anweisung gelesen oder geschrieben werden.
Befehlsanordnung	Partielle Ordnung der Berechnungen eines Grundblocks.
Reduktion dynamischer Objekte	Lebenszeiten von Objekten.
Reduktion von Speicherzugriffen	Menge der Variablen, auf die durch eine Operation zugegriffen wird, und die jeweils letzten Zuweisungen. Statische Aussagen über Variableninhalte.
Reduktion von Prozeduraufrufen	Adressen der möglicherweise aufgerufenen Prozeduren.
Beseitigung von Polymorphie	Der dynamische Typ des qualifizierenden Ausdrucks, d.h. die möglichen Klassen des qualifizierenden Objekts.
Elimination toter Vereinbarungen	Programmglobaler Steuerfluß.
Reduktion der Kontextabhängigkeit	Die auftretenden Anwendungskontexte und die kontextabhängigen Unterschiede bei der Verwendung von Code und Daten.

Tabelle 2.1: Optimierungen und benötigte Programminformationen

Die Frage, welche Variablen durch eine Operation geschrieben oder gelesen werden, können wir auf die Ergebnisse der Adreßausdrücke dieser Operationen zurückführen. Im einfachsten Fall kann auf Variablen nur über eineindeutige Bezeichner zugegriffen werden. Dies gilt z.B. in vielen Programmiersprachen für globale und lokale Variablen. In diesem Fall kann die Variable, die durch einen Zugriff gelesen oder geschrieben wird, am Adreßausdruck direkt syntaktisch abgelesen werden. Im allgemeinen Fall sind Zugriffsfunktionen jedoch komplizierter. Um zu bestimmen, auf welche Variable eine lesende oder schreibende Operation zugreift, müssen wir den Adreßausdruck vollständig auswerten. Dieser kann selbst wiederum Speicherzugriffe und Prozeduraufrufe enthalten.

Durch Prozeduraufrufe können mehrere Variablen gelesen oder geschrieben werden. Sind die aufzurufenden Prozeduren und die DEF/USE-Mengen für lokale Speicherzugriffe bekannt, so können die Variablenmengen für Prozeduraufrufe daraus transitiv bestimmt werden.

Das Sprungziel eines Prozeduraufrufs können wir ebenfalls durch Auswertung des Adreßausdrucks des Aufrufs bestimmen. Auch hier kommt der Spezialfall vor, daß das Sprungziel ein einfacher Bezeichner ist, den wir syntaktisch ablesen können. Allgemein müssen jedoch auch hier kompliziertere Adreßausdrücke ausgewertet werden, insbesondere bei Verwendung von Polymorphie oder bei Zeigern auf Prozeduren.

2.3.2 Partielle Ordnung und Abhängigkeiten

Mögliche Ausführungsreihenfolgen von Berechnungen sind durch deren Abhängigkeiten bestimmt: Zwei Berechnungen sind voneinander abhängig, wenn das Vertauschen ihrer Ausführungsreihenfolge die Semantik des Programms verändert. Kennen wir die Abhängigkeiten zwischen Operationen, so kennen wir umgekehrt auch zulässige Umordnungen, bei denen die Programmsemantik nicht verändert wird: die Abhängigkeitsrelation definiert eine partielle Ordnung auf den Operationen. Jede damit verträgliche Sequentialisierung stellt eine zulässige Ausführungsreihenfolge dar.

Es gibt zwei Arten von Abhängigkeiten: Steuerabhängigkeiten und Datenabhängigkeiten.

Eine Operation b ist *steuerabhängig* von einer Operation a, falls die Ausführung von a darüber entscheidet, ob b ausgeführt wird oder nicht; a ist dabei immer eine Operation, die eine Verzweigung im Steuerfluß herbeiführt. Dies sind in erster Linie bedingte Sprünge, z.B. bei Fallunterscheidungen oder Schleifen. Operationen können aber auch von Prozeduraufrufen steuerabhängig sein, nämlich dann, wenn die Adresse der aufzurufenden Prozedur keine Konstante ist, sondern dynamisch berechnet wird. Dies ist bei polymorphen Prozeduraufrufen der Fall.

Steuerabhängigkeiten dürfen unter bestimmten Bedingungen vom Übersetzer auch verändert werden. Dadurch werden Operationen ausgeführt, auch wenn ihre ursprünglichen Steuerabhängigkeiten dies nicht zulassen. Solche Ausführungen heißen *spekulativ*. Dabei muß jedoch garantiert werden, daß die Effekte dieser Ausführungen genau dann nachgewiesen werden können, wenn die Ausführung mit den tatsächlich vorhandenen Steuerabhängigkeiten verträglich ist.

Der Übersetzer hat jedoch nicht immer Einfluß darauf, ob Operationen spekulativ ausgeführt werden, oder nicht. So implementieren Prozessorarchitekturen, wie z.B. die Pentium-Familie von Intel, Strategien für die spekulative Ausführung von Operationen auf der *Hardware*-Ebene. Beim Nachfolger Itanium sieht der Befehlssatz hingegen explizit die Möglichkeit zur spekulativen Ausführung von Operationen vor und garantiert auch, daß dabei keine Ausnahmen ausgelöst werden.

Definition 2.3.4 (Arten von Datenabhängigkeiten)
Datenabhängigkeiten bestehen zwischen zwei Operationen a und b, die in dieser Reihenfolge auf einem gemeinsamen Ausführungspfad liegen und auf dieselbe Variable v zugreifen. Jenachdem, ob a oder b eine Definition bzw. Benutzung von v ist, besteht eine der folgenden vier Arten von Datenabhängigkeiten:

	a ist Definition von v	a ist Benutzung von v
b ist Definition von v	*Ausgabeabhängigkeit*	*Antiabhängigkeit*
b ist Benutzung von v	*Echte Abhängigkeit*	*Eingabeabhängigkeit*

Da das Lesen einer Variable ihren Inhalt nicht zerstört, stellen Eingabeabhängigkeiten keine Einschränkung der Ausführungsreihenfolge dar. Daher werden wir auf Eingabeabhängigkeiten im folgenden nicht mehr weiter eingehen. Anzumerken ist hier jedoch, das das strenge Speichermodell von Java teilweise die Behandlung lesender Zugriffe als Definitionen erfordert.

Wir wenden Definition 2.3.4 auch auf Ausdrücke ohne Variablen an. Die Beziehung zwischen einer Operation und eines ihrer Operanden ist ebenfalls eine echte Datenabhängigkeit. Zwar treten in einem Ausdruck wie z.B. `1 + 2 * 3` Variablen nicht explizit auf, dennoch besteht eine Abhängigkeit der Addition vom Ergebnis der Multiplikation. Dies wird direkt deutlich, wenn wir Hilfsvariablen für die Aufnahme von Zwischenergebnissen einführen und den Ausdruck als `t1 := b * c; t2 := a + t1;` darstellen: Die Abhängigkeit besteht bezüglich der Variablen `t1`. Wenn wir an Hilfsvariablen nicht mehrfach zuweisen, bestehen innerhalb von Ausdrücken lediglich echte Abhängigkeiten. Ausgabe- und Antiabhängigkeiten treten nur auf, wenn wir dieselbe Hilfsvariable mehrfach definieren.

Solche Datenabhängigkeiten bestehen unabhängig davon, ob das Ergebnis von Teilausdrücken explizit in Variablen gespeichert werden, oder nicht. Eine Unterscheidung zwischen Ergebnissen von Ausdrücken und Inhalten von Variablen ist auf Ebene einer Hochsprache oder auf der Zielmaschinenebene nachvollziehbar. Die Optimierung selbst hat hier jedoch Freiheitsgrade: Die Verwendung von Variablen im Quell- und Zielprogramm muß keine eins-zu-eins Entsprechung aufweisen. Bei der Übersetzung von Hochsprachprogrammen in Maschinensprachprogramme werden Ausdrücke im Quellprogramm oft auf mehrere Prozessorbefehle abgebildet. Ergebnisse von Teilausdrücken werden dabei meist in Registern oder im Laufzeitkeller abgelegt. Komplexere Maschinenbefehle können auch mehrere Teilausdrücke abdecken, so daß Zwischenergebnisse nur innerhalb des Prozessors auftreten und überhaupt nicht in Registern oder Speicherzellen abgelegt werden. Ob und wie wir Ergebnisse von Ausdrücken in Registern oder Speicherzellen ablegen, ist nur eine Frage der Ressourcenzuordnung. Letztendlich kann die Frage, ob wir Ausdrücke mehrfach berechnen, oder Zwischenergebnisse speichern und später wiederverwenden, aus Sicht der Optimierung erst bei der Zielcodegenerierung getroffen werden.

Lebenszeiten von Variablen und Objekten können wir aus den Datenabhängigkeiten zwischen einzelnen Zugriffen ableiten. Variablen leben von der ersten Definition bis zur letzten Benutzung. Ebenso können wir die Lebenszeit eines Objekts bestimmen, sobald wir die Definitionen und Benutzungen der einzelnen Felder kennen. Die Lebenszeit reicht von der Erzeugung des Objekts bis zur letzten lebendigen Benutzung eines seiner Felder.

2.4 Approximation von Programminformationen

Exakte Informationen über die für die Optimierung benötigten Programmeigenschaften sind im allgemeinen nicht algorithmisch berechenbar. Wir können daher häufig von Programmanalysen nur Approximationen dieser Informationen fordern. Auf der anderen Seite müssen wir selbst in Fällen, in denen wir exakte Informationen bestimmen können, wegen des großen Aufwands für die Darstellung exakter Informationen von diesen abstrahieren, um überhaupt praktikabel analysieren zu können.

Für algorithmische Ansätze zur Optimierungen ist es notwendig, daß wir auf endlichen Strukturen arbeiten. Dies gilt nicht nur für die übersetzerinterne Repräsentation des zu übersetzenden Programms, sondern auch für die Darstellung der Ergebnisse von Programmanalysen. Für einen effizienten, praktischen Einsatz von Optimierungen ist alleine diese Forderung nach Endlichkeit jedoch nicht ausreichend. Wir müssen auch mit den sehr beschränkten Ressourcen auskommen, die uns auf realen Rechnern tatsächlich zur Verfügung stehen. Abstraktionen sind in unserem Kontext bei den zur Laufzeit auftretenden Werten von Ausdrücken, bei den realisierbaren Pfaden, wie auch bei den zur Laufzeit existierenden Variablen und deren Inhalten notwendig.

Die Abstraktionen bei der Programmanalyse haben direkte Auswirkungen auf die Effizienz der Analyse, jedoch auch auf die dabei erreichbare Genauigkeit. Wegen der Wichtigkeit dieses Aspekts für die Optimierung objektorientierter Programme gehen wir in den folgenden Abschnitten explizit auf Besonderheiten bei der Abstraktion von Werten und Variablen ein.

2.4.1 Numerische Werte

Numerische Werte besitzen in Programmiersprachen große Wertebereiche, die eine extensionale Darstellung von Ergebnissen bei Ausdrücken unpraktikabel machen. Wir könnten beispielsweise für das Fragment

```
for i := 0.upto (2^29) loop a := 2*i end;
```

exakt angeben, welche Werte `a` annehmen kann. Dazu müßten wir jedoch bei extensionaler Darstellung 2^{29} Werte aufzählen. Auf gebräuchliche Abstraktionen für Werte gehen wir in Abschnitt 3.2 genauer ein.

2.4.2 Variablen

Eine weitere Notwendigkeit zur Abstraktion besteht bei der Behandlung von Variablen. In der Literatur wird häufig davon ausgegangen, daß die Abbildung zwischen Variablenbezeichnern und Speicherzellen eineindeutig ist, vgl. z.B. (CLICK, 1995). Diese Annahme ist in vielen Programmiersprachen für lokale und globale Variablen richtig, solange wir nur intraprozedurale Optimierungen betrachten. Dehnen wir Programmanalysen jedoch auf dynamisch erzeugte Variable oder über Prozedurgrenzen hinaus aus, so steht ein Variablenbezeichner in der Programmquelle im allgemeinen für eine Menge von Speicherzellen. Ein einfaches Beispiel hierfür sind lokale Variablen rekursiver Prozeduren, von denen bei der Programmausführung in der Regel eine unbekannte Anzahl unterschiedlicher Instantiierungen gleichzeitig existieren. Prozedurschachteln müssen wir in diesem Fall wie alle anderen dynamisch erzeugten Datenstrukturen behandeln. Dazu benötigen wir zunächst geeignete Namensschemata für Variablen.

2.4.3 Namensschemata

Bei der Analyse dynamisch erzeugter Variablen wird eine besondere Behandlung notwendig: Solche Variablen heißen auch *anonyme Variablen*, da sie keinen statisch bekannte Identität besitzen. Um dynamisch erzeugte Variablen in der Optimierung behandeln zu können, müssen wir sie jedoch erkennen und unterscheiden können, so z.B. für die Beantwortung der Frage, welche Variablen durch eine Operation möglicherweise gelesen oder geschrieben werden. Dazu müssen wir die anonymen Variablen jedoch benennen. Die Einführung geeigneter Namen ist die Aufgabe eines sog. *Namensschemas*, (GROVE et al., 1997).

Die durch ein Namensschema für Objekte definierten Namen heißen auch *abstrakte Objekte*. Entsprechend heißen die Namen, die ein Namensschema für Variablen definiert, auch *abstrakte Variablen*. Objekte und Speicherzellen, die zur Laufzeit existieren, heißen im Gegensatz dazu *konkrete* oder *dynamische* Objekte bzw. Variablen.

Definition 2.4.1 (Namensschema) *Ein Namensschema definiert eine statische Abstraktion für zur Laufzeit auftretende Adressen. Ein Namensschema für Objekte bildet konkrete Objekte eindeutig auf eine endliche Menge von Namen ab. Ein Namensschema für Variablen bildet konkrete Speicherzellen eindeutig auf eine endliche Menge von Namen ab.*

Im allgemeinen können wir nicht fordern, daß jeder Name eines endlichen Namensschemas auch nur genau ein Objekt oder eine Variable bezeichnet. Dies liegt daran, daß die Anzahl der zur Laufzeit existierenden Objekte und Variablen potentiell unbeschränkt ist. Einige Namen müssen in solchen Fällen daher zwangsläufig Mengen konkreter Objekte bzw. Variablen beschreiben.

Ist NS_O ein Namensschema für Objekte und NS_A ein Namensschema, das Attribute innerhalb eines Objekts eindeutig bezeichnet, so können wir daraus ein

Namensschema für Variablen konstruieren. Ist o ein konkretes Objekt und p der zu o relative Zugriffspfad auf eine Speicherzelle innerhalb von o, so benennen wir diese Speicherzelle durch das Paar $\langle \overline{o}, \overline{p} \rangle$, wobei $\overline{o}$ der Name ist, mit dem o durch NS_O bennant wird, und $\overline{p}$ der Name, mit dem p durch NS_A benannt wird. Auf konkrete Alternativen für die Definition von Namensschemata gehen wir in Abschnitt 6.4.1 ein.

Die Möglichkeiten für die Definition von Namensschemata für Objekte sind vielfältig. Dabei werden zur Unterscheidung von Objekten meist die Programmpunkte benutzt, an denen die Objekte erzeugt werden.

Entsprechend der Diskussion über die notwendige Abstraktion bei Werten auf Seite 22 fordern wir für praktisch einsetzbare Namensschemata zusätzlich zur Endlichkeit, daß die Anzahl der eingeführten Namen klein genug sein muß, um mit den auf realen Rechnern zur Verfügung stehenden beschränkten Ressourcen verarbeitet werden zu können.

2.4.4 Aliasproblematik

Die in älteren Arbeiten wie z.B. (Landi et al., 1993) oft gebräuchliche Benennung anonymer Variablen durch ihre Zugriffspfade definiert kein Namensschema. Denn bei diesem Ansatz wird Variablen kein eindeutiger Name zugeordnet.

Existieren mehrerer unterschiedliche Namen für dieselbe Variable, so heißen diese *Aliase*, (Waite und Goos, 1984). Das Problem mehrerer Namen pro Variable heißt *Aliasproblem*. Wir sprechen von zwingenden und möglichen Aliasen, jenachdem, ob zwei Namen immer dieselbe Variable bezeichnen oder nur die Möglichkeit einer Überschneidung besteht. Aliase werden durch Aliaspaare, d.h. Paare von Zugriffspfaden beschrieben. Programmanalysen, die solche Aliaspaare bestimmen, heißen *Aliasanalysen*.

Nachteilig bei der Verwendung von Aliaspaaren bei Programmanalysen ist, daß wir bei jedem Effekt des Programms auf eine durch einen Zugriffspfad p beschriebene Variable davon ausgehen müssen, daß dieser Effekt auch möglicherweise über alle Zugriffspfade p' sichtbar wird, für die wir Aliaspaare (p, p') bzw. (p', p) annehmen müssen.

Im Gegensatz zur Aliasanalyse vermeidet die *Zeigeranalyse* oder *points-to* Analyse, vgl. Abschnitt 3.2.3, Zugriffspfade explizit aufzuzählen. Stattdessen, werden die Inhalte zeigerwertiger Variablen durch Namen eines Namensschemas beschrieben. Namensschemata bilden die Adresse einer jeden konkreten Speicherzelle auf einen eindeutigen Namen ab, unabhängig davon über welche Zugriffspfade darauf zugegriffen wird. Als Abstraktion für die *Inhalte* von zeigerwertigen Variablen bildet das Namensschema alle möglichen Inhalte einzeln auf Namen ab. Die Menge dieser Namen, durch die der Inhalt einer Variablen beschrieben wird, kann auch mehrelementig sein. Sind die Inhalte zweier Variablen *immer* identisch, so werden die möglichen Inhalte durch dieselbe Mengen von Namen beschrieben. *Können* zwei Variable denselben Wert enthalten, so ist der Schnitt der Namensmengen, durch die die Inhalte beschrieben werden, nicht leer. Im Vergleich zur Zeigeranalyse benötigt die Darstellung von Aliaspaaren meist einen deutlich größeren Speicheraufwand, (CHATTERJEE und RYDER, 1997).

Beispiel 2.4.2 Am Ende des abgebildeten Programmfragments sind die folgenden Aliase möglich, wobei (x, y) bedeutet, daß die Zugriffspfade x und y auf die gleiche Adresse verweisen können:

$(a, c), (b, c), (a.x, c.x), (a.n, c.n), (b.x, c.x), (b.n, c.n), (a.n, b), (a.n, c), (c.n, b),$
$(a.n.x, c.x), (a.n.n, c.n), (a.n.x, b.x), (a.n.n, b.n), (c.n.x, b.x), (c.n.n, b.n),$
$(a.n.x, c.n.x), (a.n.n, c.n.n).$

```
a := #A;
b := #A;
a.n := b;
if B then
  c := a;
else
  c := b;
end;
```

Dieselbe Information stellen wir mit *points-to* Information wie folgt dar: $[\overline{a} \mapsto \{o_1\}], [\overline{b} \mapsto \{o_2\}], [\overline{c} \mapsto \{o_1, o_2\}], [\langle o_1, n\rangle \mapsto \{o_2\}]$. Hierbei bedeutet $[x \mapsto \{y_1, \ldots\}]$, daß die Inhalte der konkreten Variablen, die durch den Namen x abstrahiert sind, auf Adressen verweisen können, die durch die Namen $y_1, \ldots$ benannt sind. o_1 bzw. o_2 sind dabei die Namen, mit denen die Objekte benannt werden, die in den ersten beiden Zeilen des Fragments erzeugt werden. $\overline{a}$, $\overline{b}$ und $\overline{c}$ sind die abstrakten Variablen, mit denen von den konkreten Variablen a, b und c abstrahiert wird. Als Ergebnis dieser Diskussion konzentrieren wir uns im folgenden auf Zeigeranalysen und gehen auf Aliasanalysen nicht mehr weiter ein. ◇

2.4.5 Schwache Aktualisierung

Wenn wir bei Ausdrücken und Variablen von dynamisch auftretenden Werten und Speicherzellen abstrahieren, so müssen wir dieser Abstraktion auch bei der Programmanalyse Rechnung tragen. Ein wichtiger Sonderfall ist hierbei die abstrakte Semantik von Zuweisungen: Bezeichnet ein Name eines Namensschemas mehr als eine dynamische Variable, so müssen wir bei einer Zuweisung an diesen Namen davon ausgehen, das genau eine dieser Variablen ihren Wert ändert, die Inhalte der anderen dynamischen Variablen jedoch unverändert bleiben. Ist `a` ein solcher Name und haben wir bisher 5 für die Inhalte der durch `a` abstrahierten Variablen analysiert, so müssen wir nach einer Zuweisung des Wertes 7 davon ausgehen, daß die durch `a` beschriebenen Variablen den Inhalt 5 oder 7 haben. Eine solche Behandlung von Zuweisungen heißt *schwache Aktualisierung*, (CHASE et al., 1990). Ist es in der Anlyse hingegen zulässig, den bisherigen Inhalt einer abstrakten Variable zu überschreiben, so heißt dies eine *starke Aktualisierung*.

2.4.6 Essentielle Abhängigkeiten

In Abschnitt 2.3.2 haben wir die verschiedenen Arten von Datenabhängigkeiten über lesende und schreibende Zugriffe auf Variablen definiert. Aus der statischen Sicht der Übersetzung können wir im allgemeinen nicht über Variablen, sondern nur über deren Abstraktionen in Form der Namen eines Namensschemas argumentieren.

Definition 2.4.3 (Essentielle Datenabhängigkeit)
Eine Datenabhängigkeit ist essentiell bezüglich eines Namensschemas NS, wenn einer der drei relevanten Fälle aus Definition 2.3.4 vorliegt und die Operationen a und b auf Variablen zugreifen, die von NS auf denselben Namen abgebildet werden.

Zwei Operationen können bezüglich eines Namensschemas essentiell abhängig, und bezüglich eines anderen Namensschemas unabhängig sein. Dieser Fall tritt ein, falls das zweite Namensschema die Variablen unterscheiden kann, auf die durch a und b zugegriffen wird, während das erste Namensschema diese Variablen alle auf denselben Namen abbildet.

2.5 Beziehungen zwischen Programminformationen

Echte Datenabhängigkeiten zwischen Operationen können wir berechnen, indem wir entlang des Steuerflusses bestimmen, welche Definitionen eine Benutzung erreichen können. Dieses Analyseproblem heißt *ankommende Definitionen*,[1] (NIELSON et al., 1999). Entsprechend können wir Ausgabe- und Antiabhängigkeiten bestimmen, indem wir berechnen, welche Definitionen oder Benutzungen an einer späteren Definition ankommen.

Für die Bestimmung von Definitionen und Benutzungen eine Variablen müssen wir die DEF/USE-Mengen der Operationen kennen, vgl. Abschnitt 2.3.1, die wiederum Aussagen über Adreßausdrücke voraussetzen. Die Ausdrücke, die zur Adressierung bei Speicherzugriffen verwendet werden, hängen oft selbst von den Inhalten zeigerwertiger Variablen ab. Wir können Definitionen und Benutzungen von Variablen daher nur bestimmen, wenn wir die Inhalte der in der Adressierung vorkommenden Variablen kennen.

Beispiel 2.5.1 Beispielsweise müssen wir, um feststellen zu können, auf welche Variable mit dem Ausdruck a.b.c zugegriffen wird, zunächst wissen, auf welches Objekt o die Variable a verweist. Der Inhalt des Felds b in o ist selbst wiederum ein Verweis auf ein Objekt o', das ein Feld c enthält. In diesem Beispiel müssen wir die Inhalte der Variablen a und o.b kennen, um die Adresse der Variable a.b.c bestimmen zu können. ◇

1) Engl.: *reaching definitions.*

Felder von Objekten können auch als Effekt des Aufrufs anderer Prozeduren verändert werden. Um Inhalte global sichtbarer Variablen bestimmen zu können, müssen daher auch die Effekte von Prozeduraufrufen berücksichtigt werden. Ohne interprozedurale Analysen lassen sich diese Effekte konservativ oft nur sehr ungenau abschätzen.

Bei lediglich intraprozeduralen Analysen lassen sich solche pessimistische Abschätzungen hingegen nicht vermeiden. Die Effekte von Prozeduraufrufen sind hier unbekannt. Die Ergebnisse einer solchen Analyse sind in vielen Fällen für Optimierungen völlig ungeeignet, wie das folgende Beispiel zeigt:

Beispiel 2.5.2 Für das Fragment `a: $T; a := f(x); a.y;` wollen wir die dynamischen Typen der Objekte bestimmen, auf die a nach der Zuweisung verweisen kann. Rein intraprozedural, d.h. ohne den Rumpf von f zu betrachten, können wir nur annehmen, daß hier alle möglichen dynamischen Typen vorkommen können. Ohne programmglobale Analyse können wir nicht einmal angeben, welche Untertypen von $T überhaupt in diesem Programm existieren können. ◇

Voraussetzung für interprozedurale Analysen ist die Kenntnis des interprozeduralen Steuerflußes. Um diesen bestimmen zu können, muß für indirekte Prozeduraufrufe bekannt sein, welche Prozeduren erreichbar sind. Dies schließt auch polymorphe Aufrufe mit ein. Die Menge der erreichbaren Prozeduren hängt wiederum von den Werten der Ausdrücke ab, die zur Adressierung der Prozeduren benutzt werden.

Die Zusammenhänge zwischen den einzelnen Programminformationen sind in Abbildung 2.1 graphisch dargestellt. Die Pfeile zeigen an, wie die einzelnen Informationen voneinander abhängen.

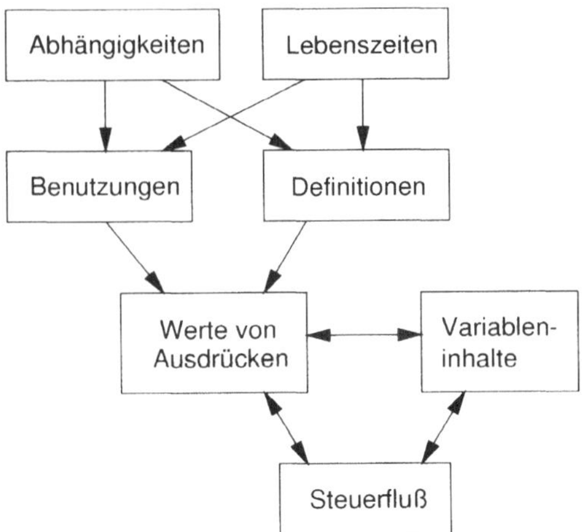

Abbildung 2.1: Beziehungen zwischen Programminformationen

Allgemein hängt der Steuerfluß von Ausdrücken ab, die zur Steuerung von Verzweigungen benutzt werden. Auch diese Ausdrücke hängen von Variableninhalten ab und diese wiederum vom Steuerfluß. Das bedeutet, daß wir für die Berechnung von Abhängigkeiten indirekt nicht nur an den Inhalten zeigerwertiger Variablen interessiert sind, sondern an beliebigen Werten, von denen Verzweigungen im Programm abhängen können.

Insgesamt bestehet zwischen den Werten von Ausdrücken, Inhalten von Variablen und dem Steuerfluß eine zyklische Abhängigkeit. Keines der entsprechenden Analyseprobleme kann intraprozedural oder unabhängig von den beiden anderen gelöst werden, ohne dabei durch sehr grobe Abschätzungen große Abstriche bei der Genauigkeit hinnehmen zu müssen.

2.6 Zusammenfassung

Die letzten Abschnitte haben gezeigt, daß sich objektorientierte Programme bereits auf der Modellierungsebene stark von traditionellen imperativen Programmen unterscheiden, und daß diese Unterschiede bei herkömmlicher Übersetzung trotz traditioneller Optimierung zu ineffizienten ausführbaren Programmen führen.

Die Ineffizienzen objektorientierter Programme sind direkte und indirekte Folgen der Abstraktionen, die beim objektorientierten Entwurf eingeführt werden. Durch den Einsatz von Polymorphie, Delegation und Kapselung von Daten und Code in Objekten sollen vor allem softwaretechnische Ziele wie einfache Wiederverwendbarkeit, bessere Verständlichkeit sowie leichtere Wartbarkeit und Erweiterbarkeit erreicht werden. Auf Ebene des ausführbaren Codes haben diese Abstraktionen meist keine Berechtigung und verringern nur die Effizienz der Programme.

Für die Optimierung objektorientierter Programme werden neben traditionellen Optimierungen für imperative Programme vor allem Optimierungen benötigt, mit denen sich dynamische Objekterzeugungen, Speicherzugriffe, Prozeduraufrufe und Polymorphie beseitigen lassen. Dabei müssen die meist auf Wiederverwendbarkeit ausgelegten Vereinbarungen von Code und Daten auf ihre konkrete Verwendungen im zu übersetzenden Programm angepaßt werden. Dies bedeutet, daß nur diejenige Funktionalität erbracht werden muß, die im vorliegenden Programm auch wirklich benötigt wird. Dazu ist es auch notwendig, verschiedene Verwendungen von Vereinbarungen unterscheiden zu können.

Bei traditionellen Optimierungen für imperative Sprachen werden Zugriffe auf die Halde de facto nicht optimiert, da über ihre Effekte statisch zu wenig bekannt ist. Analysen, um solche Informationen geeignet zu bestimmen, werden nicht durchgeführt, da Optimierungen von Haldenzugriffen wegen des Aufwands der Analysen und der Seltenheit des Vorkommens dieser Operationen bei traditionellen imperativen Programmen als vernachlässigbar angesehen werden. Bei objektorientierten Programmen sind Haldenzugriffe jedoch häufige Operationen, deren Optimierungspotential so groß ist, daß diese Optimierungsmöglichkeiten nicht ignoriert werden dürfen und sich dafür auch aufwendigere Programmanalysen lohnen. Traditionelle Optimierungen für imperative Programme müssen dazu so erweitert werden, daß Programmanalysen und Transformationen den Besonderheiten objektorientierter Programme Rechnung tragen.

Alle Programminformationen, die der Optimierer für die Anwendung von Programmtransformationen benötigt, müssen explizit verfügbar sein. Dazu müssen sie direkt in der Programmrepräsentation dargestellt sein, oder sich auf dieser bei Bedarf berechnen lassen. Einschränkungen bei der Anwendbarkeit von Optimierungen müssen wir vor allem dann in Kauf nehmen, wenn Abhängigkeiten zwischen Operationen zu ungenau abgeschätzt werden.

Als Voraussetzungen für die Optimierungen werden Aussagen über mögliche Werte von Ausdrücken und Variableninhalten sowie über den interprozeduralen Steuerfluß benötigt. Die Bestimmung exakter Informationen ist nicht berechenbar. Wir können daher nur Abschätzungen bestimmen. Variableninhalte, Werte von Ausdrücken und der Steuerfluß lassen sich nur sehr pessimistisch abschätzen, wenn die Approximationen nicht verschränkt berechnet werden.

Neben Standardoptimierungen für imperative Programme benötigen wir spezielle Optimierungen zur Elimination objektorientierter Abstraktionen. Wie in Abschnitt 2.2 gezeigt, können solche Optimierungen im Prinzip durch einfache Ersetzungen erreicht werden. Das Problem ist hierbei jedoch die Analyse und Bereitstellung der für die Transformationen notwendigen Programminformationen. Für die Programmanalyse und die Programmrepräsentation haben wir daher die folgenden Anforderungen:

Anforderungen an die Analyse:

Abstraktion:
Wir benötigen ein geeignetes Namensschema zur Benennung anonymer Variablen und ihrer Inhalte. Je genauer dieses ist, um so besser können wir anonyme Variablen unterscheiden.

Interprozedurale Analyse:
Die Effekte von Prozeduraufrufen müssen wir durch interprozedurale Analysen bestimmen. Dabei müssen wir Aufrufe über Klassengrenzen hinaus, d.h. i.a. programmglobal verfolgen können. Intraprozedurale Analysen mit sehr ungenauen Abschätzungen der Effekte von Aufrufen sind für unsere Optimierungen nicht geeignet.

Kontextsensitive Analyse:
Bei Code der mehrfach durchlaufen wird, insbesondere bei Prozeduren, benötigen wir kontextsensitive Analysen, um unterschiedliche Werte bei unterschiedlichen Ausführungen auseinanderhalten zu können.

Verschränkte Analyse:
Die Analyse des interprozeduralen Steuerflusses sowie der Werte, die Ausdrücke und Variablen zur Laufzeit annehmen können, sind wechselweise voneinander abhängig. Gute Approximationen können wir nur bestimmen, wenn wir die einzelnen Analyseprobleme zusammen behandeln.

Anforderungen an die Programmrepräsentation:

Darstellung von Abhängigkeiten:
Die Darstellung der Berechnungen muß uns eine möglichst genaue Beschreibung der Abhängigkeiten zwischen Operationen erlauben, insbesondere bei Datenabhängigkeiten zwischen Zugriffen auf die Halde.

Konstruktivität:
Die Darstellung muß für die Übersetzung von imperativen Sprachen auf von-Neumann-Architekturen geeignet sein. Wir benötigen konstruktive Verfahren für den Einstieg, die Transformation und den Ausstieg aus der Darstellung.

Die Anforderungen an die Analyse sind allesamt Forderungen nach einer möglichst großen Genauigkeit. Mit dieser Genauigkeit und der in Abschnitt 1 geforderten praktischen Durchführbarkeit der Analysen verfolgen wir widersprüchliche Ziele.

Im nächsten Kapitel untersuchen wir bekannte Ansätze zur Repräsentation, Analyse und Transformation von Programmen auf ihre Tauglichkeit für die Optimierung objektorientierter Sprachen.

3 Stand von Forschung und Technik

Dieses Kapitel diskutiert bekannte Ansätze zur Optimierung, Analyse und Repräsentation von Programmen. Zunächst untersuchen wir, welche Ansätze für die Optimierungsprobleme aus Abschnitt 2.2 bereits verfügbar sind, und in wie weit sie unsere Anforderungen erfüllen.

Bei der Untersuchung von Ansätzen zur Programmanalyse wird sich zeigen, daß zwischen Analysen für zunächst scheinbar unterschiedliche Probleme wie Typanalyse, Haldenanalyse, und Steuerflußanalysen eine enge Verwandtschaft besteht, die es uns erlaubt, diese als unterschiedliche Instanzen eines allgemeineren Analyseproblems aufzufassen. Anschließend vergleichen wir unterschiedliche Ansätze in diesem Bereich bezüglich ihrer Effizienz und Genauigkeit.

Schwerpunkte bei der Untersuchung von Programmrepräsentationen sind die von ihnen angebotene Unterstützung für effiziente Programmanalysen und ihre Eignung für objektorientierte Optimierungen. Hierbei interessieren uns insbesondere die verfügbaren Konzepte zur Darstellung von Abhängigkeiten.

Abschnitt 3.4 erörtert Ursachen dafür, daß die unterschiedlichen untersuchten Ansätze unseren Anforderungen aus Abschnitt 2.6 noch nicht gerecht werden, und welche offenen Probleme für die Optimierung objektorientierter Programme noch zu lösen sind.

3.1 Optimierungen

Welche Verfahren prinzipiell für die Optimierung objektorientierter Programme erforderlich sind, haben wir bereits in Abschnitt 2.2 analysiert. Im folgenden zeigen wir auf, in wieweit entsprechende Techniken bereits verfügbar sind.

3.1.1 Optimierungsstrategien

Traditionell sehen Übersetzer für imperative Programmiersprachen Übersetzungseinheiten vor, die vom Programmierer definiert werden. Typischerweise sind dies einzelne Module wie in Modula, Quelldateien wie in C oder Klassen wie in Java. Der Übersetzer erzeugt dann genau für die angegebene Übersetzungseinheit Code. Erst der Systembinder, bzw. bei Java die *Virtual Machine* (JVM), bindet die Übersetzungen der einzelnen Einheiten dann zum eigentlichen ausführbaren Programm zusammen. Dieser Ansatz heißt *getrennte Übersetzung*. Im Gegensatz dazu heißt die Übersetzung des gesamten Programms an einem Stück *geschlossene Übersetzung*, (Mauch und Trapp, 1992; Chambers, C. Dean, J. Grove, 1997).

Vorteilhaft bei getrennter Übersetzung ist, daß bei lokalen Änderungen am Programmtext auch nur ein kleiner Teil des Programms neu übersetzt werden muß. Nachteilig ist hingegen, daß der Übersetzer bei jedem Lauf nur einen kleinen Ausschnitt des vollständigen Programms „sieht". Mit dieser Strategie können sich sowohl Analysen als auch Transformationen ebenfalls nur auf diesen Teil des Programms beziehen.

Unsere Anforderungen nach interprozeduralen, programmglobalen Analysen aus Abschnitt 2.6 können mit getrennter Übersetzung nicht erfüllt werden.

Die geschlossene Übersetzung erlaubt hingegen, Programme global zu analysieren und zu optimieren. Bei geschlossener Übersetzung muß aber berücksichtigt werden, daß der Übersetzer mit einem wesentlich größeren Eingabeumfang effizient zurecht kommen muß. Bereits in (Mauch und Trapp, 1992) und (Armbruster und von Roques, 1996) wurde jedoch nachgewiesen, daß mit diesem Ansatz auch große Programme in angemessener Zeit übersetzt werden können.

Statischen Optimierungen werden zur Übersetzungszeit und damit noch vor der eigentlichen Ausführung durchgeführt. Für objektorientierte Programme wurden z.B. in (Dean et al., 1996) auch dynamische Optimierungen vorgeschlagen, die während der Ausführung des Programms erfolgen. Solche Optimierungen lohnen sich hauptsächlich für interpretierte Sprachen oder lange laufende Anwendungen, da ansonsten die für die Optimierung benötigte Zeit höher ist als die dadurch erzielbare Beschleunigung, vgl. (Mauch und Trapp, 1992). Für die Übersetzung von Java Programmen werden dynamische Optimierungen häufig im Rahmen sogenannter *Just-In-Time* Übersetzer (JIT) durchgeführt. Dies liegt jedoch vor allem daran, daß für Java eine statische, geschlossene Übersetzung nur mit Einschränkungen möglich ist. Da wir im folgenden die Erzeugung von Maschinenprogrammen im Rahmen einer globalen Optimierung zum Ziel haben, gehen wir auf dynamische Optimierungen nicht mehr explizit ein. Viele der hier vorgestellten Ansätze lassen sich aber natürlich auch auf die dynamische Optimierung übertragen.

3.1.2 Traditionelle Optimierungen

Die Verfahren zur Vermeidung redundanter, toter oder nicht erreichbarer Berechnungen, ebenso wie das Ersetzen teuerer Operationen durch billigere, sind Standardoptimierungen, siehe (Wolfe, 1996). Dies gilt zumindest, soweit nur arithmetische Ausdrücke und lokale Variablen betroffen sind. Für objektorientierte Programme sind sie jedoch wegen der großen Anzahl von Prozeduraufrufen und Speicherzugriffen wenig effektiv. Weitere Standardoptimierungen sind der offene Einbau von Prozeduren zur Reduktion prozeduraler Abstraktion, (Cooper et al., 1991), und das Klonen von Prozeduren zur Reduktion von Kontextabhängigkeiten, (Cooper et al., 1993).

3.1.2.1 Vermeidung partieller Redundanzen

Die Standardoptimierung für die Vermeidung partieller Redundanzen stammt von MOREL und RENVOISE (1979). Varianten dieses Verfahrens wurden später von KNOOP et al. (1992, 1993), DRECHSLER und STADEL (1993), COOPER und SIMPSON (1995b) und CLICK (1995) vorgeschlagen.

Alle Verfahren arbeiten nach demselben Prinzip: Berechnungen, die mehrfach vorkommen, werden an ihrer ursprünglichen Position aus dem Code gelöscht und stattdessen an anderen Positionen eingefügt. Dadurch sollen die Ausführungskosten insgesamt gesenkt werden. Dabei wird sichergestellt, daß die Ergebnisse der neu eingefügten Operationen auch an den bisherigen Positionen verfügbar sind. Diese Eigenschaft heißt *Vorsicherheit.*[1] Die Eigenschaft, daß jeder Ausführungspfad zwischen einer Einfügestelle und dem Ende der Prozedur bereits vor der Transformation eine äquivalente Berechnung enthielt, heißt *Nachsicherheit.*[2] Die genannten Verfahren vereinen die Beseitigung gemeinsamer Teilausdrücke, das Verschieben schleifeninvarianter Ausdrücke und bestimmte Fälle von Operatorvereinfachung.

KNOOP et al. (1992) definieren für ihr Verfahren den Begriff der *Berechnungsoptimalität* als Grenzwert einer Relation „*berechnungsgünstiger*". Sie können nachweisen, daß ihr Verfahren in diesem Sinne auch immer berechnungsoptimale Lösungen findet. Berechnungsoptimalität sichert auch zu, daß eine Operation im optimierten Programm nicht häufiger ausgeführt wird als im Original. Damit kann Code, der in Schleifen unter Bedingung steht, durch das Verfahren nicht aus der Schleife herausgezogen werden. Andererseits können Berechnungen nicht von Pfaden, auf denen sie einmal berechnet wurden, entfernt werden, selbst wenn sie dort nicht lebendig sind. Erweiterungen zur Vermeidung teilweise toter Berechnungen werden in (KNOOP et al., 1994) vorgeschlagen.

Abhängig davon, wie bei diesen Verfahren vorhandene Berechnungen gelöscht und neue eingefügt werden, heißen sie Codeverschiebungs- oder Codeplazierungsverfahren. Kann ein Verfahren Ausdrücke nur dann als gleich erkennen, wenn sie in der Programmquelle syntaktisch gleich formuliert sind, heißt es *syntaktisch*, ansonsten *semantisch.* Semantische Verfahren kombinieren die Elimination redundanter Berechnungen mit einer globalen Wertnumerierung. SIMPSON (1996) zeigt in diesem Zusammenhang, daß sich mit optimistischen Wertnumerierungsverfahren Identitäten finden lassen, die mit pessimistischen Verfahren nicht erkannt werden, und daß umgekehrt arithmetische Äquivalenzen leicht bei pessimistischen Verfahren ausgenutzt werden können, nicht jedoch bei optimistischen. Eine gute Diskussion der Unterschiede zwischen syntaktischer Codeverschiebung und semantischer Codeplazierung findet sich in (KNOOP et al., 1998). Von den zitierten Verfahren arbeiten nur die von CLICK (1995) und COOPER und SIMPSON (1995b) semantisch. Click's Ansatz ist im Gegensatz zu den anderen ein Codeplazierungsverfahren. Generell können Plazierungsverfahren Redundanzen entfernen, die von

1) Engl.: *up-safety.*
2) Engl.: *down-safety.*

Verschiebungsverfahren nicht beseitigt werden; auch finden semantische Verfahren mehr Optimierungsmöglichkeiten als syntaktische, siehe hierzu ebenfalls (KNOOP et al., 1998).

Der hohe Anteil von Speicherzugriffen und Prozeduraufrufen in objektorientierten Programmen führt bei den bisher bekannten Verfahren zur Vermeidung partieller Redundanzen zu folgenden Nachteilen:

- Keines der Verfahren kann allgemeine Zuweisungen oder Prozeduraufrufe verschieben, vgl. (COOPER und SIMPSON, 1995b).
- Dadurch wird auch die Verschiebung aller davon abhängigen Berechnungen blockiert.
- Abhängigkeiten zwischen Berechnungen bei Prozeduraufrufen und Speicherzugriffen können nicht direkt aus traditionellen Programmrepräsentationen abgelesen werden. In der Regel werden die Abhängigkeiten nur sehr grob abgeschätzt.[1]

3.1.3 Elimination unnötiger Abstraktionen

Die wesentlichen bisher bekannten Optimierungen für objektorientierte Sprachen wurden in (CHAMBERS, 1992), (PLEVYAK, 1996) und (GROVE et al., 1997) beschrieben. Die in der Literatur vorgestellten Ansätze konzentrieren sich alle auf die Vermeidung polymorpher Prozeduraufrufe, auf die Vereinfachung oder Elimination dynamischer Typüberprüfungen und auf das Klonen in objektorientierten Programmen. Optimierungen zur Reduktion von Speicherzugriffen und Objekterzeugungen werden fast garnicht betrachtet.

3.1.3.1 Elimination von Objekten

Optimierungen zur Reduktion dynamisch erzeugter Objekte wurden bisher fast ausschließlich zur Optimierung rein funktionaler Programmiersprachen vorgeschlagen. Variablen vom Typ „Zeiger auf T" werden direkt durch Strukturen des Typs T ersetzt. Die Transformation heißt *Unboxing*, (LEROY, 1992), oder *offener Einbau von Datenstrukturen*; die dabei benutzten Analysetechniken *Escape Analysis*, (MOHNEN, 1995). Die Optimierungen nutzen aus, daß in rein funktionalen Programmiersprachen Felder dynamisch erzeugter Datenstrukturen nur auf ältere Datenstrukturen verweisen können. Damit sind sie nicht auf die Optimierung imperativer und insbesondere objektorientierter Sprachen übertragbar.

Eine entsprechende Transformation für objektorientierte Programmiersprachen zur Reduktion der Anzahl von dynamisch erzeugten Objekten wurde bisher nur von DOLBY (1997) vorgeschlagen. Die Transformation setzt voraus, daß a) im gesamten Programm alle Zugriffe auf Felder eines offen einzubauenden Objekts eineindeutig bekannt sind und daß b) der offene Einbau bestehende Aliasbeziehungen nachweislich nicht ändert. Mit den Analysen aus (DOLBY, 1997) läßt sich

1) Der GNU-C-Übersetzer geht beispielsweise davon aus, daß jeder Prozeduraufruf die Inhalte aller Variablen verändert, ausgenommen lokale Variablen, auf die kein Adreßoperator angewandt wurde.

a) nur in einfachen Fällen nachweisen. Für b) wird nur ein hinreichender Spezialfall betrachtet. Die in Abschnitt 2.2.2 geforderte Einbettung von Objekten in Prozedurschachteln wird überhaupt nicht betrachtet.

3.1.3.2 Reduktion von Speicherzugriffen

Die Reduktion von Speicherzugriffen ist bei lokalen Variablen recht einfach möglich, vgl. (MORGAN, 1998; SIMPSON, 1996): Zunächst wird eine lokale Wertnumerierung durchgeführt, vgl. Abschnitt 3.1.2.1. Lokale Variablen erhalten bei Zuweisungen die Nummer des rechtsseitigen Ausdrucks. Lesende Zugriffe auf eine lokale Variable werden durch den Ausdruck ersetzt, dessen Wertnummer der aktuellen Numerierung der Variablen ist. Dabei wird ausgenutzt, daß im intraprozeduralen Fall die Namen lokaler Variablen eineindeutige Zugriffspfade für die zur Laufzeit benutzten Speicherzellen sind. Bei Zugriffen auf dynamisch erzeugte, anonyme Variablen sind diese Voraussetzungen jedoch nicht erfüllt und die Standardoptimierungen daher nicht übertragbar.

Ansätze für eine entsprechende Optimierung bei objektorientierten Sprachen finden sich in (DEAN, 1996). Bei speziellen Zugriffsmustern werden hier Inhalte von Attributen in neu erzeugte, lokale Variablen kopiert. Zugriffe, die ursprünglich das Attribut gelesen haben, greifen nach der Transformation auf die lokale Kopie zu. In einigen Fällen lassen sich dann die Zugriffe auf diese neuen Variablen wieder durch das Standardverfahren für lokale Variablen entfernen.

Auch durch Codeverschiebungsverfahren kann die Anzahl von Speicherzugriffen reduziert werden, und zwar in denjenigen Fällen, in denen dieselben Zugriffe mehrfach vorkommen und davon einzelne redundant sind. In (SIMPSON, 1996) wird dies für lesende Speicherzugriffe gezeigt, gleichzeitig jedoch auch darauf hingewiesen, daß schreibende Speicherzugriffe wegen fehlender Informationen über Antiabhängigkeiten nicht optimiert werden konnten.

3.1.3.3 Reduktion von Prozeduraufrufen

Prozeduraufrufe können eliminiert werden, indem die Aufrufe durch den Rumpf der aufzurufenden Prozedur ersetzt werden, (COOPER et al., 1991). Diese Transformation, die offener Einbau oder *Procedure Inlining* heißt, setzt jedoch voraus, daß die aufzurufende Prozedur statisch bekannt ist. Der Vorteil des offenen Einbaus besteht nicht nur darin, daß die Operationen für Parameterübergabe, Aufruf und Rücksprung eingespart werden, sondern auch darin, daß der Rumpf der Prozedur im Kontext der Aufrufstelle optimiert werden kann.

Dem steht im allgemeinen ein höherer Platzbedarf für den derart expandierten Code gegenüber, der jedoch teilweise durch die nun möglichen Optimierungen kompensiert werden kann, (COOPER et al., 1991). Wächst das Programm dadurch zu stark an, kann dies durch größere Ladezeiten und erhöhte Seiten- und *Cache*-Fehler indirekt wiederum zu längeren Ausführungszeiten führen. Die heute bei Optimierern benutzten Kostenmaße können diese Effekte nicht modellieren. Daher werden zur Steuerung des offenen Einbaus Heuristiken über die Größe der

Prozedur und die Anzahl ihrer Parameter verwendet, siehe hierzu auch (COOPER et al., 1991).

3.1.3.4 Reduktion von Polymorphie

Polymorphe Zugriffsfunktionen sind abhängig vom dynamischen Typ des qualifizierenden Objekts, vgl. Abschnitt 2.2.2, Seite 16. Ist dieser Typ während der Übersetzung eindeutig bekannt, so kann die Zugriffsfunktion partiell ausgewertet werden, vgl. (MAUCH und TRAPP, 1992; CHAMBERS et al., 1996). Polymorphe Zugriffsfunktionen, die Prozeduren bezeichnen, können in diesem Fall vollständig zu statischen Prozeduradressen ausgewertet werden. Zugriffsfunktionen, die Felder von Objekten bezeichnen, können zu Ausdrücken der Form *Objektadresse* + *Relativadresse* reduziert werden.

Die eigentliche Schwierigkeit liegt demnach nicht in der Transformation zur Vermeidung dynamischer Bindungen bei polymorphen Zugriffen, sondern in den Programmanalysen zur Bestimmung der dynamischen Typen der qualifizierenden Objekte. Auf entsprechende statische Typanalysen gehen wir in Abschnitt 3.2.2 genauer ein. Durch Auswertungen von Programmläufen (*Profiling*), wie sie von GROVE et al. (1995) vorgeschlagen wurden, können nur optimistische Abschätzungen für Typen bestimmt werden. Damit läßt sich angeben, welche Bindungen wahrscheinlich sind. Eine direkte Ersetzung der Zugriffsfunktionen durch statische Bindungen ist aber nur mit zusätzlichen dynamischen Typprüfungen möglich. Bei einer geringen Anzahl von Alternativen kann dies durch eine explizite Fallunterscheidung geschehen, die für einige Alternativen wiederum den offenen Einbau der Methodenrümpfe ermöglicht (CHAMBERS, C. DEAN, J. GROVE, 1997).

Die Anzahl polymorpher Aufrufe kann weiter reduziert werden, wenn der qualifizierende Ausdruck eines polymorphen Zugriffs für einzelne Aufrufkontexte monomorph ist. Auf entsprechende Transformationen zur Reduktion der Kontextabhängigkeit gehen wir in Abschnitt 3.1.5 detailliert ein.

3.1.4 Spezialisierung des anwendungsunabhängigen Entwurfs

Klassische Optimierungen zur Beseitigung von Berechnungen, die zwar in den Quellen formuliert sind, jedoch im zu übersetzenden Programm nicht wirklich benötigt werden, sind die partielle Auswertung von Ausdrücken sowie die Elimination toten oder nicht erreichbaren Codes, vgl. (CLICK und COOPER, 1995).

Die Reduktion der in den Programmquellen enthaltenen Definitionen von Prozeduren und Datenstrukturen auf die im Programm auch wirklich benötigte Funktionalität ist nur bei geschlossener Übersetzung möglich, vgl. Abschnitt 3.1.1. In (MAUCH und TRAPP, 1992) werden auf Prozedur- und Klassenebene nur solche Definitionen zum Programm hinzugenommen, für die angenommen werden muß, daß sie von der Startprozedur aus erreichbar sind.

3.1.5 Reduktion der Kontextabhängigkeit

Um Code und Daten für unterschiedliche Kontexte optimieren zu können, müssen diese in der Programmrepräsentation explizit für einzelne Kontexte unterscheidbar sein. Dazu müssen Teile der Repräsentation repliziert werden. Neben dem Ausrollen von Schleifen und dem in Abschnitt 3.1.3.3 beschriebenen offenen Einbau von Prozeduren gibt es hierfür noch eine weitere Technik: Das Klonen von Prozeduren, (COOPER et al., 1993).

Beim Klonen werden Kopien von Prozedurvereinbarungen erzeugt und jeder Anwendungsstelle eine dieser Versionen zugeordnet. Mehrere Anwendungsstellen können dieselbe Version benutzen. Die einzelnen Versionen können dann in Abhängigkeit ihrer Anwendungen spezialisiert werden. Je mehr Versionen unterschieden werden, um so geringer ist die Zahl der Anwendungskontexte, denen die Spezialisierung einer einzelnen Version genügen muß. Aufrufe an Prozeduren, die geklont wurden, müssen durch Aufrufe des entsprechenden Klons ersetzt werden. Diese Anpassungen erzwingen häufig die Erzeugung weiterer Klone, vgl. (CHAMBERS et al., 1996). Die Entscheidung darüber, welche Prozedur geklont werden soll, wird wie beim offenen Einbau mit Hilfe von Heuristiken getroffen, vgl. (COOPER et al., 1991).

Die Anwendung des Klonens zur Reduktion polymorpher Aufrufe wird in (PLEVYAK und CHIEN, 1994) beschrieben. Spezialfälle des Klonens sind *Customization*, (CHAMBERS und UNGAR, 1989), *Splitting*, (CHAMBERS und UNGAR, 1990), und *Specialization*, (CHAMBERS, 1992). Bei *Customization* werden polymorphe Zugriffe auf das aktuelle Objekt eliminiert, indem Prozeduren explizit in alle erbenden Unterklassen kopiert werden. Bei *Specialization* werden Prozeduren repliziert, die polymorphe Zugriffe enthalten, deren qualifizierende Ausdrücke formale Parameter der Prozedur sind. Die Transformation wird angewandt, falls Aufrufstellen mit monomorphen aktuellen Parametern bekannt sind. Beispielsweise kann max (a,b: $NUMERIC): $NUMERIC zu `max (a,b: INT): INT` und `max (a,b: FLT): FLT` spezialisiert werden, falls Aufrufstellen bekannt sind, an denen max sicher nur mit Werten vom Typ INT bzw. ausschließlich mit Werten des Typs FLT aufgerufen wird. *Splitting* ist eine intraprozedurale Variante des Klonens, bei der Grundblöcke dupliziert werden, um die Anzahl polymorpher Aufrufe zu verringern, siehe Abbildung 3.1.

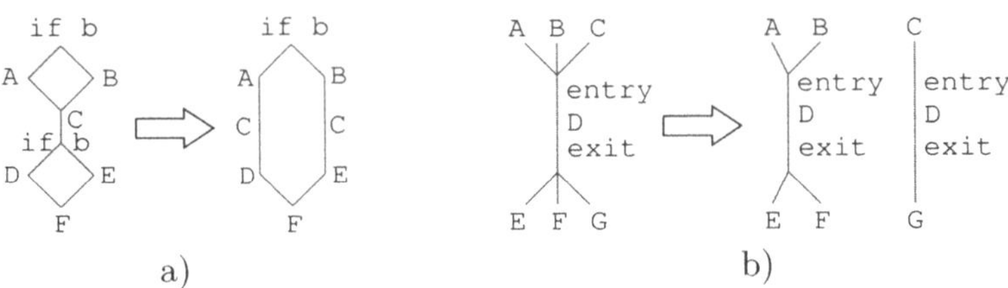

Abbildung 3.1: Beispiele für a) *Splitting* und b) *Specialization*.

Die Anpassung eines polymorphen Aufrufs $o.p(x)$ ist sehr aufwendig, falls die Auswahl der Spezialisierung anhand des Typs von x erfolgen soll, o jedoch weiterhin polymorph ist. Dies ist nur realisierbar, wenn bei der Implementierung des polymorphen Aufrufs auch alle Parametertypen mitbeachtet werden, oder wenn die Zugriffsfunktion zusätzlich mit der Aufrufstelle parametrisiert wird, vgl. (PLEVYAK und CHIEN, 1996). Beide Methoden führen zu einer Verteuerung dieser polymorphen Prozeduraufrufe in Laufzeit und Speicherverbrauch.

3.2 Programmanalyse

Programmanalysen bestimmen statische Abstraktionen dynamischer Programmeigenschaften. Sie lassen sich grob nach folgenden Kriterien einordnen, vgl. (NIELSON et al., 1999):

Flußinsensitiv / flußsensitiv:
Flußinsensitive Analysen ignorieren die Ausführungsreihenfolge von Berechnungen, flußsensitive Analysen berücksichtigen sie.

Intraprozedural / interprozedural:
Intraprozedurale Analysen betrachten Prozeduraufrufe als atomare Operationen, deren Effekte nur grob abgeschätzt werden. Interprozedurale Analysen analysieren bei Prozeduraufrufen auch die aufzurufenden Prozeduren.

Kontextinsensitiv / kontextsensitiv:
Eine kontext*in*sensitive Analyse bestimmt eine Lösung, die unabhängig von unterschiedlichen Ausführungspfaden gilt. Kontextsensitive Analysen können Informationen auseinanderhalten, die für alternative Ausführungspfade gültig sind.

Für Programmanalysen besitzen wir mit der Datenflußanalyse eine generelle Technik, die uns die Einordnung und Realisierung unterschiedlicher konkreter Analysen erlauben. Für die grundlegenden Analyseprobleme aus Kapitel 2 werden in der Literatur verschiedene Algorithmen vorgestellt, die auf den ersten Blick völlig unterschiedliche Informationen berechnen. In Abschnitt 2.3 haben wir bereits die Zusammenhänge zwischen den einzelnen Informationen aufgezeigt. Im folgenden stellen wir unterschiedliche, in der Literatur vorgestellte Analysealgorithmen für die Analyse von Objekten und der Speicherstruktur als Datenflußanalysen dar. Dadurch werden bekannte Arbeiten besser vergleichbar und können auch besser hinsichtlich der am Ende von Abschnitt 2.6 gestellten Anforderungen bewertet werden. Dabei gehen wir besonders auf Abstraktion, interprozedurale Ansätze, Kontextsensitivität sowie auf die verschränkte Bestimmung von Variablen, Variableninhalten und Steuerfluß ein.

3.2.1 Datenflußanalyse

Das für die Praxis wichtigste algorithmische Verfahren für die statische Analyse von Programmen ist die Datenflußanalyse, (MARLOWE und RYDER, 1990). Bei der Datenflußanalyse werden für die Ecke eines Steuerflußgraphen $G = (E, K)$ Approximationen von dynamischen Programmeigenschaften berechnet. Die Menge $\mathcal{L}$ der dabei möglichen Werte heißt *abstrakter Bereich* der Analyse.

Dabei wird jeder Ecke $n \in E$ eine monotone Transferfunktion $f_n \in \mathcal{F} = \{f : \mathcal{L} \to \mathcal{L}\}$ zugeordnet sowie eine Variable v_n, die mit einem Wert $i_n \in \mathcal{L}$ initialisiert wird. Folgewerte für v_n werden durch $f_n(\sqcap\{v_s \mid s \in \mathsf{pred}(n)\})$ aus den Datenflußwerten der Vorgänger von n berechnet, wobei $\sqcap$ stellvertretend für *inf* (Infimum) oder *sup* (Supremum) steht. Die $\sqcap$-Operation bezeichnen wir auch als *Verschmelzung*.

Solche Analysen heißen Vorwärtsanalysen. Entsprechend heißt eine Berechnung aus den Steuerflußnachfolgern eine Rückwärtsanalyse. Analysen, die Werte von Nachfolgern und Vorgängern benutzen, heißen bidirektional. $(\mathcal{L}, \sqcap)$ muß ein Verband sein, bei dem alle Ketten $\cdots \sqsubseteq l_n \sqsubseteq l_{n+1} \sqsubseteq \cdots$ endlich sind. Zusammen mit der Forderung nach Monotonie für die f_n folgt, daß das Gleichungssystem einen eindeutigen maximalen Fixpunkt[1] (MFP) besitzt, der durch wiederholte Berechnung aller v_n auch nach endlich vielen Schritten erreicht wird.

Wir können die Konvergenz durch sog. *Widening*, (COUSOT und COUSOT, 1977), beschleunigen. Dies bedeutet, daß wir Datenflußwerte x jederzeit durch Werte $\sqcap(x, y)$ mit beliebigem $y \in \mathcal{L}$ ersetzen dürfen. Dadurch verschlechtern wir möglicherweise die Genauigkeit der Analyse, gefährden jedoch nicht deren Korrektheit.

Interprozedurale Analyse: Datenflußanalysen lassen sich auch interprozedural durchführen, wenn wir sie auf die Ecken eines interprozeduralen Steuerflußgraphen anwenden, vgl. Abschnitt 3.3.1.1. Ein solcher Graph enthält jedoch auch viele Pfade, die keiner dynamischen Ausführung entsprechen. Solche Pfade heißen *nicht realisierbar*. Nicht realisierbar sind z.B. Pfade, die von einer Aufrufstelle zum Kopf einer Prozedur führen, durch die Prozedur hindurch laufen und am Ende der Prozedur zu einer anderen als der ursprünglichen Aufrufstelle führen. Dadurch wird die Genauigkeit von Programmanalysen verschlechtert, da Analyseinformationen über nicht realisierbare Pfade an Programmpunkte weitergereicht werden, an denen sie möglicherweise garnicht auftreten können. Dieser negative Effekt läßt sich durch kontextsensitive Analysen abschwächen.

Kontextsensitive Analyse: Ein Analysekontext ist eine Abstraktion einer Menge möglicher Programmausführungen. Typische Analysekontexte sind z.B. Pfade im Grundblockgraph oder im Aufrufgraph der maximalen Länge k, vgl. Abschnitt 3.3.1.1, für ein konstantes, ganzzahliges k, (GROVE et al., 1997). Dadurch werden dynamischen Ausführungen am gegebenen Programmpunkt genau dann zu einem Analysekontext zusammengefaßt, wenn die k-Enden der Pfade identisch

1) Für $\sqcap = \sup$ ist der MFP der eindeutige minimalen Fixpunkt.

sind, unabhängig davon, wie die Anfänge der Pfade aussehen. Analysekontexte lassen sich jedoch auch aus den Analyseinformationen ableiten. Bei LANDI et al. (1993) und GOLUBSKI (1997) beschreibt ein Analysekontext alle dynamischen Programmausführungen, für die bestimmte Transferfunktionen denselben kontextinsensitiven Wert liefern.

Die Standardmodellierung für kontextsensitive Analysen besteht darin, jeder Ecke einen Datenflußwert pro Analysekontext zuzuordnen. Ist Δ die Menge der Analysekontexte und $\mathcal{L}$ der Verband einer kontext*in*sensitven Analyse, wird jeder Ecke als Datenflußwert eine Funktion $\overline{v_n} : \Delta \to L$ zugeordnet, so daß sich die Analyseinformation für einen bestimmten Analysekontext $\delta \in \Delta$ als $v_n(\delta)$ ablesen läßt. $\overline{v_n}$ wird an den einzelnen Stellen durch Auswertung einer kontext*in*sensitiven Transferfunktion getrennt berechnet, ebenso erfolgt die Berechnungen von $\sqcap$ kontextweise, (ALT und MARTIN, 1997).

Effiziente Implementierung: Eine effizientere Implementierung für Datenflußanalysen läßt sich durch Festlegung einer geeigneten Reihenfolge bei der Berechnung der v_n erreichen. Ein für viele Analysen geeignetes Verfahren zur Bestimmung einer effizienten Berechnungsreihenfolge ist die Intervallanalyse, (MUCHNICK, 1997), die aus dem Steuerfluß eine Einteilung der Operationen in Intervalle bestimmt. Analysen entlang der Struktur dieser Intervalle haben einen entscheidenden Vorteil: Anstatt vorläufige Analyseergebnisse willkürlich an andere Ecken weiterzugeben, sorgen sie zunächst für eine Stabilisierung der Werte in inneren Schleifen.

Für eine effiziente, optimistische und globale Wertnumerierung haben COOPER und SIMPSON (1995a) vorgeschlagen, die starken Zusammenhangskomponenten der Programmrepräsentation zu bestimmen, diese zu Ecken zusammenziehen, und den induzierten Graphen, der azyklische Kondensation heißt, topologisch zu sortieren. Der von ihnen benutzte Standardalgorithmus zur Bestimmung starker Zusammenhangskomponenten stammt von TARJAN (1972).

3.2.1.1 Abstrakte Interpretation

Abhängig davon, welche abstrakten Werte $\mathcal{L}$ umfaßt, ob $\sqcap$ als *inf* oder *sup* definiert wird, welche Initialisierungen und Transferfunktionen eingesetzt werden und ob vorwärts oder rückwärts analysiert wird, können mit Datenflußanalysen unterschiedliche Analyseprobleme gelöst werden. Die Transferfunktionen werden i.d.R. *ad hoc* definiert. Ob eine bestimmte Parametrisierung des Datenflußrahmens und die Interpretation der Ergebnisse mit der Semantik des zu analysierenden Programms verträglich ist, muß im Einzelfall nachgewiesen werden.

Einen allgemeineren Ansatz bietet die *abstrakte Interpretation*, (COUSOT und COUSOT, 1977), die es erlaubt, durch Angabe Abstraktionsfunktion α und einer Konkretisierungsfunktion γ sogenannte *Nicht-Standard-Semantiken* direkt aus der konkreten Semantik der zur Programmrepräsentation verwendeten Sprache abzuleiten. Kann nachgewiesen werden, daß durch Abstraktion und anschließende

Konkretisierung von Werten keine Information verloren geht,[1] kann die Transferfunktion f_n einer Operation n ausgehend von der konkreten Semantik $[\![n]\!]$ durch $f_n = \alpha \circ [\![\cdot]\!] \circ \gamma$ berechnet werden. D.h. die Parameter der Transferfunktion, die ja Elemente des abstrakten Bereichs der Analyse auf eben solche abbildet, werden zunächst konkretisiert, auf die konkreten Werte wird die konkrete Interpretation von n angewandt und anschließend wird von diesen Ergebnissen wieder abstrahiert, um das Ergebnis von f_n zu bestimmen.

3.2.1.2 Typische Verbände

Der einfachste Verband $\mathcal{L}$ für Datenflußanalysen ist der boolesche Verband $\{\bot, \top\}$ mit $\bot < \top$. Dieser Verband wird z.B. für die Bestimmung von Vorsicherheit und Nachsicherheit bei der Elimination partieller Redundanzen benutzt, vgl. Abschnitt 3.1.

Für die Analysen von Variableninhalten werden häufig Verbände mit Elementen der Form $\Delta \to (V \to W)$ benutzt. Dabei ist Δ die Menge der unterscheidbaren Analysekontexte, V die Menge der Namen, durch die Variablen beschrieben werden, und W die Menge der Werte, die Variableninhalte abstrahieren. Wir stellen die Verbandselemente der im folgenden untersuchten Programmanalysen durchgehend in dieser Form dar, um eine bessere Vergleichbarkeit zu erreichen. Die in der Literatur vorgeschlagenen Analysen unterscheiden sich dann diesbezüglich nur im Umfang der Analysekontexte, bei der Abstraktion von Variableninhalten und bei den benutzten Namensschemata, vgl. Abschnitt 2.4.3.

3.2.2 Steuerflußanalyse, Typanalyse

Spezielle Analysen zur Bestimmung der Sprungziele bei Prozeduraufrufen heißen Steuerflußanalysen. Bei objektorientierten Programmiersprachen werden zur Lösung dieses Analyseproblems vor allem Typanalysen eingesetzt, da mit dem dynamischen Typ des qualifizierenden Ausdrucks eines polymorphen Aufrufs auch die aufzurufende Prozedur bestimmt ist.

Im einfachsten Fall kann in typisierten Programmiersprachen direkt der statische Typ einer Größe als Approximation der möglichen dynamischen Typen benutzt werden. Etwas bessere Abschätzungen lassen sich erreichen, wenn dabei Typen ausgeschlossen werden, die zwar als Untertypen des statischen Typs deklariert sind, von denen im Programm jedoch keine Objekte erzeugt werden, (MAUCH und TRAPP, 1992; DEFOUW et al., 1997). Dieser fluß- und kontext*in*sensitive Ansatz heißt schnelle Typanalyse.[2] Für genauere Abschätzungen werden fluß- und kontextsensitive Verfahren benötigt.

1) α und γ müssen eine Galois-Verbindung bilden, siehe hierzu (COUSOT und COUSOT, 1977).
2) Engl.: *Rapid Type Analysis (RTA)*.

3.2.2.1 Interprozedurale Konstantenanalyse, (Carini und Hind, 1995)

Bei der Analyse aus (CARINI und HIND, 1995) ist $\Delta = \emptyset$, V die Menge der Programmvariablen, und C ein flacher Verband von Konstanten. Typischerweise ist für die Analyse ganzzahliger Konstanten $W = [-2^n, 2^n - 1] \cup \{\bot, \top\}$ mit $c_i \leq_W c_j \Leftrightarrow c_i = \bot \vee c_j = \top$. $\bot$ bedeutet, daß wir noch keine Definition für diese Variable gesehen haben, eine Konstante bedeutet, daß die Variable genau diese enthält, und $\top$ bedeutet, daß die Variable definiert ist, wir jedoch statisch nicht sagen können, welchen Wert sie enthält.

Statt auf ganzzahlige Konstanten könnten wir das Verfahren auch auf symbolische Adressen von Prozeduren anwenden. Eine solche Analyse ist für unsere Zwecke aber kaum geeignet, da sie an jedem Zusammenfluß im Steuerflußgraph alle Variableninhalte, für die alternative Werte bestimmt werden, durch $\top$ abstrahiert. Würden wir eine solche Analyse zur Bestimmung des interprozeduralen Steuerflusses verwenden, d.h. W gleich der Menge aller im Programm vorkommenden Typen oder Prozeduren setzen, so könnten wir zwar monomorphe Aufrufe erkennen, für polymorphe Aufrufe jedoch nicht mehr bestimmen, wo wir die Analyse im interprozeduralen Fall fortsetzen sollen.

Genauere Ergebnisse lassen sich bei der Abstraktion von Konstanten durch Intervalle erzielen, (COOPER et al., 1995). Die Ordnung auf den Intervallen ist durch die Teilmengenbeziehung definiert. Eine solche Abstraktion setzt jedoch einen geordneten Wertebereich voraus. Für die Analyse von Objekten und Zeigern ist dies statisch nicht möglich.

3.2.2.2 Kartesischer Produkt Ansatz, (Agesen, 1995)

Ist T die Menge der monomorphen Typen eines Programms, so läßt sich der Ansatz von Agesen wie folgt darstellen: $\Delta = T^k$, $W = \mathcal{P}(T)$ und V ist die Menge der Programmvariablen. k ist die Anzahl der Parameter einer Prozedur. Die Analyse ordnet jeder Variablen eine Menge monomorpher Typen zu. Bei einem Prozeduraufruf wird das kartesische Produkt der Mengen aller aktuellen Parameter bestimmt und für jedes Element dieser Menge ein eigener Analysekontext eingerichtet.

Das Verfahren abstrahiert Objekte durch Typen des Quellprogramms. Die abstrakten Variablen sind durch die Programmvariablen definiert. Die Analyse ist interprozedural und die Kontextsensitivität ist bei Prozeduraufrufen sehr hoch. Allerdings läßt die grobe Unterteilung von Objekten nach Quellsprachtypen keine genaue Analyse von Datenabhängigkeiten bei Variablen in der Halde zu.

3.2.2.3 Distributive Typanalyse, (Golubski, 1997)

Golubski schlägt vor, Kontexte nur dann nicht zu unterscheiden, wenn sie völlig identische Belegungen aufweisen. Ansonsten werden unterschiedliche Kontexte benutzt. Dies gilt nicht nur für Aufrufe von Prozeduren, sondern auch bei allen anderen Zusammenflüssen im Steuerflußgraph, insbesondere nach bedingten Anweisungen und an Schleifenköpfen. Die Elemente seines Datenflußverbands haben demnach die Form $\mathcal{P}(V \rightarrow \mathcal{P}(W))$, wobei V die Menge der Programmvariablen ist. Die Analyse unterscheidet abstrakte Objekte in W nach den statischen Programmpunkten an denen sie erzeugt werden. Ganzzahlige Werte werden nicht unterschieden.

Der Speicherbedarf dieser Analyse ist sehr hoch. Golubski berichtet für ein Programm mit ca. 1500 Zeilen, daß die Analyse wegen Speichermangels nach Verbrauch von über 800 Megabyte Speicher vorzeitig terminierte. Damit ist die Analyse nicht für Programme realistischer Größe geeignet.

3.2.2.4 Iterierte Typanalyse, (Plevyak und Chien, 1994)

Plevyak und Chien definieren für eine funktionale objektorientierte Sprache eine *Constraint*-Analyse. Übertragen auf unseren Kontext beginnt die Analyse mit $\Delta = \emptyset$, $W = \mathcal{P}(T)$ wobei T die Menge der monomorphen Typen des Programms ist. V ist initial die Menge der Programmvariablen. Der interprozedurale Anteil der Analyse ist fluß*in*sensitiv. Allerdings haben Plevyak und Chien einen interessanten Ansatz, die Mengen V und Δ iterativ zu erweitern. Nach Erreichen des Fixpunktes wird die Genauigkeit von V angepaßt, indem Objekte aufgespalten werden, wenn sich dadurch der Umfang der Werte, die eine Variable im bisherigen Schema annehmen kann, verringern läßt. Die Analyse wird iteriert, bis keine Verbesserungen mehr möglich sind.

Das Verfahren ist interprozedural, kontextsensitiv und in der Lage, die Kontextsensitivität und die während der Analyse unterschiedenen Variablen schrittweise zu erhöhen. Allerdings wird das Namensschema ausschließlich mit dem Ziel verfeinert, den interprozeduralen Steuerfluß zu bestimmen.

3.2.3 Zeigeranalyse, Haldenanalyse

Zeigeranalysen oder *Points-To Analysis* heißen Analysen, die für zeigerwertige Variablen bestimmen, auf welche Daten sie verweisen können. Haldenanalysen sind in sofern spezieller, als sie nur Verweise auf dynamisch erzeugte Objekte auf der Halde betrachten.

3.2.3.1 Annähernd lineare Zeigeranalyse, (Steensgaard, 1996)

Dieser Algorithmus wurde mit der Vorgabe entwickelt, möglichst nur lineare Laufzeit zu benötigen. Hier gilt $\Delta = \emptyset$, W enthält eine Konstante für jeden Programmpunkt an dem ein Objekt erzeugt wird und ein $\bot$ Element, das kleiner gleich aller Konstanten aus W ist. V ist die Menge der Programmvariablen, wobei alle

Felder eines Objekts zusammen durch eine einzige Variable dargestellt werden. Vereinfacht dargestellt verläuft die Analyse wie die Konstantenanalyse aus Abschnitt 3.2.2.1, allerdings werden beim Aufeinandertreffen zweier unterschiedlicher Konstanten c_i und c_j diese nicht durch $\top$ abstrahiert, sondern stattdessen werden c_i und c_j aus W gestrichen und durch eine neue Konstante ersetzt. Steensgaard gibt einen nicht auf dem Datenflußanalyserahmen aufbauenden Algorithmus mit annähernd linearer Laufzeit durch Einsatz des *Union-Find*-Algorithmus zum Verschmelzen der Konstanten an.

Die Analyse kann höchstens so viele abstrakte Objekte unterscheiden, wie das Programm Anweisungen zum Erzeugen von Objekten erhält. Mit Fortschreiten der Analyse wird diese Zahl immer weiter reduziert. Das Verfahren ist interprozedural, aber weder fluß- noch kontextsensitiv. Die mangelhafte Genauigkeit des Verfahrens macht es für unsere Zwecke uninteressant.

3.2.3.2 Pfade im Aufrufgraph mit maximaler Länge k, (Grove et al., 1997)

Dieser Algorithmus kann für die zu analysierenden Prozeduren verschiedene Aufrufkontexte unterscheiden. Δ ist die Menge der k-Enden von Pfaden im Aufrufgraph, vgl. Abschnitt 3.3.1.1, für ein konstantes, ganzzahliges k. Die Programmvariablen in V werden durch Kontexte aus Δ unterschieden. W ist ein Potenzmengenverband über der Menge der Paare (δ, p), wobei δ aus Δ ist und p ein Programmpunkt, an dem ein Objekt erzeugt wird.

Die Unterscheidung von Kontexten durch Aufrufketten ist weniger geeignet für objektorientierte Programme, da sie für $k > 2$ bereits einen so hohen Speicherbedarf haben, daß sie nicht mehr für Programme realistischer Größe einsetzbar sind. Noch wichtiger ist, daß Analysen mit derart beschränkter Kontextsensitivität keine Informationen auseinander halten können, die nicht im Aufrufer oder dessen Aufrufer definiert wurde. Lange Delegationsketten führen bei objektorientierten Programmen aber gerade dazu, daß Informationen häufig viel eher in Aufrufketten verschmolzen werden und bei ihrer Benutzung dann nicht mehr unterschieden werden können.

3.2.3.3 Haldenanalyse, (Chase et al., 1990), (Aßmann und Weinhardt, 1993)

CHASE et al. (1990) haben ein Verfahren vorgestellt, um die Struktur von Objekten auf der Halde zu analysieren. V ist die Menge der Programmvariablen, W ist ein Potenzmengenverband über der Menge der Programmpunkte, an denen Objekte erzeugt werden.

CHASE et al. (1990) gehen insbesondere auf eine speichereffiziente Darstellung der Analyseinformation ein, indem sie diese nicht an allen Programmpunkten speichern, sondern, nach Variablen getrennt, nur an Programmpunkten an denen Zuweisungen an diese Variable erfolgen. Wird der Inhalt einer Variable benötigt, und ist dieser nicht lokal bekannt, so wird die letzte Definition entlang der Kanten des Dominatorbaums gesucht. CHASE et al. (1990) definieren hierzu sog. Skelettbäume bezüglich einzelner Variablen. Dies sind ausgedünnte Versionen des Dominatorbaums, die nur diejenigen Ecken umfassen, die Zuweisungen an die Variable enthalten.

Das Originalverfahren ist interprozedural aber kontext*in*sensitiv. Aßmann und Weinhardt haben eine kontextsensitive Variante vorgestellt, bei der sie das Programm durch offenen Aufruf von Prozeduren explizit auffalten. Das Verfahren entspricht somit der Verwendung von Aufrufketten beliebiger Länge modulo Rekursion, die gesondert behandelt wird.

Das Verfahren bestimmt die Menge der abstrakten Variablen sehr aggressiv. Mit diesem Ansatz konnten Programme bis 500 Zeilen analysiert werden.

3.2.3.4 Speicherstrukturanalyse, (Sagiv et al., 1996)

SAGIV et al. (1996) schlagen ein spezielles Namensschema vor, bei dem sie Objekte durch die Menge der lokalen Variablen benennen, die eindeutig darauf verweisen. Dieses Schema hat den Vorteil, daß es immer starke Aktualisierungen bei Zuweisungen an abstrakte Attribute erlaubt. Dies wird dadurch erkauft, daß abstrakte Objekte während einer Analyse mit einem solchen Schema häufig mit anderen abstrakten Objekten verschmolzen und wieder abgespalten werden müssen. Werden Abspaltung, Zuweisung und Verschmelzung in direkter Folge benötigt, entsprechen die entstehenden Ungenauigkeiten denen von schwachen Aktualisierungen. Hier ist V die Menge der Programmvariablen und $W = \mathcal{P}(V)$, Kontextsensitivität wird wie bei Golubski durch Trennung aller unterschiedlichen Kontexte erreicht: $\mathcal{L} = \mathcal{P}(V \to \mathcal{P}(V))$.

Das Verfahren ist intraprozedural. Die Durchführbarkeit dieses Ansatzes konnte bisher nur für kleine Programme mit wenigen hundert Zeilen praktisch nachgewiesen werden.

3.2.4 Genauigkeit und Aufwand

Bei fast allen der untersuchten Analysen ist die Einteilung der Halde in abstrakte Variablen bereits von vornherein durch das Verfahren festgelegt. Sie sind nicht in der Lage, eine geeignete Modellierung selbst zu bestimmen. Eine solche willkürliche Festlegung führt auf der einen Seite dazu, daß die Analyse Objekte auseinanderhält, ohne daß sich dabei Vorteile für Analyse oder Optimierung ergeben, wohingegen andererseits bei Objekten, die das fixe Namensschema nicht unterscheiden kann, Analyseinformation und damit Optimierungsmöglichkeiten verloren gehen.

Lediglich der Ansatz von Plevyak und Chien sieht dynamische Anpassungen vor. Ihr Verfahren kann das Namensschema schrittweise an die Erfordernisse der Analyse anpassen. Allerdings wird auch hier versucht, innerhalb der Analyse so viele

Objekte wie möglich zu unterscheiden, soweit sich deren Anzahl durch Einführung neuer Analysekontexte erhöhen läßt.

Das Verfahren von SAGIV et al. (1996) ist hingegen von vornherein darauf ausgerichtet, dynamische Objekte mit einer möglichst großen Genauigkeit voneinander zu unterscheiden. Dies bedeutet einen hohen Aufwand, ohne daß im Einzelfall ein Nutzen für die Analyse a priori klar ist.

Beide Verfahren sind sehr aggressiv und bestimmen durch entsprechend hohe Kontextsensitivität sehr feine Unterteilungen der Halde. Dies liefert für kleine Programme sehr gute Ergebnisse, ist jedoch für größere Programme auch sehr aufwendig.

Die gemeinsame Abstraktion von Steuerfluß, Werten von Ausdrücken und Variableninhalten wird ansatzweise von CLICK und COOPER (1995) behandelt. Sie zeigen am Beispiel von Analysen zum Weiterreichen von Konstanten und zur Bestimmung erreichbarer Blöcke, daß sich durch Kombination abhängiger Analysen exaktere Ergebnisse erzielen lassen als mit einer beliebig iterierten Hintereinanderausführung der Einzelanalysen.

Generell unterscheiden sich die einzelnen Verfahren, die in den vorangegangenen Abschnitten behandelt wurden, sehr stark im Ausmaß, in dem sie Werte abstrahieren und Kontexte unterscheiden. Tabelle 3.1 zeigt deutlich den Zusammenhang zwischen der Kontextsensitivität der Analysen und der maximalen Größe der Programme, die mit diesem Ansatz noch praktisch behandelt werden können.

Die kontextsensitiven Analysen scheitert in der Praxis am hohen Speicherverbrauch der Verfahren. Allen Ansätzen ist gemeinsam, daß sie für jeden Kontext, den sie unterscheiden können, unabhängige Variablenbelegungen verwalten.

Analyse	interprozedural?	flußsensensitiv?	Namensschema
Steensgaard	✓	—	Quellsprachtypen
Agesen	✓	✓	Quellsprachtypen
Aufrufketten Länge 2	✓	✓	kts. Programmpunkte
Aufrufketten Länge 3	✓	✓	kts. Programmpunkte
Plevyak, Chien	✓	(✓)	kts. Programmpunkte
Golubski	✓	✓	Programmpunkte
Aßmann u. Weinhardt	✓	✓	kts. Programmpunkte
Sagiv, Reps, Wilhelm	—	✓	Eindeutige Variablen
Analyse	**kontextsensitiv?**		**max. Programm Größe**
Steensgaard	—		75000 Zeilen
Agesen	+		30000 Zeilen
Aufrufketten Länge 2	+		< 7800 Zeilen
Aufrufketten Länge 3	+		< 3900 Zeilen
Plevyak, Chien	++		< 2000 Zeilen
Golubski	++		< 1500 Zeilen
Aßmann u. Weinhardt	+++		500 Zeilen
Sagiv, Reps, Wilhelm	+++		wenige Hundert Zeilen

Tabelle 3.1: Vergleich unterschiedlicher Programmanalyseverfahren.

3.3 Programmrepräsentation

Zur Programmrepräsentation gehört die Darstellung des Codes von Prozeduren, die Beschreibung der zum Programm gehörenden Datenstrukturen für das Laufzeitsystem und die Konstantentabelle, die die statisch initialisierten Daten des Programms hält. In der Literatur vorgestellte Programmrepräsentationen gehen in der Regel nur auf die Darstellung des Codes ein. Sie werden oft auch als *Zwischensprachen* bezeichnet.

Wir bewerten hier bekannte Ansätze gemäß den Kriterien aus Abschnitt 2.6, d.h. nach ihrer Eignung für die Darstellung essentieller Abhängigkeiten und nach der Konstruktivität der Ansätze.

3.3.1 Grundblockgraph

Zuweisungen, Sprünge oder Prozeduraufrufe werden in der Regel Anweisungen genannt. Eine Anweisung kann Ziel eines Sprungs sein. Anweisungen können mehrere alternative Vorgänger und Nachfolger besitzen. Ein Graph, dessen Ecken Anweisungen sind und dessen Kanten den Steuerfluß zwischen den Anweisungen beschreibt, heißt *Steuerflußgraph*.

Ein Grundblock ist eine lineare Anweisungsfolge, die mit einem Sprungziel beginnt, mit einer Sprunganweisung endet und ansonsten keine Sprungziele und Sprünge enthält. Ein Graph, dessen Ecken Grundblöcke sind, dessen Kanten die Nachfolgerrelation beschreiben und der zwei ausgezeichnete Ecken Start und End mit Eingangsgrad 0 bzw. Ausgangsgrad 0 besitzt, heißt Grundblockgraph, vgl. (WAITE und GOOS, 1984).

Grundblockgraphen können einfach aus dem abstrakten Syntaxbaum eines Programms erzeugt und ebenso einfach in Maschinenprogramme übersetzt werden. Nachteilig für die Optimierung und Zielcodegenerierung ist jedoch, daß die lineare Ordnung der Anweisungen eine Überspezifikation der Ausführungsreihenfolge darstellt. Partielle Ordnungen können bei Grundblockgraphen nur auf der Ebene von Ausdrucksbäumen beschrieben werden, nicht jedoch über Anweisungen hinweg.

Datenabhängigkeiten sind ebenfalls nur auf Ausdrucksebene explizit in Form von Ausdrucksbäumen dargestellt. Zwischen Anweisungen sind Abhängigkeiten nur implizit durch die Benutzung von Variablen beschrieben. Abhängigkeiten über den Speicher können nicht explizit dargestellt werden und heißen daher Seiteneffekte.

Ein Baum maximaler Größe, der Teilgraph eines Grundblockgraphen ist, heißt *erweiterter Grundblock*.[1]

1) Engl.: *Extended Basic Block*.

3.3.1.1 Interprozeduraler Steuerfluß

Für fluß*in*sensitive, interprozedurale Programmanalysen wird der interprozedurale Steuerfluß meist durch einen *flußinsensitiven Aufrufgraphen* dargestellt. Die Ecken dieses gerichteten Graphen sind Prozeduren. Eine Kante von Prozedur a zu Prozedur b im Graphen beschreibt, daß a einen Aufruf der Prozedur b enthält. Solche Graphen sind z.B. geeignet zur interprozeduralen Bestimmung von DEF und USE aus Definition 2.3.3 für Sprachen wie Fortran.

Für flußsensitive Analysen sind solche Graphen ungeeignet, da sie keine Aussagen über die intraprozeduralen Steuerflußpfade machen, auf denen die Aufrufe auftreten. Insbesondere läßt sich dadurch nicht der intraprozedurale Informationsfluß zwischen zwei Aufrufstellen in derselben Prozedur beschreiben. Flußsensitive Programmanalysen benötigen Programmdarstellungen, bei denen sowohl Daten- und Steuerfluß innerhalb von Prozeduren dargestellt sind, als auch Pfade von Prozeduraufrufen auf die aufzurufenden Prozeduren und von dort zurück zu den Nachfolgern der Aufrufe. Enthält ein Steuerflußgraph solche Kanten, so heißt er *interprozeduraler Steuerflußgraph*, (NIELSON et al., 1999).

3.3.1.2 Dominanz

Neben dem Steuerfluß sind wir häufig auch an einer speziellen Vergröberung dieser Relation interessiert, der Dominanz, vgl. (WAITE und GOOS, 1984):

Definition 3.3.1 (Dominanz) *Sind A und B Ecken eines Grundblockgraphen mit Wurzel S, dann dominiert A B genau dann, wenn A auf jedem Pfad von S nach B liegt.*

Die Dominanzrelation ist reflexiv und transitiv. Der direkte Vorgänger I von B in der Dominanzrelation, $I \neq B$, heißt *unmittelbarer Dominator.* Die Wurzel des Steuerflußgraphen hat keinen unmittelbaren Dominator, alle anderen Ecken haben genau einen unmittelbaren Dominator. Die graphische Darstellung der unmittelbaren Dominatorrelation ist somit ein Baum. Dieser heißt Dominatorbaum. Die Postdominanzrelation erhält man entsprechend, wenn man die Richtung aller Steuerflußkanten umkehrt.

3.3.1.3 Definitions-Benutzungs-Kanten

In einem Grundblockgraphen können echte Abhängigkeiten zwischen einzelnen Berechnungen durch sogenannte Definitions-Benutzungs-Kanten explizit gemacht werden. Entsprechend können auch Ausgabe- und Antiabhängigkeiten durch Definitions-Definitions-Kanten bzw. Benutzungs-Definitionskanten dargestellt werden, (NIELSON et al., 1999).

Damit können auch Abhängigkeiten über Anweisungs- und Grundblockgrenzen hinaus dargestellt werden. Für die Bestimmung von Datenabhängigkeiten bei lokalen Variablen kennen wir Standardtechniken, vgl. (WAITE und GOOS, 1984). Datenabhängigkeiten über die Halde werden dabei nicht modelliert. Die Größe der

Abhängigkeitsrelation ist im schlechtesten Fall quadratisch zur Größe der Prozedur. Dies ist besonders bei interprozeduraler Optimierung nachteilig, da mehrere Prozeduren gleichzeitig im Speicher gehalten werden müssen.

3.3.2 Static Single Assignment Darstellungen

Eine kompaktere Darstellung von Abhängigkeiten erlaubt die *Static Single Assignment form* (SSA). Eine Programmrepräsentation besitzt die SSA-Eigenschaft, wenn jede Variable nur einmal als linke Seite einer Zuweisung auftritt.

SSA-Darstellungen sichern dies zu, indem Zuweisung an eine Variable eine neue Version dieser Variablen definiert. Benutzungen verwenden jeweils die letzte Version, falls diese eindeutig ist. Die Definition ist immer eindeutig, solange sie im selben erweiterten Basisblock liegt, wie die Benutzung. Erreichen einen Programmpunkt mit mehreren Vorgängern im Grundblockgraph unterschiedliche Versionen a_i, a_j für eine Variable a, wird dort eine eindeutige Definition erzwungen, in dem die Alternativen durch eine sogenannte Pseudozuweisung $a_k = \varphi(a_i, a_j)$ zusammengefaßt werden.

WOLFE (1996) definiert die φ-Funktion als indeterministische Auswahl eines Operanden. Gebräuchlicher ist jedoch die folgende deterministische Semantik nach CYTRON et al. (1989): Eine φ-Operation besitzt genau so viele Operanden, wie der Block, zu dem sie gehört, Vorgänger im Steuerflußgraphen hat. Der i-te Operand ist die Definition, die am Ende des i-ten Vorgängerblocks gültig ist. Die φ-Operation ist nicht strikt. Bei der dynamischen Ausführung hat der Block, zu dem eine φ-Operation gehört, einen eindeutigen Vorgänger. Nur der entsprechende Operand der φ-Operation ist verfügbar und die φ-Operation liefert genau diesen als Ergebnis zurück. Daraus folgt: Bei Ausführung eines Grundblocks, liefern alle zu diesem Block gehörenden φ-Operationen den Operanden an der jeweils selben Position. Wird der Block über seine i-ten Steuerflußvorgänger erreicht, so liefern alle φ-Operationen den i-ten Operanden.

SSA-Darstellungen sind von besonderer Bedeutung für das prozedurglobale syntaktische Erkennen semantisch gleicher Berechnungen. Ausdrücke mit gleichen Operationen und gleichen Operanden liefern dasselbe Ergebnis. Durch die φ-Funktionen erlauben SSA-Darstellungen eine prozedurglobale Wertnumerierung: Zwei Vorkommen $\varphi_B(a_i, a_j)$ und $\varphi_B(a_i, a_j)$, die zum selben Grundblock B gehören, berechnen dasselbe Ergebnis. Solange wir nicht unterschiedliche Ausführungen desselben Blocks betrachten, können wir dies für eine prozedurglobale Wertnumerierung nutzen und beiden φ-Funktionen dieselbe Wertnummer geben.

Insgesamt folgt in SSA-Darstellung aus gleicher syntaktischer Darstellung semantische Äquivalenz. Bei φ-Funktionen kann dabei die Grundblockzugehörigkeit der Operationen vernachlässigt werden, siehe (CLICK, 1995).

3.3.2.1 SSA-Aufbau, Minimalität und Abbau

Der Standardalgorithmus zur Herstellung der SSA-Eigenschaft wurde von CYTRON et al. (1989) angegeben. Sie charakterisieren die Stellen, an denen φ-Operationen für eine Variable v eingefügt werden müssen, über die iterierte Dominanzgrenze der Blöcke, in denen Zuweisungen an v erfolgen. Die Argumentation über die iterierte Dominanzgrenze macht den Vergleich unterschiedlicher Verfahren zum Aufbau von SSA-Darstellungen schwierig. Daher geben wir hier die ursprüngliche Definition für das Einfügen von Pseudozuweisungen aus (CYTRON et al., 1989) an, die dort als äquivalent zum Einfügen von φ-Operationen in der iterierten Dominanzgrenze bewiesen wird:

Definition 3.3.2 *Sind X und Y unterschiedliche Blöcke, in denen an eine Variable v zugewiesen wird, und gibt es im Steuerflußgraph zwei nicht leere Pfade $X \xrightarrow{+} Z$ und $Y \xrightarrow{+} Z$, wobei Z die erste gemeinsame Ecke der beiden Pfade ist, so muß in Z eine Pseudozuweisung für v eingefügt werden.*

Solange wir diese Eigenschaften erfüllen, brauchen wir bei der Konstruktion einer SSA-Darstellung nicht über iterierte Dominanzgrenzen argumentieren.

Minimalität: Die in (CYTRON et al., 1989) definierte Darstellung heißt *minimale SSA-Form*. Sie besitzt die minimale Anzahl an φ-Operationen unter den beiden folgenden Annahme:

1. Alle Zuweisungen inklusive der eingefügten Pseudozuweisungen sind lebendig.
2. Für jeweils zwei Definitionen wird angenommen, daß sie unterschiedliche Werte definieren.

Durch genauere Analysen kann die Anzahl der benötigten φ-Operationen jedoch weiter verringert werden. Verbesserungen sind mögliche durch Kombination mit globaler Wertnumerierung (*hashed SSA*, *(*CLICK, *1995))* oder durch Lebendigkeitsanalyse (*pruned SSA*, (CHOI et al., 1991)), *semi-pruned* SSA, (BRIGGS et al., 1998)).

Durch die Kombination des SSA-Aufbaus mit einfachen Optimierungen kann der Umfang der Programmrepräsentation bereits beim Aufbau klein gehalten werden. ARMBRUSTER und VON ROQUES (1996) haben gezeigt, daß Konstantenfaltung, arithmetische Vereinfachungen und Beseitigung gemeinsamer Teilausdrücke während des SSA-Aufbaus insgesamt zu kürzeren Übersetzungszeiten führen. Die Kosten für die Optimierungen während des Aufbaus wurden bei ihnen durch die Beschleunigung bei Analyse und Transformation der Programmrepräsentation mehr als kompensiert.

Abbau der Darstellung: SSA-Darstellungen sind nicht direkt für die Erzeugung von Maschinenprogrammen geeignet. Bekannte Codegenerierungstechniken, wie (EMMELMANN, 1994), erwarten als Eingaben traditionelle Grundblockgraphen. Überdeckungsverfahren für azyklische oder allgemeine Graphen sind noch Gegenstand der Forschung, (BOESLER, 1998).

φ-Funktionen haben keine Entsprechung auf realen Mikroprozessoren. Spätestens bei der eigentlichen Zielcodegenerierung müssen sie eliminiert werden. Das Standardverfahren, (BRIGGS et al., 1998), besteht darin, die Operanden und das Ergebnis einer φ-Operation auf dieselbe Zielmaschinenressource abzubilden.

Beispiel 3.3.3 Der Ausdruck $\mathtt{v}_1+\varphi(\mathtt{v}_2, \mathtt{v}_3)$ im Grundblock B_1 wird durch $\mathtt{v}_1+\mathtt{x}$ ersetzt. Am Ende der beiden Vorgängerblöcke B_2 und B_3 von B_1 werden die Zuweisungen $\mathtt{x}:=\mathtt{v}_2$ bzw. $\mathtt{x}:=\mathtt{v}_3$ eingefügt. ◇

Diese Ersetzung ist jedoch nur zulässig, wenn x am Ende von B_2 und B_3 vor dem Einfügen der neuen Zuweisungen nicht lebendig ist. Bei zyklisch voneinander abhängigen φ-Operationen ist dies nicht der Fall. MORGAN (1998) gibt für dieses Problem einen Algorithmus an, der jedoch den Nachteil hat, daß damit die bis dahin ungeordnete Ausführungsreihenfolge der φ-Operationen zufällig festgelegt wird. Dadurch gehen Freiheiten für die Befehlsanordnung willkürlich verloren.

3.3.2.2 Behandlung strukturierter Variablen

CYTRON et al. (1989) betrachten SSA-Form nur für lokale Variablen. Jede Erzeugung einer neuen SSA-Variable beendet die Lebenszeit der vorigen Version derselben Quellvariable auf dem gleichen Ausführungspfad. Diese ursprünglich disjunkten Lebenszeiten können sich nach Optimierungen aber auch überlappen, wie das nachfolgende Beispiel anhand der Elimination der Kopieroperation $\mathtt{b}_1 := \mathtt{a}_1$ zeigt.

```
a := f(...);        a1 := f(...);        a1 := f(...);
b := a;             b1 := a1;            a2 := g(...);
a := g(...);        a2 := g(...);        z  := a2 + a1;
z := a + b;         z  := a2 + b1;
```

Für elementare lokale Variablen ist dies kein Problem. Wir müssen nur bei der Zielcodegenerierung die unterschiedlichen SSA-Variablen auf Ressourcen der Zielmaschine abbilden. Dabei können wir ausnutzen, daß sich die Inhalte von elementaren Variablen effizient ein- und auslagern lassen.

Bei Zuweisungen an Felder strukturierter Variablen schlagen CYTRON et al. (1989) ebenfalls die Einführung neuer Versionen vor. Nachteilig ist hierbei, daß wir bei Zuweisungen an einen Teil der Variable, z.B. an ein einzelnes Element einer Reihung, die gesamte Variable kopieren müssen, um die neue Version zu definieren.

Bei Zuweisungen an dynamisch erzeugte Variable ist es zudem nicht möglich, einzelne Speicherzellen der dynamischen Ausführung statisch zu unterscheiden.

Statisch kennen wir nur Speicherbereiche, die abhängig vom verwendeten Namensschemas gleich benannt werden. Bei diesen ist das Ein- und Auslagern der Inhalte im Gegensatz zu elementaren lokalen Variablen nicht effizient möglich. In der Regel ist nicht einmal ihr Umfang statisch bekannt. Hinzukommt, daß bei objektorientierten Programmen jedes Objekt eine Identität besitzt. Diese läßt sich effizient über die Adresse des Objekts im Adreßraum realisieren. Alternative Implementierungen, z.B. die explizite Numerierung von Objekten, verursachen höhere Kosten. Insgesamt sind Zuweisungen an strukturierte Variablen auf von-Neuman-Architekturen nur effizient realisierbar, wenn sie dabei ihre Adresse beibehalten.

Werden bei Zuweisungen immer neue Variablen erzeugt, so gibt es zwischen zwei Variablenzugriffen nur echte Abhängigkeiten. Ausgabe- und Antiabhängigkeiten kommen nicht vor. Sollen stattdessen Datenstrukturen bei Zuweisungen unter Beibehaltung ihrer Adresse aktualisiert werden, so müssen neben echten Abhängigkeiten auch Anti- und Ausgabeabhängigkeiten beschrieben werden können. Nur wenn wir die im unoptimierten Programm vorhandenen Anti- und Ausgabeabhängigkeiten erhalten, können wir sicherstellen, daß Optimierungen nicht die Semantik des Programms verändern oder uns anschließend zwingen, große Speicherbereiche replizieren zu müssen, um die Semantik des Programms erhalten zu können.

3.3.2.3 Explizite Seiteneffekte

(Chow et al., 1996) führen zwei neue Operatoren μ und χ ein, mit denen sich in SSA-Darstellungen mögliche Benutzungen und Definitionen als Folge von indirekten Speicherzugriffen explizit darstellen lassen. Eine solche Modellierung heißt *Location Factored SSA* und ist in der Darstellung sehr teuer: Für jede Variable, die als Seiteneffekt einer Operation möglicherweise gelesen oder geschrieben wird, wird eine explizite Benutzung bzw. Definition benötigt.

Zu beachten ist außerdem, daß die bei Chow et al. (1996) eingefügten χ-Operationen nur aussagen, daß ein Variableninhalt definiert wird, nicht jedoch, auf welchen Wert die Variable gesetzt wird. Damit ist die Darstellung für Programmanalysen wenig geeignet, da nach jeder dieser Pseudodefinitionen der Inhalt der betroffenen Variable als unbekannt angenommen werden muß.

Die μ- und χ-Operatoren erzwingen im Zweifel lediglich neue Versionsnummern für SSA Variablen oder halten diese künstlich lebendig. Damit kann zumindest die Eigenschaft, daß aus syntaktischer Gleichheit semantische Gleichheit folgt, auch auf Prozeduraufrufe und Haldenzugriffe ausgedehnt werden, falls bekannt ist, welche Variablen durch Operationen indirekt benutzt oder definiert werden. Diese Information wird bei (Chow et al., 1996) als bekannt vorausgesetzt.

3.3.2.4 Funktionale Speicher

Click (1995) beschreibt Prozeduraufrufe und Speicherzugriffe als Operationen, die als Argument einen expliziten Speicherwert besitzen. Prozeduraufrufe und schreibende Speicherzugriffe erzeugen ebenso einen expliziten Speicherwert als Ergebnis, der den Zustand des Speichers nach Ausführung der Operation beschreibt. Speicherwerte können als Belegungsvektoren für die Speicherzellen des Programms interpretiert werden. Der Speicher wird in SSA Darstellung wie eine lokale Variable behandelt. Jede potentielle Speicherveränderung erzeugt eine neue Version des Speichers.

Durch diese Konstruktion können echte Abhängigkeiten zwischen Operationen, die auf die Halde zugreifen, explizit dargestellt werden. Antiabhängigkeiten sind bei Click (1995) nicht darstellbar. Daher muß er alle schreibenden Speicherzugriffe total ordnen, um die dabei bestehenden Abhängigkeiten sicherstellen zu können.

Click ersetzt Speicherzugriffe auf lokale Variablen durch direkten Datenfluß: Bei Benutzungen, deren letzte Definition eindeutig bekannt ist, werden lesende Zugriffe auf SSA-Variablen durch die rechte Seite der letzten Definition ersetzt. Nach dieser Transformation sind die Definitionen solcher Variablen in der Regel tot und können ebenfalls entfernt werden.

Der Aufbau dieser Darstellung ist sehr einfach. Allerdings können Abhängigkeiten nur sehr ungenau beschrieben werden, da der gesamte Speicher als eine einzige Variable modelliert wird: Zugriffe auf disjunkte Speicherbereiche können nicht als voneinander unabhängig dargestellt werden. Click schlägt als mögliche Verbesserung die Modellierung des Speichers durch mehrere disjunkte Teilspeicher vor, geht auf diese Idee jedoch nicht weiter ein.

3.3.2.5 Funktionale Teilspeicher

In (Steensgaard, 1995) wird für die Darstellungen von Prozeduren als *Value Dependence Graph*, auf die wir im nächsten Abschnitt noch genauer eingehen, eine spezielle Darstellung für Operationen auf dem Speicher eingeführt. Diese entspricht im wesentlichen der von Click, erlaubt jedoch die Modellierung mehrerer disjunkter Teilspeicher. Die Darstellung heißt *Assignment Factored SSA* und benötigt im Vergleich zur *Location Factored SSA* aus (Chow et al., 1996) deutlich weniger Kanten. Steensgaard führt diese Darstellung ein, um Programmanalysen entlang der Abhängigkeitskanten zwischen Operationen auf dem Speicher zu definieren. Er verspricht sich einen Vorteil davon, über jede Kante nur einen Teil der zum Programm gehörenden Variablen modellieren zu müssen. Zur Bestimmung der Teilspeicher, die durch einzelne Operationen möglicherweise definiert und benutzt werden, verwendet er die Analysen aus (Steensgaard, 1996) bzw. (Chase et al., 1990). In dieser Darstellung können echte Abhängigkeiten und Ausgabeabhängigkeiten zwischen Zugriffen auf die Halde ausgedrückt werden.

Antiabhängigkeiten können wie bei Click nicht dargestellt werden. Bei geeigneter Definition der Teilspeicher können Operationen auf disjunkten Speicherbereichen bezüglich ihrer Ausgabeabhängigkeiten und echter Abhängigkeiten als unabhängig dargestellt werden. Wie sich diese Idee zur Darstellung allgemeiner Abhängigkeiten praktisch nutzen läßt, ist offen. Steensgaard gibt für den Aufbau der Darstellung keine Verfahren an.

Steensgaards Resümee ist, daß die Vorteile seiner Darstellung bei der aufwendigen Analyse zur Bestimmung der Teilspeicher am nötigsten gebraucht würden. Diese Analyse muß jedoch vollständig abgeschlossen sein, bevor er die Darstellung überhaupt aufbauen kann.

3.3.2.6 Explizite Steuerabhängigkeit

Bei Grundblockgraphen werden Steuerabhängigkeiten zwischen Operationen nicht explizit dargestellt. Eine explizite Darstellung von Steuerabhängigkeiten würde es erlauben, bei zwei aufeinanderfolgenden bedingten Anweisungen mit gleicher Bedingung innerhalb derselben Prozedur zwei der vier möglichen Pfade als unrealisierbar zu erkennen.

In *Program Dependence Graphs*, (FERRANTE et al., 1987; CYTRON et al., 1991), werden Steuerabhängigkeiten explizit dargestellt. Dabei werden Operationen mit gleicher Steuerabhängigkeit zu Bereichen zusammengefaßt, auch wenn sie ursprünglich zu unterschiedlichen Grundblöcken gehört haben. Für die Zielcodegenerierung muß die Darstellung wieder in einen Steuerflußgraphen transformiert werden.

Die Ersetzung des Steuerflußgraphen durch explizite Steuerabhängigkeiten hat den Nachteil, daß die Semantik von φ Operationen nicht mehr über Steuerflußvorgänger erklärt werden kann. Bei *Value Dependence Graphs (VDG)* (WEISE et al., 1994) und *Program Dependence Webs (PDW)*, (BALLANCE et al., 1990), werden statt φ-Funktionen daher bedingte Ausdrücke, sogenannte γ-Funktionen benutzt. Diese Darstellung heißt *Gated Single Assignment form (GSA)*, (BALLANCE et al., 1990).

Während GSA, ebenso wie die von (BRANDIS, 1995) vorgeschlagene *guarded SSA*, nur für strukturierte Programme definiert ist, erlaubt *Thinned GSA*, (HAVLAK, 1993) auch die Anwendung für unstrukturierte Programme, solange deren Steuerflußgraph reduzibel ist.

Die PDW Darstellung wird direkt zur Erzeugung von Maschinengraphen für Datenflußrechner verwandt. Erzeugung von Maschinencode für sequentielle von Neumann-Architekturen, an denen wir eigentlich interessiert sind, wird in der Literatur nicht betrachtet.

Für Darstellungen, die explizite Steuerabhängigkeiten an Stelle von Grundblöcken benutzen, ist die Rückübersetzung auf einen Grundblockgraphen im Anschluß an die Optimierung kompliziert und aufwendig, (STEENSGAARD, 1993). Die Vorteile einer solchen Darstellung für Übersetzungen auf von Neumann Architekturen sind demgegenüber gering, vor allem, weil wir entsprechende Optimierungen auch ohne Aufgabe der Grundblockdarstellung erreichen können. Daher gehen wir im folgenden nicht mehr weiter auf Repräsentationen ein, die Steuerfluß ausschließlich durch Steuerabhängigkeiten darstellen.

3.3.3 Ausgedünnte Repräsentationen

Der Aufwand von Datenflußanalysen läßt sich senken, indem der Umfang des Graphen reduziert wird, auf der die Analyse abläuft. Häufig wird statt eines Steuerflußgraphen, dessen Ecken einzelne Anweisungen sind, ein Grundblockgraph als grundlegende Struktur für Datenflußanalysen eingesetzt, vgl. (WAITE und GOOS, 1984). Dann sind Grundblöcke auch die Einheiten, denen Datenflußwerte und Transferfunktionen zugeordnet werden. Die Transferfunktion des Blocks muß aus den Transferfunktionen seiner Anweisungen bestimmt werden. Nach Abschluß der Analyse muß aus der für den Block berechneten Datenflußinformation lokal die entsprechende Information für die einzelnen Anweisungen berechnet werden.

Um den Aufwand von Programmanalysen weiter zu reduzieren wurden in (CHOI et al., 1991; CYTRON und FERRANTE, 1995; RAMALINGAM, 1997) und (RUF, 1997) Verfahren vorgeschlagen, um die Eingabegröße der Analyseprobleme zu reduzieren, ohne dabei die Genauigkeit zu verschlechtern. Die ersten drei Arbeiten konstruieren zum ursprünglichen Problem äquivalente Grundblockgraphen durch Elimination von Ecken, bei denen die Transferfunktion die Identität ist. Rufs Ansatz hat die Bestimmung von Teilproblemen zum Ziel, die nicht wechselweise voneinander abhängen.

Enthält ein Grundblock mehrere lesende und schreibende Speicherzugriffe, so besteht bei einer Analyse von Variableninhalten die Transferfunktion des gesamten Blocks in der Hintereinanderausführung der Transferfunktionen der einzelnen Zugriffe. Eine geschlossene Form für die Transferfunktion, die sich von der einer solchen schrittweisen Berechnung unterscheidet, ist nicht offensichtlich. Daher bringt der Übergang von Einzeloperationen zu Grundblöcken keinen Vorteil für die Vereinfachung von Transferfunktionen. Die Analysen, die wir in den Abschnitten 3.2.2.1 bis 3.2.3.4 untersuchten, arbeiten alle auf Anweisungsebene.

Ansätze, bei denen Grundblöcke eliminiert werden, sind erfolgversprechend, falls eine Vielzahl von Grundblöcken die Identität als Transferfunktion besitzen. Dies ist für Analysen von Ausdrücken und Speicherinhalten nicht der Fall. Auch die einfache Separierbarkeit einzelner Analyseprobleme als Voraussetzungen für Rufs Ansatz ist bei den in Abschnit 2.6 geforderten verschränkten Analysen nicht gegeben.

3.3.4 Ausnahmebehandlung

Im folgenden betrachten wir Ausnahmebehandlungen gemäß der Charakterisierung in Abschnitt 1: Für einen geschützten Block wird eine Ausnahmebehandlung definiert. Diese wird angesprungen, sobald eine Ausnahme innerhalb des geschützten Blocks auftritt. Die ausgelöste Ausnahme wird dabei durch ein spezielles Ausnahmeobjekt beschrieben, das am Beginn der Ausnahmebehandlung verfügbar ist. Der geschützte Block und die Ausnahmebehandlung haben im Steuerflußgraphen einen gemeinsamen direkten Nachfolger.

Bei Programmrepräsentationen mit linear geordneten Anweisungen kann die Einhaltung der Ausführungsreihenfolge bei ausnahmebehafteten Operationen erzwungen werden, indem solche Operationen bei der Optimierung nicht über Anweisungsgrenzen verschoben werden. Dies ist eine in der Praxis übliche, aber sehr konservative Lösung.

Für Programmrepräsentationen, die Operationen auch über Anweisungsgrenzen hinaus nur partiell anhand ihrer Datenabhängigkeiten ordnen, wie *Value Dependence Graphs* oder die Darstellung aus (CLICK, 1995), ist eine Einhaltung einer bestimmten Ausführungsreihenfolge allein anhand dieser Abhängigkeiten bei ausnahmebehafteten Operationen nicht möglich. Sowohl x := a / b; z := o.a + x als auch z := o.a + a / b werden hier durch denselben Zwischensprachterm repräsentiert, nämlich durch eine Addition, deren Operanden aus einem Speicherzugriff und einer Division bestehen. Für kommutative Operationen, wie die ganzzahlige Addition, sind diese Operanden ungeordnet. In der Regel definieren Hochsprachen für die erste Variante wegen der Aufspaltung in zwei Anweisungen jedoch, daß eine Ausnahme beim Zugriff auf o.a nicht vor einer Ausnahme bei der Division auftreten darf. Dies kann durch eine Addition mit ungeordneten Operanden nicht modelliert werden kann. Solche Darstellungen eignen sich daher nicht gut für Programme mit Ausnahmen.

Der Steuerfluß von ausnahmebehafteten Operationen zum Beginn einer Ausnahmebehandlung wird in Zwischensprachen in der Regel nicht dargestellt. MORGAN (1998) nennt diese nicht repräsentierten Steuerflußkanten *abnorme Kanten.* Das Problem für eine Programmanalyse besteht nun darin, daß wir als Voraussetzung für die Korrektheit der Datenflußanalyse alle möglichen Steuerflußpfade betrachten müssen. Ansonsten ist unsere Analyse nicht korrekt.

Wir können das Auslösen explizit machen, indem wir eine ausnahmebehaftete Operation wie die Division (/) in eine ausnahmefreie Operation $\div$ und ein bedingtes, explizites Auslösen der Ausnahme aufspalten, z.B.:

$$\mathsf{a} \;/\; \mathsf{b} \quad == \quad \textsf{if b = 0 then raise DIVISION\_BY\_ZERO else a} \div \mathsf{b}.$$

Diese Modellierung hat jedoch keine Entsprechung auf der Zielmaschinenebene und führt in erster Linie nur zu einem starken Anwachsen der Repräsentation, ohne Vorteile für Analyse oder Transformation zu bieten. Eine explizite Modellierung des Auslösens von Ausnahmen ist bei diesen Operationen daher nicht sinnvoll.

Mit den meisten Programmrepräsentationen läßt sich die Semantik von ausnahmebehafteten Operationen nur beschreiben, indem sie wie bedingte Sprünge behandelt werden. Sie beenden den aktuellen Grundblock. Dieser hat zwei mögliche Nachfolger: Die Fortsetzung für den Fall, daß keine Ausnahme ausgelöst wird, sowie den Anfangsblock der Ausnahmebehandlung.

```
begin
  f (1);
  a.r := b.x + c.y / d.z;
except
  < Ausnahmebehandlung >
end;
f (2);
```

Abbildung 3.2 zeigt diese Konstruktion für das nebenstehende Programmfragment. Die Zuweisung an a.r wird dabei in fünf Grundblöcke übersetzt, da sowohl die lesenden und schreibenden Speicherzugriffe, als auch die Division potentiell Ausnahmen auslösen können. Alle Blöcke, die eine Ausnahme auslösen können, haben den Block der Ausnahmebehandlung zum Nachfolger, dessen Nachfolger wiederum der Block mit dem Aufruf $f(2)$ ist.

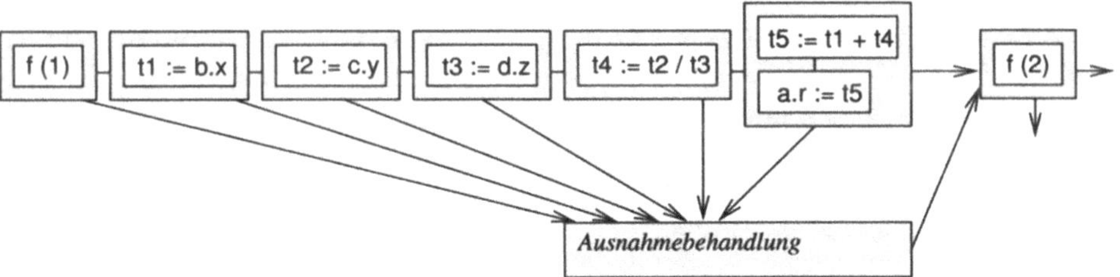

Abbildung 3.2: Modellierung von ausnahmebehafteten Operationen als bedingte Sprünge

Diese Modellierung hat jedoch den großen Nachteil, daß sie eine willkürliche Sequentialisierung aller ausnahmebehafteten Operationen erzwingt, selbst wenn die Hochsprache diese nur partiell ordnet. Dies stellt eine Überspezifikation des Steuerflusses dar. Darüberhinaus bedingt die Modellierung ausnahmebehafteter Operationen als Sprünge, daß diese nicht mehr durch Codeverschiebungsverfahren optimiert werden können. Außerdem werden eine Vielzahl sehr kurzer Grundblöcke eingeführt. Dies betrifft nicht nur das explizite Auslösen von Ausnahmen, sondern vor allem auch arithmetische Operationen, Speicherzugriffe und Prozeduraufrufe. Nach den Beobachtungen aus Abschnitt 2.1.1 mach diese einen nicht unwesentlichen Anteil aller Operationen bei objektorientierten Programmen aus.

Der Umstand, daß Operationen Ausnahmen auslösen können, wird bei den in der Literatur vorgestellten Ansätzen für Programmrepräsentationen in der Regel ignoriert. Dies liegt vor allem daran, daß bei diesen Arbeiten angenommen wird, daß das Auslösen einer Ausnahme das Programm direkt beendet. Für Sprachen mit expliziter Ausnahmebehandlung ist dies jedoch nicht der Fall. Selbst Programmrepräsentationen wie SUIF (WILSON et al., 1994), die sich im praktischen

Einsatz bewährt haben, bieten keine spezielle Möglichkeiten zur Modellierung von Ausnahmen. Damit sind sie für Sprachen mit expliziter Ausnahmebehandlung ungeeignet, vgl. (KIENLE und HÖLZLE, 1998). ANDF (BENITEZ et al., 1991) bietet die Möglichkeit, das Verhalten von Operationen beim Auftreten genauer zu spezifizieren. Allerdings orientiert sich ANDF nur an den Anforderungen der Zielcodegenerierung und nicht an den Bedürfnissen von Programmanalysen. Die in ANDF vorgesehenen Annotationen sind für Programmanalysen nicht geeignet.

3.3.5 Abstraktionsniveau

Bei der Definition einer Programmrepräsentation stellt sich die Frage, ob sich die verwendeten Operationen an der Hardware der Zielmaschine, der Hochsprache, an beiden, oder an keiner von beiden orientieren sollen. Da dieser Frage auch in der neueren Literatur, wie z.B. bei (MORGAN, 1998), immer noch eine zentrale Rolle zukommt, sollen hier kurz die wesentlichen Konflikte und Lösungen dieses Problems diskutiert werden.

Der zentrale Widerspruch beim Abstraktionsniveau liegt darin, daß ein Optimierer um so bessere Ergebnisse erzielen kann, je konkreter die Programmrepräsentation die Befehle des Zielprozessors wiedergibt. Dies liegt daran, daß die Ineffizienzen auf Ebene der Zielmaschine dann explizit erkannt werden können und sich auch akkuratere Kostenfunktionen angeben lassen. Andererseits ist es für die Programmanalyse viel aufwendiger, die Semantik des Programms aus den konkreten Maschinenoperationen abzulesen.

Gerade für die klassischen Abhängigkeitsanalysen bei Reihungen ist es beispielsweise viel vorteilhafter, Reihungszugriffe in der Programmrepräsentation explizit erkennen zu können. Solche Operationen verschleiern jedoch ihrerseits wiederum gemeinsame Teilausdrücke in unterschiedlichen Reihungszugriffen. Schlußendlich gilt auch noch das softwaretechnische Argument, daß eine Programmrepräsentation sowohl unabhängig von der Zielmaschine, als auch von der Hochsprache sein soll, damit sie als Schnittstelle zwischen verschiedenen *frontends* und *backends* benutzt, und dabei der Optimierer wiederverwendet werden kann.

Die pragmatische Lösung dieser widersprüchlichen Anforderungen besteht darin, eine Programmrepräsentation zu entwerfen, die für eine große Menge von Quell- und Zielsprachen geeignet ist, ohne den Anspruch auf allgemeine Anwendbarkeit zu erheben, und diese bei Bedarf geeignet zu parametrisieren. Der Befehlssatz ist maschinennah, abstrahiert aber von Eigenschaften realer Prozessoren. Insbesondere werden orthogonale Konzepte wie die Funktion einer Operation und die Adressierung ihrer Operanden getrennt.

Zusätzlich zu diesen elementaren Operatoren werden auch komplexe Operatoren unterstützt. Komplexe Operatoren werden vom *frontend* erzeugt und können jederzeit durch elementare Operationen ersetzt werden. Die Ersetzung von elementaren Operatoren durch komplexe Operatoren ist oftmals nur mit zusätzlichen vorgegebenen oder analysierten Programminformationen möglich. Die Hin- und

Rücktransformation zwischen komplexen und elementaren Operationen heißt *Lowering* bzw. *Highering*, (ALT et al., 1994).

Da die in der Literatur vorgestellten Programmrepräsentationen nicht auf die Anforderungen objektorientierter Programme eingehen, werden keine geeigneten komplexen Operationen für den polymorphen Zugriff auf Merkmale von Objekten vorgestellt.

3.4 Offene Probleme

Die einzelnen Analyseverfahren und Programmrepräsentationen werden unseren Anforderungen aus den letzten Kapiteln nur teilweise gerecht.

Keines der untersuchten Analyseverfahren kann gleichermaßen die Anforderungen aus den Abschnitten 1 und 2.6 erfüllen. Die Analysen sind entweder zu ungenau oder haben einen zu hohen Speicherbedarf.

Bei den untersuchten Programmrepräsentationen haben wir sinnvolle Ansätze zur expliziten Darstellung von Abhängigkeiten bei CLICK (1995) und STEENSGAARD (1995) gefunden und übernehmen diese teilweise. Dadurch sind im Prinzip eine kompakte Repräsentation von Abhängigkeiten in der benötigten Genauigkeit möglich. Allerdings kennen wir kein geeignetes Verfahren, das uns den Aufbau einer solchen Repräsentation für objektorientierte Programme erlaubt.

Als offene Probleme verbleiben:

1. Es fehlt eine für Analyse, Transformation und als Eingabe für die Zielcodegenerierung geeignete Darstellung für explizite Abhängigkeiten bei disjunkten Speicherwerten und ein konstruktives Verfahren für deren Aufbau. Eine geeignete Repräsentation werden wir in Kapitel 4 einführen.

2. Es fehlt eine kompakte Repräsentation kontextsensitiver Datenflußwerte. Wir können kontextsensitive Verfahren für Programme realistischer Größe nur einsetzen, wenn es uns gelingt, den hohen Speicherbedarf bei der Darstellung kontextsensitiver Informationen zu reduzieren. Hierzu sind bisher keine Ansätze bekannt. Einen neuartigen Ansatz für dieses Problem stellen wir in Kapitel 5 vor.

3. Die bekannten Ansätze zur Programmanalyse haben entweder möglichst große Effizienz oder möglichst hohe Genauigkeit zum Ziel. Keines der in diesem Abschnitt untersuchten Verfahren versucht, mit den zur Verfügung stehenden Mitteln eine möglichst gute Analyse durchzuführen. Auf diesen Aspekt gehen wir bei der Erörterung eines geeigneten Namensschemas in Kapitel 6.5 genauer ein.

4. Das Analyseproblem läßt sich vereinfachen, indem zunächst möglicherweise auch ungenaue Programminformationen zur Optimierung herangezogen werden. Dies gilt insbesondere für Optimierungen, die den Eingabeumfang

des Analyseproblems reduzieren, wie die Reduktion von Speicherzugriffen. Entsprechende Ansätze haben wir in der Literatur nicht gefunden. Mit welchen Optimierungen sich bei einem iterativen Verfahren die Voraussetzungen für eine nachfolgende Analyse nachhaltig verbessern lassen, zeigen wir in Kapitel 6 an für objektorientierte Programme typischen Situationen auf.

4 Explizite Abhängigkeitsgraphen

Die übersetzerinterne Programmrepräsentation ist die zentrale Datenstruktur des Optimierers. Sie umfaßt in erster Linie den Programmcode des zu üubersetzenden Programms sowie statisch initialisierte Variablen, daneben aber auch Informationen, die vom Laufzeitsystem benötigt werden. Die Definition dieser Datenstruktur ist gleichermaßen Voraussetzung für Programmanalysen und optimierende Transformationen. Die Analyse interpretiert die Repräsentation, um implizit vorhandene Programmeigenschaften aufzudecken. Die Optimierung transformiert die Repräsentation, um unter Erhaltung der Semantik kostengünstigere Versionen des dargestellten Programms zu erzeugen. Darüberhinaus muß die Programmrepräsentation natürlich auch den Anforderungen der Zielcodegenerierung genügen.

Von zentraler Bedeutung bei der Definition der Programmrepräsentation ist die Frage, welche Informationen für Analyse, Optimierung und Zielcodegenerierung in der Programmrepräsentation benötigt werden, und wie sich diese effizient darstellen lassen. Im folgenden legen wir besonderen Wert auf die explizite Darstellung von Abhängigkeiten zwischen Operationen.

Gegenstand dieses Kapitels sind Syntax und Semantik einer neuartigen Programmrepräsentation, die es erlaubt, die für die Optimierung objektorientierter Programme benötigten Optimierungen und Programmanalysen effizient durchzuführen.

Diese Programmrepräsentation ist eine stark erweiterte SSA-Darstellung, die insbesondere die explizite Repräsentation von Datenabhängigkeiten erlaubt. Die Genauigkeit der modellierten Abhängigkeiten hängt dabei nicht von Eigenschaften der Programmrepräsentation ab. Abhängigkeiten lassen sich, geeignete Analyseinformation vorausgesetzt, beliebig fein darstellen. Wegen dieses Schwerpunkts bezeichnen wir diese Darstellung als *expliziten Abhängigkeitsgraph* oder kurz EAG.

Abschnitt 4.1 gibt zunächst die Informationen an, die wir für Analyse, Transformation und Zielcodegenerierung benötigen und die daher in der Programmrepräsentation verfügbar sein müssen. In Abschnitt 4.2 führen wir geeignete Darstellungen für diese Informationen ein. Besonderes Gewicht liegt hierbei auf den speziellen Eigenschaften, in denen sich diese Repräsentation von bereits bekannten Ansätzen unterscheidet. Die Frage, wie wir die Programmrepräsentation aus der semantischen Analyse aufbauen, sie später mit Hilfe geeigneter Analyseinformationen in ihrer Genauigkeit weiter verbessern und schlußendlich eine geeignete Ausgangsbasis für die Zielcodegenerierung erreichen, beschreiben wir in den Abschnitten 4.3 und 4.4.

4.1 Darzustellende Informationen

Die übersetzerinterne Programmrepräsentation muß zumindest alle Informationen über ein Programm darstellen können, die für eine Interpretation bzw. Ausführung benötigt werden. Neben der Beschreibung der durchzuführenden Berechnungen gehören dazu auch Beschreibungen statisch initialisierter Datenstrukturen und Typeinformationen für das Laufzeitsystem und Testhilfen.

Wesentliche Erweiterungen im Vergleich zu herkömmlichen Programmrepräsentationen sind bei der Modellierung von Abhängigkeiten zwischen Operationen notwendig, insbesondere bei Abhängigkeiten über den Speicher. Hierauf gehen wir in Abschnitt 4.1.1 ein. Besonderheiten der darzustellenden Informationen bei der Speicherabbildung und bei der Behandlung von Ausnahmen sind Gegenstand der Abschnitte 4.1.2 und 4.1.3.

4.1.1 Operationen, Steuerfluß und Datenfluß

Bei der Darstellung von Operationen sind wir aus Sicht der Optimierung zunächst daran interessiert, semantisch äquivalente Berechnungen erkennen zu können. Darüberhinaus muß erkennbar sein, wo im Programm Parameter einer Berechnung verfügbar sind und wo Ergebnisse von Berechnungen benötigt werden. Beide Forderungen können wir durch Kenntnis von Datenabhängigkeiten erfüllen. Da wir diese Informationen während der Optimierung immer wieder benötigen, wollen wir sie in der Programmrepräsentation explizit darstellen und über Transformationen hinweg konsistent halten, um somit wiederholte Berechnungen derselben Abhängigkeiten zu vermeiden.

Die in Abschnitt 3.3 untersuchten Programmrepräsentationen weisen Defizite bei der Darstellung von Datenabhängigkeiten auf. Zum einen lassen sich für unsere Optimierungen wichtige Abhängigkeiten, nämlich Antiabhängigkeiten und Ausgabeabhängigkeiten nicht darstellen. Zum anderen erlauben die bekannten Programmrepräsentationen nur sehr grobe Modellierungen bei Abhängigkeiten über den Speicher. Konkret benötigen wir:

1. Eine Möglichkeit zur Darstellung sämtlicher Datenabhängigkeiten, insbesondere solcher zwischen Speicherzugriffen. Auch Anti- und Ausgabeabhängigkeiten müssen darstellbar sein, da wir Speicherzugriffe sonst wie bei Click, siehe Abschnitt 3.3.2.4, total ordnen müssen.
2. Einen Ansatz, bei dem die Berechnungsreihenfolge von Operationen nur in soweit festgelegt werden muß, wie dies für die Semantikerhaltung zwingend ist.

4.1.2 Speicherabbildung

Für die von uns angestrebten Programmanalysen und Transformationen benötigen wir, wie bereits in Abschnitt 3.3.5 diskutiert, geeignete komplexe Operatoren zur Darstellung von Zugriffen auf Merkmale von Objekten. Dabei wollen wir zum einen erreichen, daß Zugriffe für eine Programmanalyse einfach interpretierbar sind. Zum anderen haben wir in den Kapiteln 2 und 3 Optimierungen kennengelernt, bei denen wir Zugriffsfunktionen und die Speicherabbildung ändern wollen. Für diese Fälle wird eine Darstellung für Zugriffsfunktionen benötigt, die solche Transformationen einfach macht und gleichzeitig erlaubt, die Speicherabbildung, Objektgrößen und die Zugriffsfunktionen erst während der Optimierung vollständig festlegen zu müssen.

4.1.3 Ausnahmen

Für Operationen, die Ausnahmen auslösen können, haben wir in Abschnitt 3.3.4 keine befriedigenden Ansätze für die Darstellung der Abhängigkeiten gefunden.

Bei der Modellierung von ausnahmebehafteten Operationen müssen wir zwei unterschiedliche Probleme lösen:

1. Ausnahmebehaftete Operationen dürfen im Code nicht beliebig verschoben werden, da andere Operationen von diesen steuerabhängig sind.
2. Für Programmanalysen muß der Datenfluß von ausnahmebehafteten Operationen zum Beginn der Ausnahmebehandlung geeignet modelliert werden.

Zur Lösung des ersten Problems benötigen wir eine Möglichkeit, die Einschränkungen der Hochsprache bei der Umordnung von ausnahmebehafteten Operationen ausdrücken zu können, ohne gleichzeitig die Optimierungsmöglichkeiten drastisch einschränken zu müssen.

Das zweite Problem betrifft die Genauigkeit, mit der wir die Effekte von Ausnahmen auf den Programmzustand modellieren. Probleme entstehen hierbei nicht innerhalb des geschützten Blocks, sondern am Beginn der Ausnahmebehandlung. Besteht der geschützte Block aus einem einzelnen Grundblock, so gehören dessen Operationen auch nach einer etwaigen Übersetzung mit expliziten Sprüngen, wie in Abbildung 3.2, immernoch zum selben erweiterten Grundblock. Damit sind innerhalb des erweiterten Grundblocks alle Benutzungen von ebenfalls dort definierten Werten eindeutig, vgl. Abschnitt 3.3.2. Am Beginn der Ausnahmebehandlung laufen jedoch unterschiedliche Steuerflüsse zusammen. Da die Programmausführung nach Beendigung der Ausnahmebehandlung am selben Programmpunkt fortgesetzt wird, wie nach erfolgreicher Ausführung des geschützten Blocks, pflanzen sich bei Programmanalysen zu ungenaue Abschätzungen für Werte am Beginn der Ausnahmebehandlung in allen nachfolgenden Programmteilen fort.

Beispiel 4.1.1 Das folgende Codefragment soll diese beiden Probleme nochmals verdeutlichen. Hier können die Objekterzeugung in Zeile 4, die Division, die Ausgabeanweisungen und der Attributzugriff möglicherweise Ausnahmen auslösen, sodaß die Ausnahmebehandlung von fünf unterschiedlichen Programmpunkten aus angesprungen werden kann.

```
c := 100;   ...
begin
  c := 5;
  a := #A{c};
  c := 8;                 << text1;
  b := c / d + e.x;       << text2;
  c := 13;
except ... c := 2 * c; ... end;
if c < 10 or c > 20 then ...
```

Tritt bei der Division eine Ausnahme auf, so darf z.B. in Java daraus geschlossen werden, daß die Objekterzeugung nicht gescheitert ist. Ein Optimierer kann auch den den Zugriff auf e.x vor die Division ziehen, aber nur wenn er sicher stellen kann, daß dieser keine Ausnahme auslösen kann.

Der Inhalt der Variablen c kann am Anfang der Ausnahmebehandlung 5 oder 8 sein und am Ende der Ausnahmebehandlung entsprechend 10 oder 16. Wird keine Ausnahme ausgelöst, so hat c am Ende des geschützten Blocks den Wert 13. Nach Zusammenfassen der alternativen Informationen die am Ende der Ausnahmebehandlung und am Ende des geschützten Blocks gelten, kann c direkt vor der bedingten Anweisung am Ende des Beispiels die Werte 13, 10 oder 16 annehmen. Bei weniger genauer Modellierung des Steuerflusses könnte eine Analyse hier auch 26, 100 oder 200 als mögliche Inhalte bestimmen und müßte damit den Rumpf der bedingten Anweisung als erreichbar annehmen. ◇

4.1.4 Typinformationen und statisch initialisierte Daten

Die Informationen zur Darstellung von Typinformationen und statisch initialisierter Daten sind sehr ähnlich zu den Informationen, die auch für die Übersetzung nicht objektorientierter Sprachen benötigt werden.

Statisch initialisierte Daten umfassen wie üblich initialisierte globale Variablen und die Konstantentabelle, die Fließkommazahlen und Zeichenketten enthält. Alle Einträge besitzen einen symbolischen Namen und einen Wert. Diese Informationen müssen vom Codegenerator ins Datensegment des ausführbaren Programms geschrieben werden. Für die Repräsentation objektorientierter Programme sind hier keine Besonderheiten zu beachten. Wir werden daher auf die Konstantentabelle im folgenden nicht mehr weiter eingehen.

Laufzeitsysteme objektorientierter Programme machen häufiger von Typinformationen Gebrauch als dies bei Laufzeitsystemen traditioneller imperativer Sprachen der Fall ist. Sie müssen das Auflösen polymorpher Zugriffsfunktionen zur Laufzeit erlauben, Speicherbereinigern mitteilen, wo sich Verweise befinden, sowie Reflektion und das Testen von Programmen unterstützen. Die Art der benötigten Typinformationen unterscheidet sich bei objektorientierten Programmen jedoch kaum von Angaben, wie sie üblicherweise sowieso zur Unterstützung von Testhilfen benötigt werden. Im Vergleich dazu müssen lediglich zwei zusätzliche Relationen realisiert werden: Die Untertyprelation sowie die Abbildung, die Paare

⟨*Attributbezeichner*, *dynamischerTyp*⟩ auf Adressen abbildet und für die Realisierung polymorpher Zugriffe in Abschnitt 4.2.3 benötigt wird.

4.2 Syntax und Semantik expliziter Abhängigkeitsgraphen

Die Programmrepräsentation, die wir im folgenden einführen, baut auf den Arbeiten von Click auf, vgl. Abschnitt 3.3.2.4. Entsprechend der in Abschnitt 3.3 aufgezeigten Defizite bisheriger Programmrepräsentationen erweitern wir Clicks Ansatz insbesondere bei der expliziten Darstellung der Datenabhängigkeiten zwischen Speicherzugriffen. Die wesentlichen Erweiterungen sind hierbei die explizite Darstellung von Ausgabe- und Antiabhängigkeiten, verbunden mit der Möglichkeit, den Speicher durch disjunkte Teilspeicher darzustellen. Letzteres erlaubt es uns, Speicherabhängigkeiten genauer zu modellieren, als mit bisherigen Ansätzen. Dies ermöglicht wiederum neuartige Optimierungen, die wir in Kapitel 6 vorstellen. Außerdem führen wir eine geeignete Darstellung für Operationen ein, die Ausnahmen auslösen können, sowie eine neue Darstellung für Adreßfunktionen bei Zugriffen auf Merkmale von Objekten, die uns gleichermaßen eine Vereinfachung der Programmanalysen, als auch eine Vereinfachung der eigentlichen optimierenden Transformationen erlaubt.

Definition 4.2.1 (Expliziter Abhängigkeitsgraph, EAG)
Ein expliziter Abhängigkeitsgraph (EAG) ist ein gerichteter, markierter Graph. Die Ecken sind mit Funktionssymbolen aus Σ_{EAG} markiert. Ecken besitzen geordnete Eingänge und Ausgänge. Die Anzahl der Ein- und Ausgänge der Ecken und ihre Ordnung ist identisch mit der der Parameter und Ergebnisse des zugehörigen Terms aus Σ_{EAG}. Die Ein- und Ausgänge sind mit Typen aus T_{EAG} markiert. Kanten verbinden Ausgänge mit Eingängen desselben Typs.
T_{EAG} und Σ_{EAG} sind in Tabelle 4.1 dargestellt.

Die Typen in T_{EAG} modellieren Zugehörigkeit zu Grundblöcken (B), Steuerfluß (X), Speicherabhängigkeiten (M) sowie einfache Maschinentypen (P, I, F, b), die in Abschnitt 4.2.1.1 genauer vorgestellt werden.

Die Ecken eines EAG beschreiben die Berechnungen eines Programms, die Kanten den Steuer- und Datenfluß zwischen ihnen. Bei EAGs unterscheiden wir drei Arten von Ecken: Grundblöcke (Block), Berechnungen (Add, Sub, ...) sowie Sprünge. Sprünge sind mit Cond, Jmp, Return oder Raise markiert, wodurch wir bedingte und unbedingte Sprünge, Rücksprünge aus Prozeduraufrufen und explizites Auslösen von Ausnahmen ausdrücken.

Über die Definition 4.2.1 hinaus fordern wir von expliziten Abhängigkeitsgraphen weitere strukturelle Eigenschaften. Wir zeichnen diese Eigenschaften im folgenden durch spezielle Definitionen (E1) bis (E9) aus.

$T_{\mathsf{EAG}} : \{B, X, M, P, I, F, b\}$

Σ_{EAG} :

Block	$: X^n$	$\rightarrow B$
Start	$: B$	$\rightarrow X \times M \times t_1 \times \ldots \times t_n$
End	$: B$	$\rightarrow$
Jmp	$: B$	$\rightarrow X$
Cond	$: B \times b$	$\rightarrow X \times X$
Return	$: B \times M \times t_1 \times \ldots \times t_n$	$\rightarrow X$
Raise	$: B \times M \times P$	$\rightarrow X \times M$
Const	$: B$	$\rightarrow t$
SymConst	$: B$	$\rightarrow I$
Phi	$: B \times s^n$	$\rightarrow s$
CallB	$: B \times M \times P \times t_1 \times \ldots \times t_n$	$\rightarrow X \times M \times t_1 \times \ldots \times t_n$
CallE	$: B \times X \times M \times t_1 \times \ldots \times t_m$	$\rightarrow M \times t_1 \times \ldots \times t_m$
FIn	$: B \times s$	$\rightarrow s$
FOut	$: B \times s$	$\rightarrow s$
Alloc	$: B \times M \times I$	$\rightarrow M \times P$
Load	$: B \times M \times P$	$\rightarrow M \times t$
Store	$: B \times M \times P \times t$	$\rightarrow M$
Sync	$: B \times M^n$	$\rightarrow M$
Sel	$: B \times M \times P \times I$	$\rightarrow P$
Conv	$: B \times t_1$	$\rightarrow t_2$
Add	$: B \times t \times t$	$\rightarrow t$
Sub	$: B \times t \times t$	$\rightarrow t$
Mul	$: B \times t \times t$	$\rightarrow t$
Quot	$: B \times M \times F \times F$	$\rightarrow M \times F$
Div	$: B \times M \times I \times I$	$\rightarrow M \times I$
Mod	$: B \times M \times t \times t$	$\rightarrow M \times I$
Abs	$: B \times t$	$\rightarrow t$
And	$: B \times I \times I$	$\rightarrow I$
Or	$: B \times I \times I$	$\rightarrow I$
Eor	$: B \times I \times I$	$\rightarrow I$
Cmp	$: B \times t \times t$	$\rightarrow b^{16}$
Shl	$: B \times I \times I$	$\rightarrow I$
Shr	$: B \times I \times I$	$\rightarrow I$

Tabelle 4.1: Typen T_{EAG} und Signatur Σ_{EAG}. $t, t_i \in \{P, I, F\}, s \in \{P, I, F, M\}$.

Definition 4.2.2 (Zulässiger EAG) *Ein expliziter Abhängigkeitsgraph heißt genau dann zulässig, wenn er die strukturellen Eigenschaften (E1) bis (E9) besitzt.*

Im folgenden werden wir nur zulässige EAGs aufbauen, und die im weiteren beschriebenen Analysen arbeiten auf zulässigen EAGs. Ebenso erzeugen wir bei Transformationen der Repräsentation nur zulässige EAGs aus zulässigen EAGs.

Daher setzen wir auch in allen Lemmata und Sätzen zulässige EAGs voraus. Die Zulässigkeit von EAGs werden wir im folgenden nicht mehr betonen.

In Abbildungen stellen wir Ecken eines EAGs wie nebenstehend dar. Jede Ecke wird mit der Operationsbezeichnung annotiert. Eingänge stellen wir am oberen Rand, Ausgänge am unteren Rand dar.

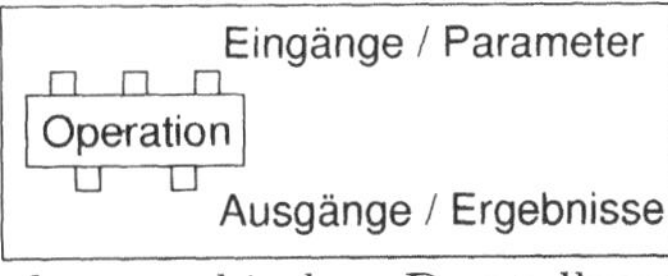

Alle Kanten sind gerichtet, auch wenn wir dies bei der graphischen Darstellung nicht explizit durch Pfeilspitzen auszeichnen.

Mit dem Konzept expliziter Abhängigkeitsgraphen beschreiben wir unterschiedliche Zwischendarstellungen. Konkrete Programmrepräsentationen, wie sie in einem Übersetzer verwendet werden, sind Instanzen von EAGs. Einzelne Ausprägungen von EAGs können sich in Art und Umfang ihrer Operationen und Typen unterscheiden. Wir gehen in diesem Kapitel nur auf Eigenschaften ein, die allen Ausprägungen von EAGs gemeinsam sind. Eine vollständige Beschreibung der EAG-Instanz FIRM, die wir im Sather-Übersetzer der Universität Karlsruhe benutzen, findet sich in (TRAPP et al., 1999), `ftp://ftp.ira.uka.de/pub/papers/Techreports/1999/1999-14.ps.gz`.

4.2.1 Operationen und Abhängigkeiten

Im Gegensatz zu traditionellen Grundblockgraphen, vgl. Abschnitt 3.3.1, unterscheiden wir nicht zwischen Anweisungen und Ausdrücken und definieren dementsprechend auch keine lineare Ordnung über den Berechnungen eines Grundblocks. Blöcke erlauben bei EAGs die Beschreibung von Operationen, die stets zusammen ausgeführt werden.

E 1 *Jede Operation ist über ihren Eingang vom Typ B einem Block zugeordnet. Wir bezeichnen den Block einer Operation x mit B_x. Die Operationen, die denselben Block B_i als ersten Parameter aufweisen, heißen die Operationen von B_i. Jeder Block besitzt höchstens eine Sprungoperation.*

In Abbildungen stellen wir Kanten, die Blockzugehörigkeiten beschreiben, der Übersichtlichkeit wegen nicht dar, sondern kennzeichnen Grundblöcke stattdessen durch grau hinterlegte Bereiche. Ebenso schreiben wir für eine Operation des Blocks B statt z.B. Add (B, a,b) häufig einfach nur Add (a,b), wenn B eindeutig ist. Eine Sprungoperation hängt direkt oder indirekt von allen anderen Operationen ihres Blocks ab. Operationen eines Blocks sind durch ihre Abhängigkeiten partiell geordnet.

E 2 *Die Operationen und Kanten eines einzelnen Grundblocks bilden einen gerichteten, azyklischen Graphen.*

4.2.1.1 Elementare Operationen

Die Operationen expliziter Abhängigkeitsgraphen orientieren sich gemäß der Diskussion in Abschnitt 3.3.5 in ihrer Abstraktion am Befehlssatz eines hypothetischen Risc-Prozessors mit expliziter Lade-/Speicherarchitektur. Typische Arten von Operationen sind Addition (Add) oder Vergleiche (Cmp).

Häufig werden Operationen, wie z.B. die Addition, für unterschiedliche Maschinentypen wie Wort oder Langwort benötigt. Wie die Operationen realer Mikroprozessoren sind auch bei EAGs die Operanden und Ergebnisse von Operationen typisiert. Die Bezeichner aus T_{EAG} beschreiben keine Typen des Quellprogramms, sondern Maschinentypen, d.h. Abstraktionen von Werten und Ressourcen der Zielmaschine. Sie umfassen elementare Maschinentypen wie Wahrheitswerte (b), Maschinenwörter (I), Fließkommawerte (F), Adressen (P), als Besonderheit von EAGs aber auch Werte, die den Zustand des Speichers (M) bezeichnen. Wollen wir explizit auf den Typ einer Operation hinweisen, so hängen wir die Typkennung an das Operationssymbol an, z.B. AddI oder AddP für Additionen auf Worten bzw. Adressen. Entsprechend bezeichnen wir Kanten über die Werte des Typs I oder M fließen auch als Wortkanten oder Speicherkanten.

Es ist kennzeichnend für die Modellierung von Programmen als explizite Abhängigkeitsgraphen, daß jeder Wert, von dem eine Operation abhängt oder auf den sie Einfluß hat, explizit als Parameter bzw. Ergebnis in der Signatur der Operation auftritt.

Bei den arithmetischen und logischen Operationen unterscheiden sich explizite Abhängigkeitsgraphen kaum von Ausdrücken in herkömmlichen Zwischensprachen. Allerdings sind sie nicht auf Bäume beschränkt. Ergebnisse von Operationen können mehrfach benutzt werden.

4.2.1.2 Steuerfluß

Im folgenden definieren wir die wesentlichen Eigenschaften, die wir in EAG für die Darstellung des Steuerflusses benötigen.

E 3 *Jeder EAG besitzt zwei ausgezeichnete Ecken Start und End. Start ist die einzige Operation des Blocks B_{Start}, End ist die einzige Operation im Block B_{End}.*

Die Start-Operation liefert als Ergebnis ein Tupel $(X, M, F, p_0, p_1, \ldots)$ aller Informationen, die wir am Beginn der Ausführung einer Prozedur benötigen. Dabei ist X der initiale Steuerfluß zum ersten Block der Prozedur. M und F sind Werte, die den initialen Speicherzustand zu Beginn der Prozedur und die Prozedurschachtel beschreiben. Auf die Bedeutung und Verwendung von M und F gehen wir in den Abschnitten 4.2.2 und 4.2.3 genauer ein. Die p_i sind die formalen Parameter der Prozedur.

Die Operanden von Blöcken sind die Sprungoperationen ihrer Vorgängerblöcke. Der Grundblockgraph, wie in Abschnitt 3.3.1 eingeführt, ist in unserer Darstellung nur implizit repräsentiert. Ersetzen wir die Kanten auf Sprungoperationen durch Kanten auf deren Grundblöcke, so erhalten wir einen gewöhnlichen Grundblockgraphen. Wir beziehen uns auf diese Sicht, wenn wir im Zusammenhang mit EAGs die Begriffe *Grundblockgraph* oder *Steuerflußgraph* benutzen.

E 4 *B_{Start} dominiert alle Grundblöcke der Prozedur, alle Grundblöcke werden von B_{End} nachdominiert. Dazu muß jeder Block im Steuerflußgraphen auf einem Pfad von B_{Start} nach B_{End} liegen.*[1]

E 5 *Eine Operation x eines Grundblocks B_x kann nur dann ein Operand einer Operation y eines anderen Grundblocks B_y sein, wenn es im Grundblockgraph einen Weg von B_x nach B_y gibt. Ist y eine Phi-Operation und gehört ihr Operand x ebenfalls zu B_y, so muß im Grundblockgraphen ein Pfad von B_y auf sich selbst existieren.*

4.2.1.3 SSA-Darstellung

Wie bei allen SSA-Darstellungen verwenden wir φ-Funktionen (Phi), um alternative Definitionen zu einer neuen, eindeutigen Definition zusammenzufassen. Phi-Operationen sind im Gegensatz zu allen anderen Operationen nicht strikt.

Syntax und Semantik der Phi-Operationen definieren wir wie bei (Cytron et al., 1989), vgl. Seite 49: Eine Phi-Operation in einem Block B hat genau soviele Parameter, wie B Steuerflußvorgänger hat. Wird B bei der dynamischen Ausführung über seinen i-ten Steuerflußvorgänger erreicht, so liefert die Phi-Operation ihr i-tes Argument.

E 6 *Alle Operanden einer Phi-Operation haben denselben Maschinentyp wie das Ergebnis der Phi-Operation.*

E 7 *Das i-te Argument einer Phi-Operation in Block B muß am Ende des i-ten Steuerflußvorgängers von B verfügbar sein.*

Für die Plazierung von Phi-Operationen wandeln wir die Definition von Seite 50 wie folgt ab:

E 8 *Sind X und Y unterschiedliche Blöcke, die unterschiedliche Definitionen für denselben Namen v enthalten, und gibt es im Grundblockgraph zwei nicht leere Pfade $X \xrightarrow{+} Z$ und $Y \xrightarrow{+} Z$, wobei Z die erste gemeinsame Ecke der beiden Pfade ist, so muß in Z eine Phi-Operation für v eingefügt werden, falls v am Anfang von Z lebendig ist.*

Der direkte Vergleich mit der Definition auf Seite 50 zeigt, daß mit der neuen Definition weniger oder höchstens genausoviele Phi-Operationen eingefügt werden. Alle Phi Operationen, die nach der ursprünglichen Definition notwendig und

1) Ansonsten machen wir keine Einschränkungen bezüglich des Steuerflusses zwischen Grundblöcken. Insbesondere lassen wir auch unstrukturierten und irreduziblen Steuerfluß zu.

darüberhinaus lebendig sind und unterschiedliche Werte zusammenführen, werden auch von der neuen Definition gefordert. Welche Operationen dabei als semantisch gleich oder als tot angenommen werden können, hängt von der Genauigkeit der zur Verfügung stehenden Programmanalysen ab. Für den Spezialfall, daß wir alle Operationen als lebendig annehmen und davon ausgehen, daß alle rechten Seiten von Zuweisungen jeweils unterschiedliche Werte berechnen, ist die neue Definition identisch mit der ursprünglichen Definition von CYTRON et al. (1989). Ansonsten erlaubt sie, mit zunehmendem Analysewissen die Anzahl der wirklich benötigten Phi-Operationen deutlich zu reduzieren. Einen effizienten Algorithmus zum Aufbau der Darstellung und für die Plazierung der Phi-Operationen geben wir in Abschnitt 4.3 an.

Abbildung 4.1 zeigt die Modellierung von Abhängigkeiten mit den bisher eingeführten Operatoren für die abgebildete Prozedur. Gestrichelte Kanten beschreiben den Steuerfluß.

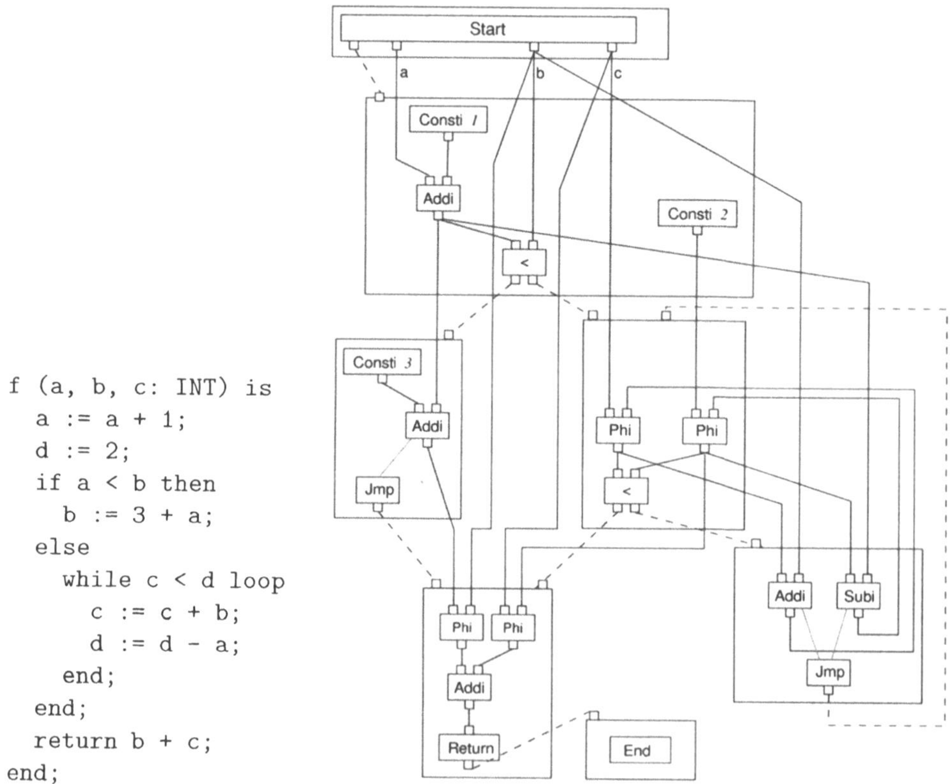

Abbildung 4.1: Explizite Abhängigkeiten bei einfachen Werten und Steuerfluß.

4.2.1.4 Dominanzeigenschaften

Explizite Abhängigkeitsgraphen besitzen weitere Eigenschaften, die wir in Kapitel 6 für Optimierungen nutzen werden. Wir können diese aus den bisher geforderten Eigenschaften (E4), (E5) und (E8) herleiten.

Lemma 4.2.3 *Für strikte Operationen gilt: Der Grundblock einer Operation x wird von den Grundblöcken ihrer Operanden dominiert.*
Ist x eine Phi-Operation in Block B, so gilt: Der Grundblock des i-ten Operanden von x dominiert den i-ten Vorgängerblock von B.

Beweis: Wir nehmen an, y in B_y ist der i-te Operand der Operation x. B_x ist der Block, zu dem x gehört. Falls x eine Phi-Operation ist, ist B_x der i-te Vorgänger des Blocks von x.

Würde B_y dom B_x nicht gelten, so gäbe es wegen (E4) im Grundblockgraphen einen Weg w_1 von B_{Start} zu B_x, der B_y nicht enthält. Wegen (E5) gibt es einen Pfad w_2 von B_y nach B_x. Da beide Pfade B_x erreichen, existiert ein Grundblock C, an dem w_1 und w_2 zusammenlaufen.

C muß demnach eine Phi-Operation enthalten, die die beiden Alternativen zusammenfaßt. Damit ist nach (E8) jedoch diese Phi-Operation statt y Operand von x, was der ursprünglichen Annahme widerspricht. ◇

Daraus folgt direkt:

Lemma 4.2.4 *Für strikte Operationen x aus B_x setzen wir $\mathcal{B}_x = \{B_x\}$. Für nicht strikte Operationen sei $\mathcal{B}_x$ die Menge der direkten Vorgänger von B_x im Grundblockgraph. Dann kann x nur abhängig sein von Operationen in Blöcken aus $\mathcal{B}_x$ oder in deren Vorgängern im Dominatorbaum.*

Lemma 4.2.5 *Ist x eine strikte Operation in Block B_x, so gilt für die Grundblöcke $B_1, \ldots, B_n$ der Operanden $p_1, \ldots, p_n$ von x:*
B_i dom $B_j \vee B_j$ dom B_i und $\exists_1 B_i$ so daß B_j dom B_i für alle $j \in [1, \ldots, n]$.

Beweis: Nach Lemma 4.2.3 gilt B_j dom B für alle B_j. Damit liegen alle B_j auf dem selben Pfad von B_{Start} nach B im Dominatorbaum. ◇

Wir können den Begriff der Dominanz auch direkt auf Operationen definieren:

Definition 4.2.6 *Eine Operation a dominiert eine Operation b, wenn bei jeder möglichen Ausführung a vor b ausgeführt wird.*

4.2.1.5 Interprozedurale Abhängigkeitsgraphen

In der bisher definierten Form ist die Programmrepräsentation für intraprozedurale Programmanalysen geeignet, nicht jedoch für interprozedurale Analysen. Für diese muß es auch möglich sein, den Datenfluß über Prozedurgrenzen hinaus darzustellen.

Prozeduraufrufe (Call) beschreiben wir bei interprozeduralen EAGs durch ein Paar von Ecken ⟨CallB, CallE⟩, die den Beginn und das Ende eines Aufrufs markieren. Die aktuellen Parameter des Prozeduraufrufs sind Eingänge von CallB. Der explizite Eingang vom Typ P gibt die Adresse der aufzurufenden Prozedur an. Die Ausgänge von CallE sind die aktuellen Ergebnisse des Prozeduraufrufs.

Da bei CallB-Operationen die Adreßausdrücke der aufzurufenden Prozeduren explizit sind, kennen wir bei direkten Prozeduraufrufen den interprozeduralen Steuerfluß. Für indirekte Aufrufe benötigen wir hierzu Abschätzungen über die Werte, die der Adreßausdruck annehmen kann. Ist die aufzurufende Prozedur statisch nicht eindeutig bekannt, so müssen wir als Nachfolger der CallB- und Vorgänger der CallE-Operationen alle in Frage kommenden Prozeduren vorsehen. Dieser Fall tritt insbesondere bei polymorphen Prozeduraufrufen auf.

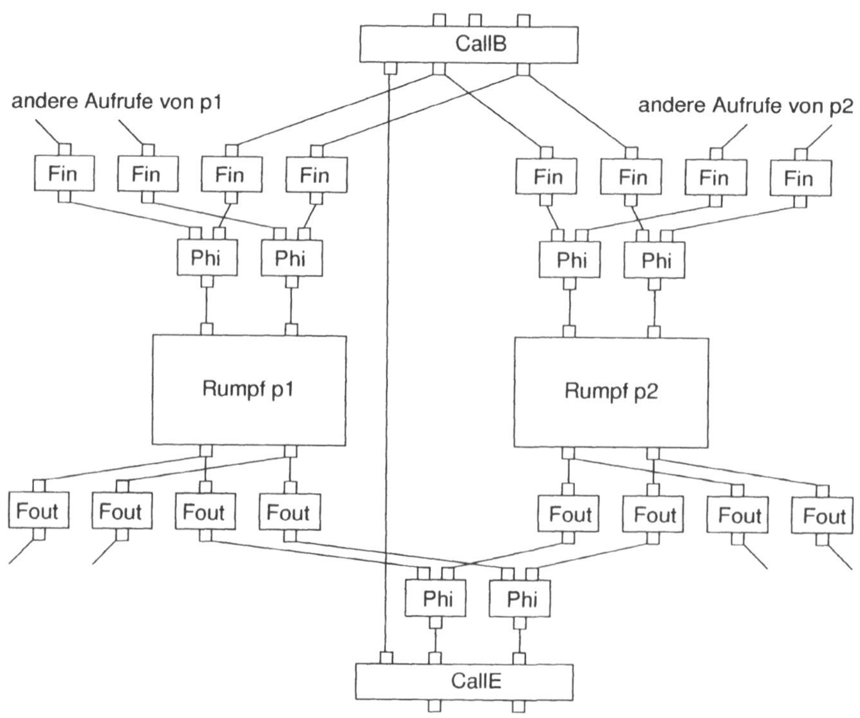

Abbildung 4.2: Programmaufruf mit zwei alternativen Sprungzielen $p1$ und $p2$ in der interprozeduralen EAG-Darstellung.

Prozeduren, die von mehreren Aufrufstellen angesprungen werden, stellen Zusammenflüsse beim interprozeduralen Steuerfluß dar. Entsprechend fließen hier, wie in Abbildung 4.2 zu sehen, die aktuellen Parameter der unterschiedlichen CallB-Operationen zusammen. Wie bei Zusammenflüssen im intraprozeduralen Steuerfluß werden auch bei der interprozeduralen Darstellung alternative Werte für denselben Namen durch Phi-Operationen zu eindeutigen Definitionen zusammengefaßt.

Bei der interprozeduralen Darstellung ersetzen wir die formalen Parameter einer Prozedur, die bisher als Ausgänge der Start-Ecke modelliert sind, durch diese neuen Phi-Operationen. Ebenso modellieren wir den interprozeduralen Datenfluß, der von den Retrun-Operationen der aufgerufenen Prozeduren zurück zu den CallE-Operationen der möglichen Aufrufstellen fließt. Kann der Aufruf aus statischer Sicht mehrere Prozeduren erreichen, so benutzen wir auch bei der CallE-Operation Phi-Operationen, um die Ergebnisse der Alternativen eindeutig zusammenzufassen. Die Rollen von Start und End in (E4) übernehmen beim interprozeduralen EAG die Start- und End-Ecken der Hauptprozedur.

In Datenflußkanten, die in eine Prozedur hinein oder daraus heraus führen, werden spezielle Filteroperationen FIn und FOut eingefügt. Dadurch lassen sich bei kontextsensitiven, interprozeduralen Programmanalysen die negativen Auswirkungen nicht realisierbarer Pfade abschwächen, vgl. Abschnitt 3.2.1. Ist die aufgerufene Prozedur statisch nicht eindeutig bekannt, so erlaubt FIn Parameterwerte zu blockieren, die eine bestimmte Prozedur nicht erreichen können. Dieser Fall tritt ein, wenn Prozedur Adressen und Parameter nur in bestimmten Analysekontexten zusammen auftreten. Für jede bei einem Prozeduraufruf möglicherweise erreichbare Prozedur p werden nur Werte derjenigen Kontexte weitergereicht, in denen p ein möglicher Kandidat für den Aufruf ist.

Umgekehrt projiziert FOut aus dem kontextsensitiven Ergebnis der aufgerufenen Prozedur nur die Informationen derjenigen Analysekontexte heraus, die zum aktuellen Aufruf passen. Dazu werden nur diejenigen Analysekontexte betrachtet, die Erweiterungen der vor dem Prozeduraufruf gültigen Kontexte sind. Werte anderer am Ende der aufgerufenen Prozedur gültigen Kontexte beziehen sich auf andere Aufrufe und werden von der FOut-Operation ignoriert.

Bei intraprozeduralen EAGs ziehen wir CallB und CallE, wie in Abbildung 4.3 zu sehen, zu einer einzigen Operation Call zusammen:

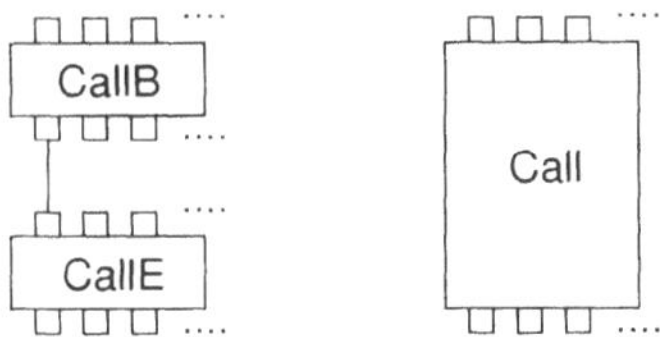

Abbildung 4.3: Abstraktion von CallB und CallE zu einer Call Operation.

4.2.2 Speicherabhängigkeiten

Gegenstand dieses Abschnitts ist eine neuartige Darstellung für Datenabhängigkeiten zwischen Operationen, die von Speicherinhalten abhängen, oder diese verändern. In Abschnitt 4.2.2.1 wird zunächst eine Modellierung von Speicherzuständen eingeführt. Daran schließt sich in Abschnitt 4.2.2.2 die Definition der konkreten Syntax der Operationen und Abhängigkeiten an sowie in Abschnitt 4.2.2.3 die Definition der formalen Semantik.

4.2.2.1 Modellierung des Speichers

Den Zustand des Speichers beschreiben wir durch Belegungsfunktionen, die Variablen auf ihren aktuellen Inhalt abbilden:

Definition 4.2.7 (Dynamischer Speicherzustand)
Ein dynamischer Speicherzustand *Z ist eine partielle Funktion $V \rightarrow W$. Dabei ist V die Menge der zur Laufzeit existierenden Speicherzellen und W die Menge der möglichen Inhalte. Ein dynamischer Speicherzustand bezieht sich auf einen Punkt der dynamischen Programmausführung und gibt für diesen die aktuelle Belegung der Speicherzellen an.*

Wie bereits die Diskussion in den Abschnitten 2.4.2 und 2.4.3 zeigt, sind die Adressen der zur Laufzeit vorkommenden Variablen während der Übersetzung nicht eineindeutig bekannt. V kann daher nicht statisch angegeben werden.

Allerdings erfolgen alle Speicherzugriffe nach demselben Schema: Relativ zur Anfangsadresse einer zur Laufzeit erzeugten Struktur greifen wir über statisch bekannte Relativadressen innerhalb der Struktur auf einzelne Elemente zu. Diese dynamisch erzeugten Strukturen sind Objekte im Sinne objektorientierter Programme, aber auch Prozedurschachteln oder das Datensegment.

Für die Optimierung sind wir sehr daran interessiert, statisch bekannte Anteile der Adressen offenzulegen. Dies erleichtert die Definition einer formalen Semantik für Operationen auf dem Speicher, vgl. Abschnitt 4.2.2.3. Dasselbe gilt auch für die Definition statischer Speicheranalysen: Hier werden wir beim Nachweis der Korrektheit der Analysen in Kapitel 5 von strukturierten Adresse profitieren. Wir definieren daher:

Definition 4.2.8 (Adreßtripel) *Wir beschreiben Adressen von Variablen durch Tripel $\langle Objekt, Merkmal, Index \rangle$. Dabei ist* Objekt *ein strukturiertes Datenobjekt und* Merkmal *ein Verweis auf einen Variableneintrag in dessen Typinformation. Falls die Variable eine Reihung ist, so dient* Index *zur Indizierung eines Reihungselements.*

Mit dieser Modellierung können wir alle in objektorientierten Programmen vorkommenden Arten von Variablen beschreiben. Für eine Instanzvariable bezeichnet die erste Komponente des zugehörigen Adreßtripels das Objekt, zu dem sie gehört. Bei lokalen Variablen ist dies deren Prozedurschachtel. Globale Variablen sind vollständig durch die Merkmalsangabe des Adreßtripels beschrieben, eine Objektangabe ist hier überflüssig. Die speziellen Tripel $\langle 0_p, \cdot, \cdot \rangle$ nennen wir kurz *void*.

Im Zusammenhang mit Adreßtripeln ist wichtig, daß der Verweis auf die Merkmalsbeschreibung Aufschluß über Größe und Ausrichtung der Variablen gibt, und Rückschlüsse auf den statischen Typ der umfassenden Datenstruktur zuläßt. Bei der Indizierung werden nur eindimensionale Reihungen unterstützt. Höherdimensionale Reihungen müssen entsprechend umgebaut werden, was je nach Hochsprache durch Darstellung als Reihung von Reihungen oder durch Einbettung höherdimensionaler Reihungen in eindimensionale Reihungen erfolgen kann.

Bei dieser Art der Darstellung ist der statisch bekannte Anteil der Variablenadressen in Form des zweiten Eintrags der Adreßtripel explizit. Der erste Teil eines Adreßtripels kann in der Regel nach wie vor nur während der Programmausführung eineindeutig bestimmt werden. Dasselbe gilt für die Werte komplexerer Indexausdrücke. Einfache Ausdrücke wie Konstanten oder statisch auswertbare Funktionen können hingegen natürlich zur Übersetzungszeit bekannt sein. Für die in Abschnitt 1 charakterisierten Hochsprachen können wir ausnutzen, daß sich zwei Speicherzellen, die durch zwei unterschiedliche Tripel beschrieben werden, nicht überlappen können. Adreßtripel geben direkt darüber Auskunft, ob zwei Variablen zur selben Reihung oder zum selben Objekt gehören.

4.2.2.2 Operationen auf dem Speicher

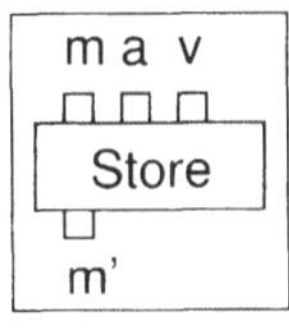

Für die Darstellung von Datenabhängigkeiten zwischen Speicherzugriffen übernehmen wir zunächst die funktionale Modellierung von Speicherzugriffen aus Abschnitt 3.3.2.4. Explizite Speicherzugriffe stellen wir durch die beiden Operationen Load und Store dar. Die Eingänge m, a und v bezeichnen in der nebenstehenden Abbildung in dieser Reihenfolge den Speicherzustand, in dem die Store-Operationen ausgeführt wird, die Adresse, an die geschrieben wird, und den Wert, der geschrieben wird. Die Store-Operation definiert an dem mit m' bezeichneten Ausgang den anschließend gültigen Speicherzustand. Entsprechend ließt Load einen Wert von der angegebenen Adresse. Abhängigkeiten vom Speicherzustand, in dem die Operation ausgeführt wird, und Effekte auf diesen Speicherzustand werden dabei durch Ein- und Ausgänge vom Typ M explizit gemacht. Entsprechend modellieren wir Prozeduraufrufe als $(m', \ldots)=$ Call$(m, a, \ldots)$, um auszudrücken, daß der Aufruf der Prozedur, deren Adresse durch den Ausdruck a gegeben ist, den Speicherzustand m in den Speicherzustand m' transformiert.

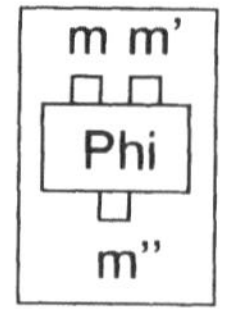

Alternative Definitionen des Speichers werden an Steuerzusammenflüssen wie andere Werte auch durch Phi-Funktionen zusammengefaßt. Als Erweiterung zu Click benötigen wir auch eine Operation $m' = Alloc$ (m, n, T) für die dynamische Erzeugung von Objekten. Der Ausdruck n gibt die Größe des Objekts in Bytes an. Die Typinformation T ist ein Verweis auf den Typ des zu erzeugenden Objekts.

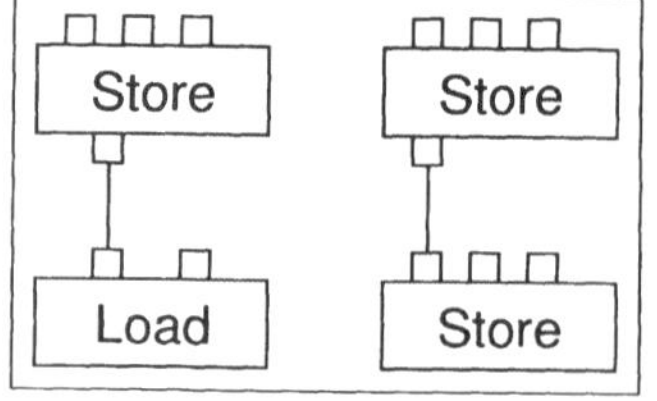

Wir modellieren echte Abhängigkeiten durch explizite Benutzung-Definitions-Kanten und Ausgabeabhängigkeiten durch explizite Definition-Definitions-Kanten. Bei der Modellierung des gesamten Speichers durch eine einzige abstrakte Variable existiert an jedem Programmpunkt eine eindeutige Definition des Speichers. Daher bestehen echte Abhängigkeiten und Ausgabeabhängigkeiten immer nur zu genau einer anderen Operation.

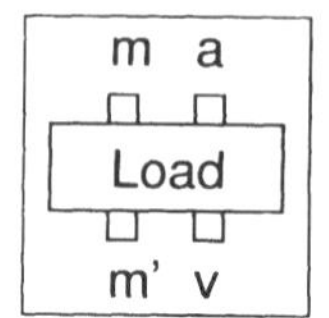

Aus den Abschnitten 3.3.2.4 und 3.3.2.5 wissen wir, daß keiner der bekannten Ansätze zur funktionalen Modellierung des Speichers die Darstellung von Antiabhängigkeiten erlaubt. Eine solche Möglichkeit benötigen wir jedoch, wie bereits in den Abschnitten 4.1.1 und 3.3.2.2 diskutiert, wenn wir Speicherzugriffe nicht total ordnen wollen. Um die entsprechenden Definition-Benutzungs-Kanten darstellen zu können, müssen wir auch für Operationen, die nur lesend auf den Speicher zugreifen, den Zustand des Speichers nach Abschluß der Operation explizit machen. Dazu modellieren wir $(m', w) =$ Load (m, v) als Operation, die zwei Ergebnisse liefert: Den ausgelesenen Wert w und einen Speicherwert m', der den Speicherzustand nach Ausführung der Operation beschreibt.

Antiabhängigkeiten beschreiben wir dann als Definition-Benutzungs-Kanten zwischen dem Speichereingang einer Store-Operation und den Speicherausgängen vorangegangener Load-Operationen. Im Unterschied zu echten Abhängigkeiten und Ausgabeabhängigkeiten kann eine Operation von mehreren anderen Operationen antiabhängig sein.

Beispiel 4.2.9 Abbildung 4.4 zeigt ein Beispiel hierfür, bei dem eine Store-Operation von zwei Load-Operationen antiabhängig ist. ◇

Definition 4.2.10 *Store-, Load- und Call-Operationen besitzen zwei statische Attribute* mayuse *und* maydef. *Diese Attribute sind statische Abstraktionen der Mengen USE und DEF aus Definition 2.3.3. Sie beschreiben Mengen von Variablen, die bei Ausführung der Operation möglicherweise gelesen bzw. geschrieben werden. Um von den zur Laufzeit existierenden Variablen zu abstrahieren, wird ein Namensschema entsprechend Definition 2.4.1 benötigt. Die Werte für* mayuse *und* maydef *sind Mengen der dadurch definierten Namen.*

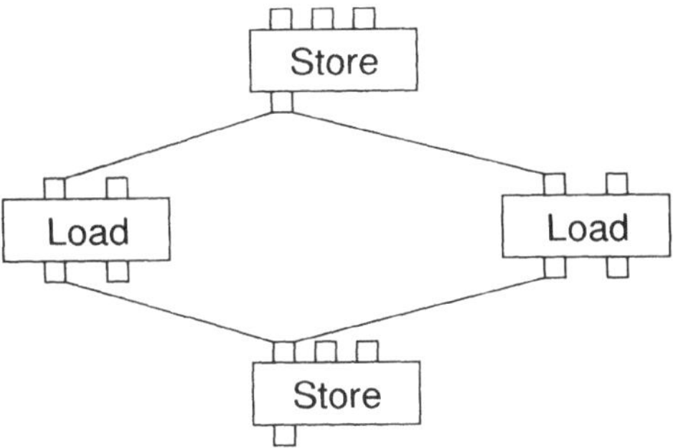

Abbildung 4.4: Antiabhängigkeiten zwischen lesenden und schreibenden Speicherzugriffen.

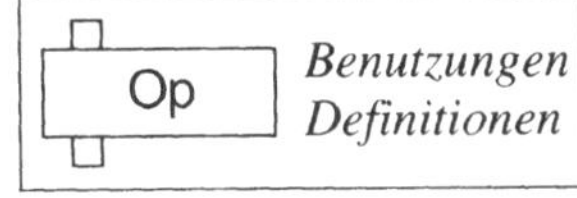

Im folgenden geben wir, wie im nebenstehenden Schema, bei Operationen auf dem Speicher auch die potentiellen Benutzungen und Definitionen *mayuse* und *maydef* explizit an.

Wird der Speicher durch mehrere abstrakte Variablen modelliert, d.h. als disjunkte Vereinigung mehrerer Teilspeicher, so können auch bei echten Abhängigkeiten und bei Ausgabeabhängigkeiten Operationen von mehr als einer anderen Operation über unterschiedliche Teilspeicher abhängen.

Beispiel 4.2.11 Abbildung 4.5 zeigt dies am Beispiel des Aufrufs einer Prozedur, in der die Namen x, y und z benutzt werden. Die voneinander unabhängigen Store-Operationen sind die jeweils letzten Definition dieser Namen. ◇

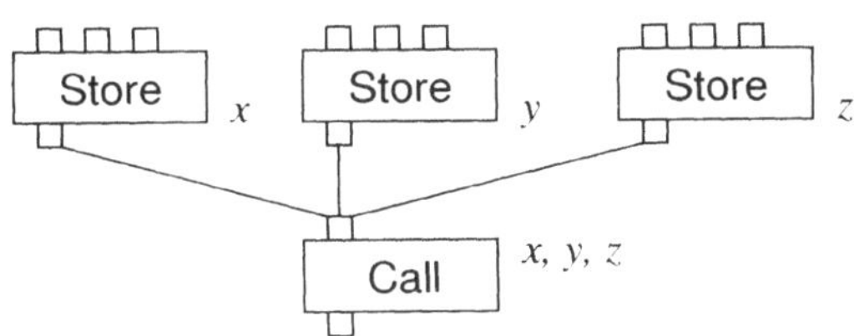

Abbildung 4.5: Echte Abhängigkeiten bei mehreren abstrakten Variablen.

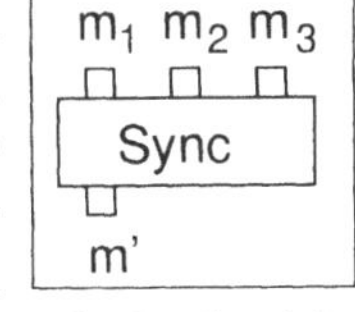

In den beiden letzten Abbildungen haben wir für den einzigen Speichereingang einer Operation mehrere Kanten vorgesehen. In der Signatur müßten wir für alle Operationen auf dem Speicher beliebig viele Speicheroperanden vorsehen. Außerdem müßten wir die Semantik einer jeden solchen Operation über einer Menge von Speicheroperanden erklären. Um die Semantik einfach zu halten und gleichzeitig eine kompaktere Darstellung zu erreichen, faktorisieren wir den Zusammenfluß von Teilspeichern, die durch unterschiedliche Speicherausgänge definiert werden, durch eine spezielle Operation $m' = \textsf{Sync}\ (m_1, m_2, \ldots)$ aus. Die Sync-Operation faßt, ähnlich wie die Phi-Operation, ihre Operanden zu einer eindeutigen Definition zusammen. Im Gegensatz zu Phi-Operationen sind Sync-Operationen jedoch strikt in ihren Operanden. Sync- und Phi-Operationen sind die einzigen Operationen, die mehrere speicherwertige Operanden besitzen. Alle anderen Operationen, die vom Zustand des Speichers abhängen, besitzen einen eindeutigen Speicheroperanden.

Damit an jedem Programmpunkt nur eine einzige Definition für jeden Speicherbereich existiert fordern wir:

E 9 *Die Lebenszeiten von Speicherzuständen dürfen sich nicht überlappen, wenn sie für dieselben Variablen unterschiedliche Inhalte definieren. Dies gilt auch für Pseudovariablen, mit denen wir Ein-/Ausgabe- und Ausnahmeverhalten modellieren.*

Ohne diese Forderung ließen sich Speicherzustände nicht effizient auf von-Neuman-Architekturen übersetzen, da wir mehrere Speicherzellen mit gleicher Identität aber unterschiedlichen Inhalten realisieren müßten. Dazu müßten wir zwischen Adressen und Identität unterscheiden, was zu sehr teuren Operationen führen würde.

4.2.2.3 Formale Semantik der Operationen auf dem Speicher

Bisher haben wir die Semantik der Operationen, die dynamische Speicherzustände benutzen und transformieren, nur informell eingeführt. Im folgenden definieren wir formal die Funktion $[\![\cdot]\!]$, die Ecken eines EAGs deren Interpretation zuordnet. Beispielsweise ist $[\![\textsf{Store}(m, a, v)]\!]$ die Interpretation einer mit Store markierten Ecke. Hierbei stehen m, a und v für andere Ecken des Graphen, deren Interpretationen den Speicherzustand, die Adresse und den zu speichernden Wert liefern. m steht für einen Parameter vom Typ M. Die Interpretation für Ecken mit Ausgängen vom Typ M definieren wir rekursiv, indem wir für alle Ecken, die einen solchen Ausgang besitzen, angeben, wie der zugehörige Wert berechnet wird. Dies sind Start, Store, Load, Alloc, Phi, Sync und Call.

Der Speicherzustand am Speicherausgang der Start-Operation ist an allen Stellen undefiniert: $[\![\textsf{Start}]\!] = (x, m, \ldots)$ mit $m = \lambda x.\bot$

Neue Speicherzustände erzeugen wir aus bestehenden mit Hilfe von $\cdot[\cdot \mapsto \cdot] : (V \to W) \times V \times W \to (V \to W)$.
Es gilt: $f[d \mapsto e](x) = \begin{cases} e & \text{falls } d \in dom(f) \wedge x = d \\ f(x) & \text{sonst.} \end{cases}$

Schreibende Zugriffe definieren die Abbildung von Variablen auf Werte an der gegebenen Stelle neu. Lesende Zugriffe liefern die aktuelle Belegung. Wir setzen im folgenden die Interpretationen $[\![\textsf{a}]\!]$ und $[\![\textsf{v}]\!]$ für den Adreßausdruck und den zu speichernden Wert als gegeben voraus. $[\![\mathsf{a}]\!]$ bildet a auf ein Adreßtripel ab. Damit definieren wir schreibende und lesende Speicherzugriffe wie folgt:

$$[\![\mathsf{Store}(m,a,v)]\!] = [\![m]\!][[\![a]\!] \mapsto [\![v]\!]] \tag{4.1}$$
$$[\![\mathsf{Load}(m,a)]\!] = ([\![m]\!], [\![m]\!]([\![a]\!])) \tag{4.2}$$

Store und Load lösen für den Fall $[\![a]\!] = void$ eine Ausnahme aus.

Die Erzeugung neuer Objekte definiert neue Speicherzellen, die zu allen bisherigen Speicherzellen disjunkt sind. Welche Attribute wir dabei erzeugen müssen, entnehmen wir der Typinformation der Programmrepräsentation.

$$[\![\mathsf{Alloc}(m,n,T)]\!] = (m',p) \tag{4.3}$$

wobei für alle e aus *Merkmale* (T)

und für alle $i \in \begin{cases} [0, n_x - 1], & \text{falls } x \text{ eine Reihung mit } n_x \text{ Elementen ist} \\ \{0\}, & \text{sonst} \end{cases}$

gilt:

$[\![m]\!](\langle p,e,i\rangle) = \bot \wedge m'(\langle p,e,i\rangle) \neq \bot$.

Für alle anderen Adreßtripel a gilt: $m'(a) = [\![m]\!](a)$

Kann bei der Ausführung von Alloc kein p mit den angegebenen Eigenschaften bestimmt werden, so wird eine Ausnahme ausgelöst.

Die Semantik von Phi-Operationen für Speicherzustände wird bereits durch die allgemeine Definition in Abschnitt 4.2.1.3 abgedeckt.

Die Semantik der Sync-Operation ist abhängig von der Ausführungsreihenfolge der Operationen, durch die die Speicherzustände an ihren Eingängen definiert wurden. Im Ergebnis der Sync-Operation wird der Effekt der zeitlich als letztes ausgeführten Definition einer jeden Variable sichtbar.

$$[\![\mathsf{Sync}(m_1,m_2)]\!] = \lambda v. \begin{cases} [\![m_1]\!](v), & \text{falls die Definition von } [\![m_1]\!](v) \text{ von der} \\ & \text{von } [\![m_2]\!](v) \text{ ausgabeabhängig ist} \\ [\![m_2]\!](v), & \text{sonst} \end{cases} \tag{4.4}$$

Sind $m_1(v)$ und $m_2(v)$ nicht gleich, so gibt es zwei unterschiedliche Definitionen d_1 und d_2 für v. Befindet sich die Programmrepräsentation in SSA-Form, so liegen nach Lemma 4.2.5 beide auf demselben Pfad im Dominatorbaum. Dann besteht aber auch eine Ausgabeabhängigkeit zwischen d_1 und d_2 oder d_2 und d_1, die diese linear ordnet. Damit ist die zeitlich letzte Definition von $m(v)$ immer eindeutig bestimmt.

Die Interpretation des Speicherausgangs einer Call Operation ist die Vereinigung der Speicherzustände der Return-Operationen der aufgerufenen Prozedur.

Mit dieser Modellierung der Operationen Load, Store, Phi, Call, Alloc und Sync sind wir nun in der Lage, Datenabhängigkeiten über den Speicher beliebig genau zu beschreiben und explizit darzustellen. Dabei können wir im Gegensatz zu anderen Ansätzen auch Antiabhängigkeiten ausdrücken.

Beispiel 4.2.12 Abbildung 4.6 zeigt die Modellierung für das angegebene Programmfragment. Wir nehmen dabei an, daß wir bereits wissen, daß die Aufrufe der Prozeduren d, e, f, g und h die angegebenen Speicherbereiche q, r und s benutzen bzw. definieren. ◇

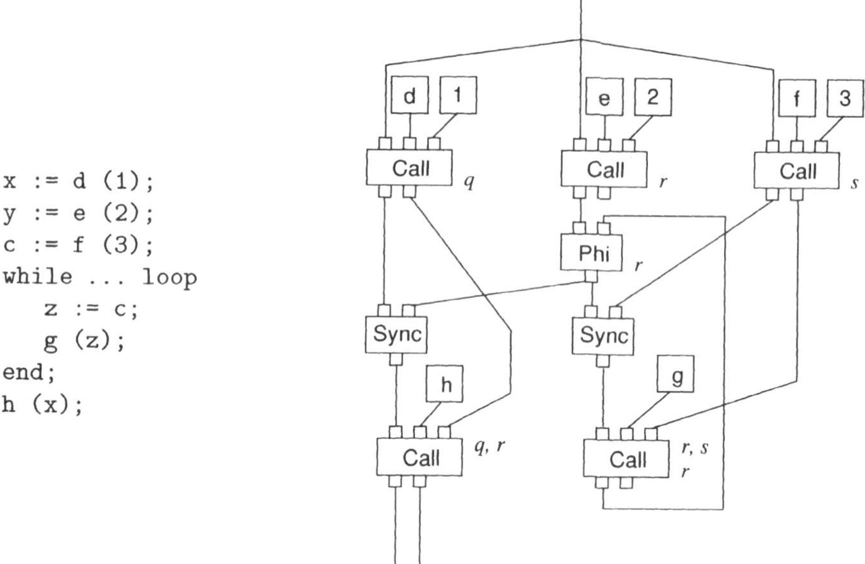

Abbildung 4.6: Explizite Darstellung von Speicherabhängigkeiten mit disjunkten Speicherbereichen.

4.2.2.4 Abhängigkeiten bei Programmeingaben und -ausgaben

Die Abhängigkeiten bei Eingaben und Ausgaben eines Programms können wir wie Datenabhängigkeiten über Variablen behandeln. Im einfachsten Fall sehen wir dazu eine ausgezeichnete fiktive Variable IO vor, deren Inhalt den Zustand der Ein-/Ausgabe beschreibt. Jede Ein-/Ausgabe Operation liest und aktualisiert diese Variable. Die Datenabhängigkeiten dieser Zugriffe ordnen dann alle Eingaben und Ausgaben total. Sieht die Hochsprache mehrere unabhängige Kanäle für Eingaben und Ausgaben vor, so modellieren wir dies durch unterschiedliche Variablen.

Beispiel 4.2.13 Abbildung 4.7 zeigt die Modellierung von Abhängigkeiten bei Programmeingaben bzw. -ausgaben für Sather. Hier gibt es zwei getrennte Kanäle für Standardausgaben (O) und Fehlerausgaben (E), die mit der Standardeingabe (I) synchronisiert sind. ◇

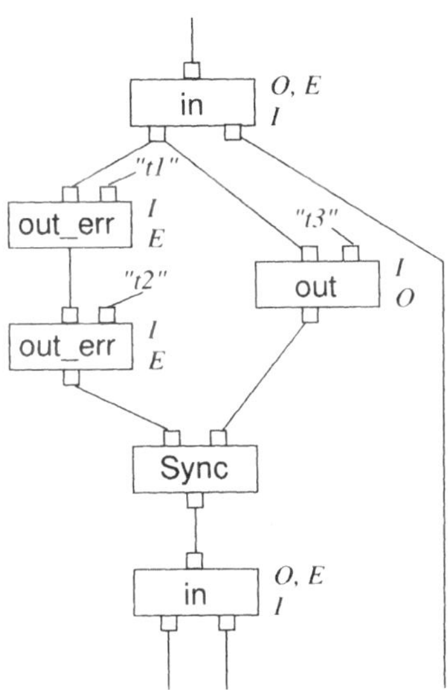

Abbildung 4.7: Modellierung von Abhängigkeiten bei Ein-/Ausgaben in Sather.

4.2.3 Zugriffsfunktionen

Gewöhnlich werden Zugriffsfunktionen in Programmrepräsentationen durch elementare Operationen beschrieben, um alle Optimierungsmöglichkeiten für den Optimierer explizit zu machen. Dies ist besonders wichtig für die Elimination gemeinsamer Teilausdrücke. Entsprechend ist es auch sinnvoll, die Realisierung polymorpher Prozeduraufrufe in der Programmrepräsentation offenzulegen.

Beispiel 4.2.14 Das nachfolgende Fragment zeigt die Realisierung von Zugriffsfunktion für den polymorphen Aufruf o.p(...) mit den bisher eingeführten Operationen, wie wir sie für Sather erzeugen. Java verlangt hier zusätzliche Prüfungen der Untertypsbeziehung zur Laufzeit, die wir in Sather bereits während der Übersetzung durchführen können.

Loadp (m, Addp (Constp ($\mathrm{DispatchTab}_p$),
Muli (Loadi (m, Addp (o, Constl(n))), Constl(4))))

Der Code beschreibt den Zugriff auf eine Tabelle ($\mathrm{DispatchTab}_p$) mit Prozeduradressen für die Prozedur p. Die Indizierung dieser Tabelle erfolgt durch den dynamischen Typ D von o, von dem wir annehmen, daß er als ganze Zahl codiert an der festen Relativadresse n aus dem Objekt ausgelesen werden kann. Das Beispiel zeigt, daß für die Adressierung bei polymorphen Zugriffen ein größerer Ausdruck elementarer Operationen benötigt wird.

Die konkrete Realisierung des polymorphen Zugriffs soll hier nicht von Interesse sein. Alternativ hierzu hätten wir auch die Methodenkennung als Index in die Tabelle der Methoden des dynamischen Typs D benutzen können. ◇

Dieses Codefragment können wir bei der Programmanalyse identifizieren und als Berechnung der Adresse für einen polymorphen Prozeduraufruf interpretieren. Ein solcher Ansatz ist jedoch aufwendig und fehleranfällig, insbesondere wenn der Code der Zugriffsfunktion zwischen Programmanalysen durch optimierende Transformationen verändert wird.

Außerdem müssen wir bereits bei der Zwischencodegenerierung die Speicherabbildung für Attribute abgeschlossen haben, d.h., alle Relativadressen müssen als Konstanten bekannt sein. Damit nehmen wir dem Optimierer Freiheiten bei Sprachen, die den Aufbau von Objekten nicht explizit festlegen, oder wir erschweren Optimierungen der Anordnung von Attributen durch Überspezifikation.

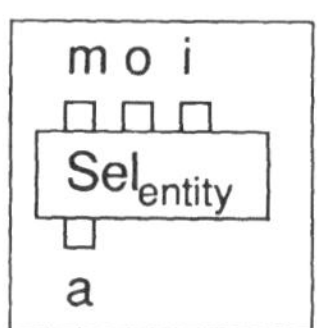

Stattdessen benutzen wir, wie bereits allgemein in Abschnitt 3.3.5 diskutiert, für die Adreßberechnung bei polymorphen Aufrufen und Attributzugriffen eine komplexe Operation $\mathsf{Sel}_{Merkmal}$ (m, *Objekt*, *Index*). Der Operand m definiert der Speicherzustand, in dem der Zugriff erfolgt. Die übrigen Parameter sind dieselben, wie bei den in Definition 4.2.8 eingeführten Adreßtripeln.

Im Fall eines polymorphen Zugriffs beschreibt *Merkmal* ein Merkmal eines polymorphen Typs, nämlich des statischen Typs des qualifizierenden Objekts. Diese Information ist zusammen mit der Untertyprelation und dem dynamischen Typ von o ausreichend, um das monomorphe Merkmal zu bestimmen, auf das zugegriffen wird. Die Adressen monomorpher Prozeduraufrufe beschreiben wir hingegen mit Constp-Operationen.

Spätestens bei der Zielcodegenerierung müssen Sel-Operationen auf elementare Operationen der Zielmaschine abgebildet werden. Da die Speicherabbildung erst während der Optimierung vervollständigt wird, kann bis dahin bei der ObjekterzeugungAlloc keine sinnvolle Konstante für die Größe des benötigten Speichers angegeben werden. Zur Beschreibung von Objektgrößen führen wir daher symbolische Konstanten SymConst (*Type*, *kind*) ein. *Typ* ist ein Verweis in die Typinformation der Programmrepräsentation, durch den Parameter *kind* können wir angeben, welche Art von Information wir benötigen. Neben der Größe kann hier auch die dynamische Typkennung oder die Ausrichtung[1] abgefragt werden.

1) Engl.: *alignment*.

4.2.4 Ausnahmen

In Abschnitt 4.1.3 haben wir als wesentliche Probleme bei der Behandlung von Ausnahmen die Beschreibung zulässiger Ausführungsreihenfolgen bei ausnahmebehafteten Operationen und die Modellierung des Programmzustands am Anfang der Ausnahmebehandlung identifiziert.

Operationen, die implizit Ausnahmen auslösen können, erzeugen bei dem in Abschnitt 3.3.4 eingeführten Ausnahmemodell auch implizit ein Ausnahmeobjekt. Daher müssen wir ausnahmebehaftete Operationen, ähnlich wie Alloc, als Operationen definieren, die den aktuellen Speicherzustand erweitern. Eine Operation wie die Division hat neben Dividend und Divisor noch einen weiteren Operanden, der den aktuellen Speicherzustand beschreibt, und zwei Ergebnisse: das numerische Resultat der Division und den möglicherweise veränderten Speicherzustand.

Für die Modellierung der Ausführungsreihenfolgen zwischen Operationen, die möglicherweise Ausnahmen auslösen, haben wir zwei Möglichkeiten:

1. Darstellung als bedingte Sprünge
2. oder Modellierung durch Datenabhängigkeiten.

Die Modellierung mit Sprüngen haben wir bereits in Abschnitt 3.3.4 untersucht. Die dabei für die Optimierung auftretenden Nachteile sind derart gravierend, daß wir diese Lösung ausschließen.

Die Modellierung der Semantik ausnahmebehafteter Operationen durch Datenabhängigkeiten ist ein neuartiger Ansatz, durch den die Optimierung nicht unnötig stark eingeschränkt wird und bei dem damit die Nachteile der Ansätze aus Abschnitt 3.3.4 vermieden werden. Wir zeigen im folgenden, wie sich bei diesem Ansatz unterschiedliche Quellsprachsemantiken ausdrücken lassen.

Entsprechend der Behandlung von Ein-/Ausgabeoperationen in Abschnitt 4.2.2.4 führen wir eine abstrakte Variable Except ein, mittels derer wir Abhängigkeiten bei ausnahmebehafteten Operationen als Datenabhängigkeiten über dem Speicher beschreiben.

Zunächst sichern wir zu, daß eine ausnahmebehaftete Operation bei Optimierungen nicht über die Grenzen ihres geschützten Blocks hinaus verschoben oder aus diesem gelöscht werden kann, solange wir nicht beweisen können, daß diese unter keinen Umständen eine Ausnahme auslösen kann. Dazu führen wir, wie in Abbildung 4.8 zu sehen, zwei spezielle Operationen ein, mit denen wir einen geschützten Block einrichten und wieder beenden können. Beide Operationen werden als Definitionen der abstrakten Variablen Except behandelt. Ausnahmebehaftete Operationen werden als Benutzungen von Except modelliert. Damit stellen wir sicher, daß alle ausnahmebehafteten Operationen in ihren geschützten Block gezwungen werden, da sie nun von dessen Anfang direkt abhängen, während das Ende des geschützten Blocks antiabhängig von diesen Operationen ist. Darüberhinaus haben wir die Ausführungsreihenfolge der ausnahmebehafteten Operationen untereinander durch diese Abhängigkeiten nicht eingeschränkt.

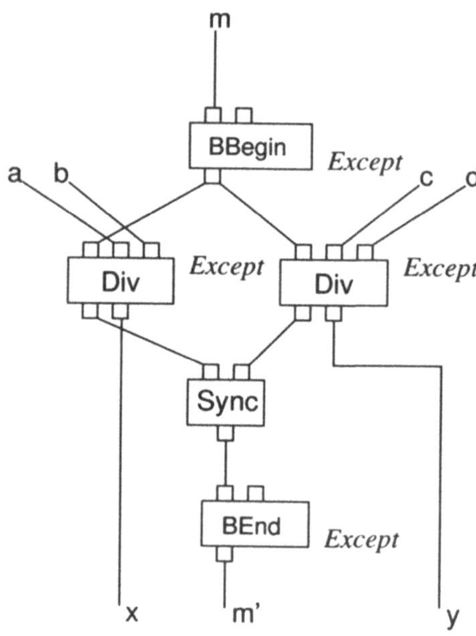

Abbildung 4.8: Modellierung geschützter Blöcke.

Wie in Abbildung 4.9 zu sehen, definieren wir den Datenfluß zum Anfang der Ausnahmebehandlung durch eine Phi-Operation, die die Speicherergebnisse aller ausnahmebehafteten Operationen des geschützten Blocks zusammenfaßt. Diese Operationen selbst sind die Steuerflußvorgänger der Ausnahmebehandlung. Dadurch erreichen wir, daß wir bei Programmanalysen am Anfang der Ausnahmebe-

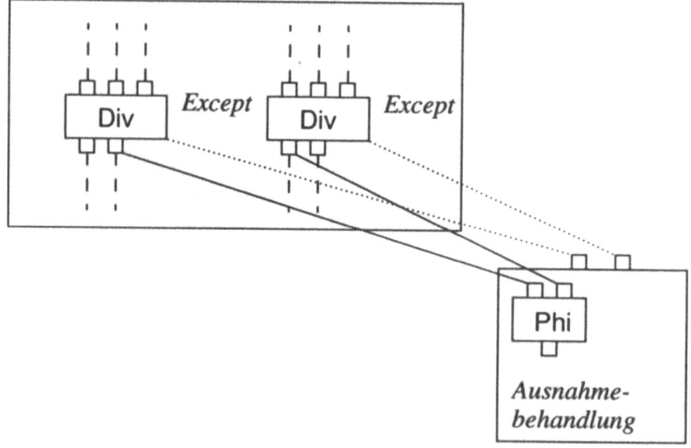

Abbildung 4.9: Datenfluß zur Ausnahmenbehandlung.

handlung einen definierten Speicherzustand vorfinden und diesen nicht pessimistisch abschätzen müssen. Eine zu konservative Abschätzung würde die Genauigkeit einer Analyse drastisch verschlechtern, da am Ende der Ausnahmebehandlung die dort geltenden Informationen mit denen verschmolzen werden müssen, die am Ende des geschützten Blocks gelten.

Macht die Quellsprache bei ihrer kanonischen Semantik weitergehende Aussagen über Ausführungsreihenfolgen, die im Zusammenhang mit ausnahmebehafteten Operationen eingehalten werden müssen, so können wir diese durch weitere Abhängigkeiten beschreiben: Wollen wir verhindern, daß die Optimierung die Ausführungsreihenfolge einer ausnahmebehafteten Operation a und einer anderen Operation b vertauschen kann, so definieren wir, daß a eine abstrakte Variable v ließt, die b definiert. Dadurch erzwingen wir, daß a direkt von b abhängt, falls b in der Quellsprachsemantik nach a ausgeführt werden muß. Für den Fall, daß b vor a ausgeführt werden muß, ist a antiabhängig von b. Lesende Zugriffe auf v werden durch diese Konstruktion nicht eingeschränkt; sie können einfach an a vorbeigeschoben werden.

Falls die Hochsprache nur fordert, daß die Reihenfolge zwischen Ein-/Ausgaboperationen und ausnahmebehafteten Operationen erhalten bleibt, ist es daher ausreichend, alle ausnahmebehafteten Operationen als Benutzungen der in Abschnitt 4.2.2.4 eingeführten abstrakten Variablen IO, bzw. I, O und E, zu definieren.

Fordert die Hochsprache, daß ausnahmebehaftete Operationen untereinander nicht in ihrer Reihenfolge vertauscht werden dürfen, so behandeln wir ausnahmebehaftete Operationen als Definitionen von Except. Damit wird die benötigte Ausführungsreihenfolge durch entsprechende Ausgabeabhängigkeiten erzwungen.

Java definiert sog. präzise Ausnahmen, die nicht nur in ihrer Reihenfolge erhalten bleiben müssen, sondern auch nicht mit Operationen auf dem Speicher vertauscht werden dürfen. Auch diese Einschränkung kann in EAGs dargestellt werden, indem explizite Abhängigkeiten zwischen den Operationen modelliert werden.

In vielen Hochsprachen sind Operationen, die innerhalb desselben geschützten Blocks die gleiche Ausnahme erzeugen, für die Ausnahmebehandlung nicht unterscheidbar. Dies können wir modellieren, in dem wir statt einer abstrakten Variable Except mehrere Variablen einführen und ausnahmebehaftete Operationen nur von solchen abhängig machen, die nicht dieselben Ausnahmen auslösen.

Falls die Hochsprache fordert, daß ausnahmebehaftete Operationen nicht über Anweisungsgrenzen verschoben werden dürfen, so lassen wir alle ausnahmebehafteten Operationen einer Quellsprachanweisung von einem gemeinsamen Ausnahmezustand abhängen, der vor Ausführung der Anweisung gilt, und erzwingen die Antiabhängigkeit eines entsprechenden Zustands nach Ausführung aller Operationen der Anweisung. Für diesen Fall stellen wir auch Zuweisungen an lokale Variablen mittels Store-Operationen dar und behandeln ausnahmebehaftete Operationen als lesende Zugriffe auf den gesamten Speicher. Durch nachfolgende

Programmanalysen können wir diese noch ungenaue Abschätzung verbessern und nur noch solche abstrakten Variablen betrachten, die über die ausnahmebehaftete Operation hinweg lebendig sind.

Das explizite Auslösen von Ausnahmen beschreiben wir durch eine Operation m' = Raise (m, ex). Hierbei ist m die Operation, die den Speicherzustand definiert, in dem die Ausnahme ausgelöst wird, und ex das Ausnahmeobjekt, das an die Ausnahmebehandlung übergeben wird.

Diese Modellierung mit Datenabhängigkeiten erlaubt uns, typische Hochsprachsemantiken für ausnahmebehaftete Operationen zu modellieren, ohne dabei die Freiheiten für die Optimierung mehr als notwendig einzuschränken.

4.2.5 Typinformationen

Um die Anforderungen aus Abschnitt 4.1.4 erfüllen zu können, muß die Programmrepräsentation Informationen über den Aufbau von Datenstrukturen und über die Signaturen von Prozeduren besitzen. Für Typen werden deren Untertypen und Merkmale aufgezählt. Ein einzelner Eintrag für ein Attribut oder eine Methode umfaßt Name, Quellsprachtyp, (Relativ)-Adresse, und im Fall von Variablen deren Größe, Ausrichtung sowie einen Verweis auf das strukturierte Objekt, zu dem die Variable gehört. Entsprechend werden Prozedursignaturen durch Aufzählung der Parameter und Prozedurschachteln durch Angabe der lokalen Variablen beschrieben.

	Variable	Prozedur
Name	✓	✓
Quellsprachtyp	✓	✓
Adresse	relativ oder symbolisch	symbolisch
Größe und Ausrichtung	✓	—
Verweis auf umschließende Struktur	✓	—

Diese Typinformationen sind zusammen mit der Untertyprelation ausreichend für die Realisierung polymorpher Zugriffe, vgl. Abschnitt 4.2.3, und für die Unterstützung der automatischen Speicherbereinigung. Da wir den Aufbau aller Objekte explizit beschrieben haben, stehen dem Laufzeitsystem auch alle Information zur Verfügung, die es zur Realisierung von Reflektion benötigt.

Die Relativadressen einzelner Attribute und die Größen von Datenstrukturen müssen spätestens bei der Zielcodeerzeugung verfügbar sein. Sie brauchen für Hochsprachen, die dem Übersetzer Freiheiten bei der Anordnung von Feldern in Datenstrukturen einräumen, jedoch nicht bereits bei der Zwischencodegenerierung festgelegt werden. Dadurch können wir die Speicherabbildung teilweise dem Optimierer übertragen.

Wollen wir, wie in Abschnitt 2.2.2 beschrieben, ein Attribut, das einen Verweis auf ein anderes Objekt enthält, durch das Objekt selbst ersetzen, so können wir die Typinformation und die lesenden Zugriffe auf das Objekt entsprechend umbauen. Damit wäre diese Transformation jedoch nicht transparent für Testhilfen oder Reflexion, die ja auch auf die Typinformation zugreifen. Stattdessen sehen wir für Attribute eine Annotation *unbox* vor, die angibt, ob es mit der Struktur, in der es enthalten ist, verschmolzen werden soll oder nicht. Der eigentliche Einbau erfolgt dann beim Verlassen der Programmrepräsentation direkt vor der Zielcodegenerierung.

4.3 Aufbau aus der semantischen Analyse

Gegenstand dieses Abschnitts ist der Aufbau expliziter Abhängigkeitsgraphen direkt aus der semantischen Analyse unter Berücksichtigung der dabei verfügbaren Programminformationen.

Das in Abschnitt 3.3.2 vorgestellte Standardverfahren für den Aufbau von SSA-Darstellungen geht davon aus, daß Prozeduren bereits in einer traditionellen Programmrepräsentation vorliegen, und daß die Aufgabe beim Herstellen der SSA-Darstellung im Einfügen von φ-Funktionen und im Indizieren von Variablen besteht. Die in Abschnitt 3.3.2.1 diskutierten kompakteren Darstellungen benötigen zusätzlich Informationen über die Lebendigkeit von Variablen, die zuvor durch Programmanalysen bestimmt werden müssen.

Beim direkten Aufbau expliziter Abhängigkeitsgraphen aus dem abstrakten Syntaxbaum während der semantischen Analyse wird der explizite Aufbau einer traditionellen Programmrepräsentation vermieden. Darüberhinaus kann der Umfang der Darstellung durch gleichzeitig ausgeführte Optimierungen, wie in Abschnitt 3.3.2.1 beschrieben, bereits während des Aufbaus reduziert werden.

In der semantischen Analyse sind keine programmglobalen Informationen über die Effekte einzelner Prozeduren verfügbar. Daher wird für jede Prozedur zunächst ein eigener intraprozeduraler Abhängigkeitsgraph erzeugt. Initial enthält ein solcher Graph die Ecken Start und End.

Die Erzeugung der Programmrepräsentation folgt der Struktur einer semantischen Analyse entlang der Block- und Anweisungsstruktur des Quellprogramms. Die Erzeugung erfolgt wie bei traditionellen Zwischensprachen. Graphen für Ausdrücke werden in umgekehrter Tiefensuchreihenfolge erzeugt. Dadurch sind alle Teilausdrücke bei ihrer Benutzung verfügbar. Besonderheiten sind lediglich Zugriffen auf Variablen und bei Prozeduraufrufen zu beachten. Hier besteht die Aufgabe darin, Abhängigkeiten explizit zu machen und Gemeinsamkeiten durch Phi-Operationen derart auszufaktorisieren, daß der Graph nach Aufbau insbesondere Eigenschaft (E8) erfüllt.

Wir gehen dabei grob wie folgt vor:

- Während wir Code für einzelne Blöcke erzeugen, führen wir Buch über die Definitionen und Benutzungen von Variablen.
- Beim Erzeugen von Ausdrücken durchsuchen wir diese Informationen bedarfsgesteuert nach Operationen, zu denen Abhängigkeiten bestehen.
- Mehrfaches Suchen verhindern wir durch dynamisches Programmieren.
- Während des Aufbaus vereinfachen wir die Struktur direkt durch lokale Optimierungen.

4.3.1 Hilfsstrukturen

Für den skizzierten Aufbau expliziter Abhängigkeitsgraphen aus der semantischen Analyse werden einige Datenstrukturen und Hilfskonstruktionen benötigt.

Zur Bestimmung der Abhängigkeiten bei Speicherzugriffen muß zunächst bekannt sein, auf welche Variablen zugegriffen wird, vgl. Abschnitt 2.3.2. Mit der Argumentation aus den Abschnitten 2.4.3 und 4.2.2.1 kann während der Übersetzung nicht direkt über Variablen, sondern nur über deren Abstraktionen in Form von Namen eines einzuführenden Namensschemas NS argumentiert werden. Für den Aufbau der Programmrepräsentation benutzen wir zunächst ein einfaches Namensschema, das sich bereits aus der lokalen Sicht der semantischen Analyse definieren läßt.

Definition 4.3.1 (Initiales Namensschema)
Das initiale Namensschema NS sichert zusammen mit Definition 4.2.10 für alle Operationen zu: $|mayuse \cup maydef| \leq 1$. $Name(p)$ ist dabei die Funktion, die im Quellprogramm vorkommende Zugriffspfade p auf Namen aus NS abbildet.

NS wird wie folgt konstruiert: Aliasfreie lokale Variablen erhalten einen eindeutigen Namen.[1] Alle anderen Variablen werden wie in Abschnitt 3.3.2.4 durch einen einzigen Namen Mem *zusammengefaßt.*

Die Verfeinerung hier definierten initialen Namensschemas ist Gegenstand von Abschnitt 6.4.1. Besitzt ein Grundblock B Definitionen für einen Namen aus NS, so ist während des Aufbaus die jeweils letzte Definition des Namens in B eindeutig bestimmt, da Definitionen desselben Namens voneinander ausgabeabhängig und somit total geordnet sind. Bei neu erzeugten Operationen bestehen Abhängigkeiten jeweils nur zur letzten Definition eines Namens. Enthält der Block keine lokale Definition, so bestehen Abhängigkeiten zu den am Ende der Vorgängerblöcke verfügbaren Definitionen. Wir nutzen diese Eigenschaft, indem wir uns für jeden Grundblock immer nur die jeweils letzte Definition eines Namens merken.

1) In Sprachen wie Sather und Java sind alle lokalen Variablen aliasfrei. Für andere Sprachen, wie z.B. C++, muß pessimistischerweise angenommen werden, daß Variablen nicht aliasfrei sind, falls auf sie ein Adreßoperator angewandt wird.

Definition 4.3.2 *$map_B : NS \rightarrow OP$ ist eine Abbildung, die Namen des Namensschemas NS auf Ecken des bereits aufgebauten Graphen abbildet. Jeder Grundblock B definieren eine solche Abbildung. $map_{B_{\mathsf{Start}}}$ bildet die Namen der formalen Parameter einschließlich Mem initial auf die entsprechenden Ausgänge der* Start-*Operation ab. Die Abbildungen anderer Blöcke sind initial für alle Namen aus NS undefiniert.*

Abhängigkeiten zu Operationen anderer Grundblöcke können erst bestimmt werden, wenn alle Vorgängerblöcke bekannt sind. Bei Zyklen im Steuerfluß kann keine Reihenfolge für Grundblöcke angegeben werden, bei der Blöcke immer erst nach all ihren Steuerflußvorgängern besucht werden. Wir lösen dieses Problem wie folgt:

Definition 4.3.3 (Durchlässigkeit) *Ein Grundblock nimmt einen der beiden Zustände* durchlässig *oder* undurchlässig *an. Neu erzeugte Blöcke sind zunächst undurchlässig. Ein Block kann in den Zustand* durchlässig *wechseln, sobald alle seine Vorgängerblöcke bekannt und vollständig erzeugt sind. Nach Aufbau der Repräsentation für eine komplette Prozedur enthält diese keine undurchlässigen Blöcke mehr.*

Enthält der Block B der Benutzung keine lokale Definition, so müssen die jeweils letzten Definitionen der Vorgängerblöcke B_1 bis B_k von B bestimmt und durch eine Phi-Operation in B zu einer eindeutigen Definition zusammengefaßt werden. Dies ist nur möglich, falls die Definitionen in den Vorgänger von B bekannt sind. Andernfalls wird $d_{B,n}$ als vorläufige Definition für n in B angenommen.

$$def(B,n) = \begin{cases} map_B(n) & \text{falls } map_B(n) \neq \bot \\ \mathsf{Phi}(def(B_1,n),\ldots,def(B_k,n)) & \text{falls } map_B(n) = \bot \\ & \text{und } B \text{ durchlässig} \\ d_{B,n} & \text{sonst} \end{cases} \qquad (4.5)$$

Die Erzeugung vorläufiger Definitionen $d_{B,n}$ kann für azyklische Bereiche von Steuerflußgraphen vollständig vermieden werden, indem die Blöcke entlang der Blockstruktur des Quellprogramms erzeugt werden. Undurchlässige Blöcke sind nur an den Köpfen von Schleifen und nach Sprungmarken notwendig. Sobald alle Vorgängerblöcke von B bekannt sind, können alle vorläufigen Definitionen $d_{B,n}$ in B durch $def(B,n)$ ersetzt werden.

4.3.2 Bestimmung von Abhängigkeiten

Mit diesen Hilfsdefinitionen lassen sich die Abhängigkeitskanten bei Variablenzugriffen direkt konstruieren. Während des Aufbaus muß die Abbildung *map* aktualisiert werden.

Dabei sind vier Fälle zu unterscheiden, jenachdem ob lesend oder schreibend auf *Mem* oder einen anderen Namen zugegriffen wird.

- Für eine Zuweisung l:=r in Block B mit $Name(l) = Mem$: Erzeuge eine neue Operation s der Form Store $(def(B, Mem), l, r)$, wobei l und r die Wurzeln der Graphen für die Ausdrücke l bzw. r sind. Aktualisiere $map_B[Mem \mapsto s]$.
- Für eine Zuweisung l:=r in Block B mit $Name(l) \neq Mem$: Erzeuge den Graphen mit Wurzeln r für die rechte Seite der Zuweisung. Aktualisiere $map_B[Name(l) \mapsto r]$.
- Für einen lesenden Zugriff auf *Mem* mit Zugriffspfad p: Erzeuge eine Operation n der Form Load (m, p), wobei p die Wurzel des Graphen für den Adreßausdruck p ist. Für m und die Aktualisierung von map_B sind in Abhängigkeit der Operation $o = def(B, Mem)$ die folgenden drei Fälle zu unterscheiden:
  - o ist keine Load- oder Sync-Operation:
    $m = o$, aktualisiere $map_B[Mem \mapsto n]$.
  - o ist eine Load-Operation:
    m ist der Speicheroperand dieser Load-Operation.
    Aktualisiere $map_B[Mem \mapsto s]$, wobei s eine neue Sync-Operation ist, die die Speicherausgänge von m und n zusammenfaßt.
  - o ist eine Sync-Operation:
    m ist der gemeinsame Speicheroperand aller Operanden von o. Mache n zu einem zusätzlichen Operanden von o und lasse map_B unverändert.
- Für jeden lesenden Zugriff auf eine Variable v mit $n = Name(v)$ und $n \neq Mem$: Benutze $def(B, n)$.

Prozeduraufrufe werden wie schreibende Zugriffe auf *Mem* behandelt.

4.3.3 Vermeidung unnötiger Phi-Operationen

Der Algorithmus in Abschnitt 4.3.2 führt nicht zwangsläufig zu einer Darstellung mit einer minimalen Anzahl von Phi-Operationen. Der entstehende Graph kann unnötige Phi-Operationen enthalten, die tot oder redundant sind.

Tote Phi-Operationen werden großteils bereits dadurch vermieden, daß Phi-Operationen nur erzeugt werden, wenn sie auch wirklich als Operanden anderer Operationen benutzt werden. Allerdings können diese Benutzungen selbst tot sein. Diese Fälle können nur im Rahmen einer globalen Entfernung toter Berechnungen behandelt werden, siehe Abschnitt 6.2.2.

Definition 4.3.4 (Vermeidung redundanter Phi-Operationen)
Haben alle Operanden einer Phi-Operation denselben Wert, so kann die Phi-Operation durch diesen Wert ersetzt werden.

Die Korrektheit dieser Ersetzung folgt direkt aus der Semantik der Phi-Funktionen, vgl. Abschnitt 4.2.1.3: Da die zur Auswahl stehenden alternativen Eingaben nicht unterscheidbar sind, kann die Auswahl statisch erfolgen.

Einen Teil der redundanten Phi-Operationen kann direkt während des Aufbaus erkannt werden:

Lemma 4.3.5 *Sind alle Operanden einer zu erzeugenden Phi-Operation syntaktisch identisch, so sind sie auch semantisch gleich.*

Diese semantische Äquivalenz gilt für alle Operanden in SSA-Darstellung, vgl. Abschnitt 3.3.2. Die Phi-Operation braucht in diesem Fall garnicht erst erzeugt werden, stattdessen wird der Operand benutzt. Die Vereinfachung wird auch bei der Ersetzung vorläufiger Definitionen $d_{B,n}$ benutzt.

Die Anwendbarkeit dieser Vereinfachung kann durch weitere, in den Aufbau der Darstellung integrierte Optimierungen erhöht werden:

- Normalisierung unter Ausnutzung arithmetischer Identitäten, siehe Abschnitt 6.1.4.
- Aggressive Elimination gemeinsamer Teilausdrücke, siehe Abschnitt 6.2.3.1.

Die Vermeidung von Phi-Operationen mit identischen Operanden ist ausreichend, um die Erzeugung für die meisten redundanten Phi-Operationen zu umgehen. Eine Ausnahme sind jedoch zyklisch abhängige Phi-Operationen, die alle denselben Wert berechnen.

Beispiel 4.3.6 Diese Situation kann entstehen, wenn sich vorläufige Definitionen $d_{B,n}$ bei ihrer Ersetzung durch $def(B, n)$ direkt oder indirekt selbst blockieren. Der Übersichtlichkeit halber stellen wir die Repräsentation hier nicht als Graph dar, sondern benutzen explizite SSA-Variablen.

a := 5;
if B goto L1;
while C loop
 	
...
end;
L1:
 	
b := a + 1
end;
	a_1 := 5;
	if B goto L1;
	while C loop
	
	...
	end;
	L1:
	
	b := $d_{B,a}$ + 1;
	end,
		a_1 := 5;
		if B goto L1;
		while C loop
		a_2 := $\varphi(a_1,a_3)$
		...
		end;
		L1:
		a_3 := $\varphi(a_1,a_2)$
		b := a_3 + 1;
		end;

Das erste Codesegment zeigt das Quellprogramm, das zweite die Situation nach Benutzung der vorläufigen Definition $d_{B,a}$ an Stelle von a, das dritte nach Ersetzung von $d_{B,a}$ durch a_3. Hier bezeichnen a_1, a_2 und a_3 denselben Wert. Da sie bereits syntaktisch unterschiedlich repräsentiert sind, lassen sich die Phi-Operationen mit der oben angegebenen Optimierung nicht entfernen. Dies ist ein generelles Problem pessimistischer Ansätze. ◇

Wir können dieses Problem mit Hilfe einer optimistischen Wertnumerierung lösen, vgl. Abschnitt 3.1.2.1. Es ist jedoch einfacher und effizienter, für diesen Fall eine spezielle Ersetzung anzugeben: Die verbleibenden Situationen zeichnen sich alle durch einen Zyklus im Datenfluß aus, der nur aus Phi-Operationen besteht. Sind alle nicht zum Zyklus gehörende Operanden identisch, so kann der gesamte Zyklus durch diesen Operanden ersetzt werden. Dies ist eine Verallgemeinerung von Lemma 4.3.5. Der Test kann effizient während der Bestimmung einer geeigneten Auswertungsreihenfolge für Programmanalysen durchgeführt werden, siehe Abschnitt 5.2.1.2.

4.3.4 Minimalität

In diesem Abschnitt vergleichen wir die Größe der aufgebauten Struktur mit der anderer SSA-Darstellungen. Als Maß dient hier die Anzahl der eingefügten Phi-Operationen. Im Vergleich zum Standardalgorithmus für den Aufbau von SSA-Darstellungen aus Abschnitt 3.3.2.1 fällt zunächst auf, daß der Algorithmus aus Abschnitt 4.3.2 nicht nur lokale Variablen behandelt. Da das benutzte Namensschema in der Lage ist, alle lokalen Variablen zu unterscheiden, ist die Menge der beim SSA-Aufbau behandelten Variablen eine echte Obermenge im Vergleich zum Standardalgorithmus. Für den folgenden Vergleich betrachten wir daher nur den gemeinsamen Schnitt.

Satz 4.3.7 *Die erzeugten Abhängigkeitsgraphen enthalten für lokale Variablen höchstens soviele Phi-Operationen, wie bei Verwendung des Standardverfahrens aus Abschnitt 3.3.2.1*

Beweis: Per Konstruktion werden Phi-Operationen wie bei Cytron et al. (1989) an der ersten gemeinsamen Ecke im Steuerflußgraph eingefügt, an der zwei Pfade mit unterschiedlichen Definitionen zusammenlaufen. Die Vermeidung redundanter Phi-Operationen aus Abschnitt 4.3.3 sorgt dafür, daß Definitionen nur dann als unterschiedlich angesehen werden, wenn dies auch im Algorithmus von Cytron et al. (1989) der Fall ist.

Im allgemeinen werden wegen der integrierten Optimierungen jedoch mehr semantisch gleiche Operationen erkannt als beim Standardverfahren. Damit werden in der Regel auch insgesamt weniger Phi-Operationen erzeugt. Für tote Definitionen werden im Gegensatz zu (Cytron et al., 1989) überhaupt keine Phi-Operationen erzeugt. ◇

4.3.5 Aufwand

Die Effizienz einer Implementierung des Algorithmus aus Abschnitt 4.3.2 hängt vom Aufwand für die Zugriffe auf map_B und die Berechnungen von $def(B, n)$ ab.

Bei der rekursiven Berechnung von $def(B, n)$ können Anfragen für denselben Grundblock mehrfach vorkommen, z.B. über unterschiedliche Pfade. Eine Mehrfachberechnung wird durch dynamisches Programmieren ausgeschlossen: Nach jedem rekursiven Aufruf von $def(B, n)$ wird das Zwischenergebnis in map_B abgespeichert. Dadurch wird es bei einer nachfolgenden Anfrage direkt gefunden, die Rekursion bricht ab.

map_B kann effizient als Reihung implementiert werden. Diese enthält einen Zeiger auf Ecken des Graphen für jedes n aus NS. Jedem n wird ein eineindeutiger Index aus dem Intervall $[0, |NS| - 1]$ zugeordnet. Der Zugriff kann so mit konstantem Aufwand erfolgen. Die Größe der Reihung ist statisch bekannt. Insgesamt werden höchstens $|NS| \times b$ Einträge benötigt, wobei b die Anzahl der Grundblöcke der Prozedur ist.

Der Aufwand für den Aufbau expliziter Abhängigkeitsgraphen wird vom Aufwand bei der Bestimmung der Abhängigkeiten dominiert. Der Aufwand für die Erzeugung der Operationen selbst ist linear zur Größe der Prozedur im Quellprogramm. Wir setzen hierbei voraus, daß der Aufwand für lokale Optimierungen während des Aufbaus pro Operation durch eine Konstante abgeschätzt werden kann.

Im folgenden ist N die Anzahl der beim Aufbau eingefügten Speicherzugriffe und Prozeduraufrufe sowie b die Anzahl der Grundblöcke der Prozedur. Der Aufwand bei der Bestimmung der Abhängigkeiten wird durch den Aufwand der Berechnung der $def(B, n)$ dominiert. Im besten Fall findet sich die letzte Definition eines Namens immer im selben Block wie dessen Benutzungen. In diesem Fall kann $def(B, n)$ jeweils mit konstantem Aufwand bestimmt werden. Der Aufwand für alle Berechnungen von $def(B, n)$ ist damit insgesamt $O(N)$.

Der schlechteste Fall tritt ein, wenn aktuelle Definitionen nicht lokal verfügbar sind, sondern global gesucht werden müssen. In diesem Fall muß $def(B, n)$ möglicherweise rekursiv für alle Grundblöcke einer Prozedur bestimmt werden. Durch das dynamische Programmieren wird sichergestellt, daß $def(B, n)$ während des gesamten Aufbaus einer Prozedur für jede Parametrisierung (B, n) insgesamt nur einmal rekursiv aufgerufen wird. Der Aufwand für die Berechnung aller $def(B, n)$ ist damit insgesamt $O(b \times |NS| + N)$ und damit schlechtestenfalls asymptotisch quadratisch zur Größe der Prozedur.

Damit ist der Aufwand für den Aufbau expliziter Abhängigkeitsgraphen im schlechtesten Fall identisch mit dem Aufwand für das Standardverfahren zur Erzeugung von SSA-Darstellungen. Im Mittel ist jedoch ein deutlich geringerer Aufwand zu erwarten, da durch die Optimierungen während des Aufbaus weniger Operationen erzeugt werden.

4.4 Abbau der Darstellung

Aus Abschnitt 3.3.2.1 ist bereits bekannt, daß SSA-Darstellungen nicht direkt als Eingaben für Standard-Codegenerierungstechniken geeignet sind. Für explizite Abhängigkeitsgraphen müssen wir vor der Codegenerierung zunächst noch verschiedene Transformationen durchführen. Konkret sind dies:

- Transformation komplexer in elementare Operationen.
- Abbildung von Datenflußkanten auf Ressourcen der Zielmaschine.
- Elimination von Phi-Operationen.

4.4.1 Transformation komplexer Operationen

In Abschnitt 4.2.1.1 haben wir die Operationen expliziter Abhängigkeitsgraphen so definiert, daß sie dem Befehlssatz realer Risc-Prozessoren mit expliziten Befehlen zum Laden und Speichern von Werten bereits sehr ähnlich sind.

Lediglich für symbolische Konstanten und für die Adressierung von Variablen und Prozeduren sind wir von diesem Prinzip abgewichen. Die in Abschnitt 4.2.3 eingeführten Sel-Operationen müssen vor der eigentlichen Zielcodegenerierung auf elementare Operationen abgebildet werden. Lesende Zugriffe auf Attribute, die mit der in Abschnitt 4.2.5 eingeführten *unbox*-Annotation versehen wurden, werden durch die Adressen des Attributs ersetzt. Dadurch werden die Objekte automatisch in das verweisende Objekt eingebaut. Entsprechend wird der offene Einbau von Datenstrukturen auch bei der Ermittlung der Objektgrößen und damit bei der Ersetzung von SymConst-Operationen durch einfache Konstanten berücksichtigt. Durch die Transformation in elementare Operationen werden in der Regel Redundanzen eingeführt, die bis dahin durch die Abstraktion der Sel-Operationen für den Optimierer nicht sichtbar waren. Daher muß die Darstellung im Anschluß an die Transformation komplexer Operationen nochmals mit Standardtechniken optimiert werden.

4.4.2 Abbildung von Datenflußkanten

In expliziten Abhängigkeitsgraphen wird der Fluß von Werten zwischen einzelnen Operationen durch Kanten dargestellt. Für die Übersetzung auf eine von-Neuman-Architektur müssen diese Kanten auf Variablen, Register oder Datenpfade im Prozessorinneren abgebildet werden. Dazu ordnen wir jeder Kante im Abhängigkeitsgraph ein eigenes Pseudoregister zu. Die eigentliche Abbildung auf Maschinenressourcen erfolgt dann im Rahmen der Zielcodegenerierung automatisch. Die Registerzuteilung bildet die Pseudoregister auf reale Register der Zielmaschine ab. Stehen nicht genügend reale Register zur Verfügung, so werden Werte bei Bedarf auf Bereiche in der Prozedurschachtel ausgelagert.

Verlangt die Zielcodegenerierung als Eingabe Grundblöcke mit total geordneten Anweisungen und Ausdrücken als Bäume, so müssen wir beim Übergang auf die

Zielcodegenerierung eine entsprechende Befehlsanordnung realisieren. Im einfachsten Fall wählen wir dabei eine beliebige topologische Sortierung anhand der Datenabhängigkeiten.

Datenabhängigkeiten über dem Speicher dienen bei der Zielcodegenerierung lediglich dazu, Speicherzugriffe partiell zu ordnen. Nach der Befehlsanordnung können sie aus der Darstellung entfernt werden.

4.4.3 Auflösung von Phi-Operationen

Das Standardverfahren für die Beseitigung von Phi-Operationen. besteht darin, Eingänge und Ausgänge von Phi-Operationen auf dieselbe Maschinenressource abzubilden, vgl. Abschnitt 3.3.2.1. Phi-Operationen über Speicherzuständen müssen wir nicht speziell transformieren, da alle Eingaben bereits dieselbe Maschinenressource belegen, nämlich jeweils denselben Bereich im Speicher der Zielmaschine.

Problematisch ist hingegen die Behandlung zyklisch voneinander abhängiger ϕ-Operationen. Die in Abschnitt 3.3.2.1 zitierten Transformationen zur Beseitigung von Phi-Operationen ignorieren zyklische Abhängigkeiten bei Phi-Operationen oder nehmen bei deren Behandlung der Befehlsanordnung willkürlich Freiheitsgrade.

Das Problem besteht darin, daß selbst dann, wenn für jede Phi-Operation ein neues Pseudoregister eingeführt wird, nicht sichergestellt werden kann, daß mit der Neuberechnung einer Phi-Funktion das Ergebnis einer früheren Ausführung nicht mehr benötigt wird.

Wir lösen dieses Problem, indem wir Zyklen im Datenfluß bestimmen, die lediglich Phi-Operationen enthalten. Jede Kante (a, b) eines solchen Zykluses annotieren wir mit zwei Pseudoregistern x und y. Zwischen a und b fügen wir eine Kopieroperation ein, die x nach y kopiert. Durch diese zusätzlichen Kopieroperationen ist es nun möglich, die Phi-Operationen mit dem Standardverfahren zu ersetzen, ohne daß es dabei zu Ressourcenkonflikten kommen kann.

Der Vorteil gegenüber dem Verfahren von Morgan aus Abschnitt 3.3.2.1 besteht darin, daß der Befehlsanordnung alle Freiheitsgrade erhalten bleiben. Im Anschluß an die Befehlsanordnung müssen dann überflüssige Kopieroperationen zwischen Registern eliminiert werden.

4.5 Zusammenfassung

Wir haben in diesem Kapitel mit den expliziten Abhängigkeitsgraphen eine neuartige Programmrepräsentation definiert, die sich von anderen Darstellungen vor allem dadurch auszeichnet, daß sämtliche Abhängigkeiten und Effekte auf der Ebene elementarer Operationen explizit modelliert werden. Die Darstellung kann ohne Umwege über andere Darstellungen direkt und effizient während der semantischen

Analyse aus dem abstrakten Syntaxbaums des zu übersetzenden Programms aufgebaut werden. Mit Informationen über Definitionen und Benutzungen bezüglich eines verfeinerten Namensschemas kann die Genauigkeit der Darstellung durch Elimination nicht essentieller Abhängigkeiten beliebig erhöht werden. Durch ihre syntaktischen Eigenschaften bietet diese Darstellung große Vorteile für Programmanalysen und Optimierungen. Auf diese Aspekte gehen wir in den folgenden beiden Kapiteln genauer ein.

5 Programmanalyse über expliziten Abhängigkeitsgraphen

Das wesentliche Hindernis für den praktischen Einsatz interprozeduraler, kontextsensitiver Programmanalysen besteht im immens hohen Speicherverbrauch bei der Darstellung der Analyseinformation. In diesem Kapitel entwickeln wir eine Programmanalyse auf expliziten Abhängigkeitsgraphen, die Abschätzungen über Ergebnisse von Ausdrücken und über Inhalte von Variablen berechnet. Besondere Eigenschaften sind hierbei die schnelle Konvergenz und die speichereffiziente Darstellung der Analysewerte. Dies gilt insbesondere für kontextsensitive Werte, für die hier eine neuartige, symbolische Darstellung eingeführt wird.

5.1 Analyse von Werten und Abhängigkeiten

Statische Approximationen für Ausdrücke und Variableninhalte sind notwendige Voraussetzungen für die in Abschnitt 2.2 diskutierten Optimierungen. Wir geben im folgenden eine effiziente Analyse für diese Informationen an. Dazu definieren wir zunächst einen geeigneten abstrakten Bereich für die Datenflußwerte.

5.1.1 Abstrakte Bereiche

Bei der Ausführung eines Programms treten als Ergebnis von Ausdrücken oder als Inhalte von Variablen konkrete Werte auf. Für eine statische Programmanalyse müssen wir zunächst geeignet von diesen konkreten Werten abstrahieren. Wir unterscheiden dabei entsprechend der Kantentypen expliziter Abhängigkeitsgraphen zwischen einfachen Werten, Adressen und Speicherzuständen. Mit der Einführung der Abstraktionen für Werte sind gleichzeitig auch die Abstraktions- und Konkretisierungsfunktion α bzw. γ definiert, vgl. Abschnitt 3.2.1.1.

5.1.1.1 Einfache Werte

Boolesche Werte können wir immer durch Aufzählung beschreiben. Von den konkreten Werten muß nur in soweit abstrahiert werden, daß es möglich sein muß, neben den Konstanten *true* und *false* auch ausdrücken zu können, daß ein Wert statisch nicht eindeutig bestimmbar ($\top_B$) bzw. noch nicht analysiert

($\bot_B$) ist. Im Verband $\mathcal{L}_B = (\{\bot_B, \mathit{true}, \mathit{false}, \top_B\}, <_B)$ gilt $\bot_B <_B \mathit{true}, \bot_B <_B \mathit{false}, \mathit{true} <_B \top_B, \mathit{false} <_B \top_B$ und $\bot_B <_B \top_B$.

Für ganzzahlige Werte mit $n = 32$ oder $n = 64$ Bit ist eine entsprechende extensionale Modellierung viel zu aufwendig. Wir abstrahieren ganzzahlige Werte daher, wie in Abschnitt 3.2.2.1 eingeführt, durch einen Verband von Intervallen $\mathcal{L}_I = (\{N \times N\} \cup \{\bot_I, \top_I\}, <_I)$ mit $N = [-2^n, 2^n - 1]$. Konstanten werden in diesem Verband als Paare mit identischen unteren und oberen Schranken dargestellt, z.B. $[0, 0]$, $[-1, -1]$, $[1, 1], \ldots$ Entsprechend können wir auch Fließkommazahlen als Intervalle darstellen.

5.1.1.2 Adressen

Variablen können wir nicht durch Intervalle abstrahieren. Da ihre konkreten Adressen erst zur Laufzeit bekannt sind, können wir sie während der Übersetzung nur bezüglich eines Namensschemas identifizieren. Da wir Variablen während der Analyse möglichst exakt auseinander halten wollen, ist eine Modellierung mit einem flachen Verband wie bei der Konstantenanalyse aus Abschnitt 3.2.2.1 ebenfalls ungeeignet. Ist NS ein Namensschema für Variablen, so abstrahieren wir Variablen bei der Programmanalyse durch den Verband $\mathcal{L}_V = (\mathcal{P}(NS), \subset)$.

Die Abstraktion von Variablen durch ein Namensschema haben wir bereits in Abschnitt 4.2.2.1 durch die Einführung von Adreßtripel vorbereitet. Von den dynamischen Adressen können wir abstrahieren, indem wir Adreßtripel komponentenweise abstrahieren. Diese enthalten nur zwei dynamische Komponenten: Die Objektadresse und den Index für Reihungszugriffe. Wie bereits in Abschnitt 2.4.3 beschrieben, können wir das Namensschema für Variablen auf das Namensschema für Objekte zurückgeführt. Für die Abstraktion von Objekten wird ein Namensschema NS_O benötigt. Auf die Konstruktion geeigneter Schemata für Objekte werden wir in Abschnitt 6.4 genauer eingehen. Der Merkmalsbezeichner ist statisch bekannt und eindeutig. Vom Index abstrahieren wir, indem wir Reihungselemente nicht unterscheiden und gesamte Reihungen wie eine einzige Variable behandeln.

Definition 5.1.1 (Namensschema für Variablen) *Adreßtripel (o, m, i) werden durch Tupel $(Name_{NS_O}(o), m)$ abstrahiert.*

Zeiger auf Objekte abstrahieren wir durch $\mathcal{L}_O = (\mathcal{P}(NS_O), \subset)$. Die Namen von Prozeduren sind während der Übersetzung bekannt. Daher benötigen wir hier kein spezielles Namensschema. Wir definieren wie bei Objektadressen $\mathcal{L}_P = (\mathcal{P}(N), \subset)$ als Abstraktion von Prozeduren, wobei N die Menge der Namen der Prozeduren ist.

5.1.1.3 Speicherzustände

Dynamische Speicherzustände haben wir in Definition 4.2.7 als Funktionen von Variablen auf Inhalte eingeführt. Wir abstrahieren Speicherzustände $V \to W$

durch Funktionen $\alpha(V) \to \alpha(W)$ wobei wir sowohl von der potentiell unbeschränkten Menge der zur Laufzeit auftretenden Variablen, als auch von deren möglichen Inhalten abstrahieren. Variableninhalte können einfache Werte oder Zeiger auf Objekte sein. Wir abstrahieren sie durch Werte aus $\mathcal{L}_W = \mathcal{L}_B \cup \mathcal{L}_I \cup \mathcal{L}_O$.

Der Verband $\mathcal{L}_M$ enthält die Werte $\bot_M, \top_M$ sowie Funktionen der Form $\mathcal{L}_V \to \mathcal{L}_W$. Für zwei Elemente $m_1, m_2 \in \mathcal{L}_M$ gilt: $m_1 <_M m_2 \leftrightarrow \forall v \in \text{dom}(m_1) : m_1(v) <_W m_2(v)$. Elemente aus $\mathcal{L}_M$ bezeichnen wir auch als *abstrakte Speicherzustände.*

5.1.1.4 Abhängigkeiten

Nach der Definition der Abstraktionen für unterschiedliche Arten von Werten, können wir nun insgesamt den abstrakten Bereich für die Analyse von Ausdrücken und Variablen auf expliziten Abhängigkeitsgraphen angeben. Operationen mit n Ausgängen werden Tupel $\mathcal{L}_{T_1} \times \cdots \times \mathcal{L}_{T_n}$ zugeordnet, sodaß die einzelnen Verbände den Maschinentypen der Ausgänge entsprechen, wie in Abschnitt 4.2.1.1 definiert. Einem Block B ordnen wir einen Werte X_B aus $\mathcal{L}_B$ zu, um ausdrücken zu können, ob B überhaupt ausführbar ist. Das erlaubt, wie beim Ansatz von Click, vgl. Abschnitt 3.2.4, Effekte nicht ausführbarer Blöcke von der Analyse auszuschließen.

Strikte Operationen mit n Eingängen realisieren die Funktion $\sqcap$ aus Abschnitt 3.2.1, in dem sie die Werte ihrer Datenflußvorgänger zu Tupeln $\mathcal{L}_{T_1} \times \cdots \times \mathcal{L}_{T_n}$ zusammenfassen. Eingangswerte von Phi-Operationen werden durch die $\sqcap$-Funktion des zugehörigen abstrakten Bereichs verknüpft. Transferfunktionen bilden Eingangstupel auf Ausgangstupel ab.

Für kontextsensitive Analysen übernehmen wir zunächst die Standardmodellierung aus Abschnitt 3.2.1. Dabei unterscheiden wir Analysekontexte Δ entsprechend Abschnitt 3.2.3.2 durch k-Enden von Pfaden im Steuerflußgraph. Statt einem einfachen Tupel ordnen wir jeder Operation nun eine Funktionen $\Delta \to (\mathcal{L}_{T_1} \times \cdots \times \mathcal{L}_{T_n})$ zu. Bei einer Analyse definieren wir diese Funktionen, in dem wir Stelle für Stelle ihre neuen Werte berechnen, d.h. wir analysieren die Kontexte getrennt. Ein geschickteres Vorgehen führen wir später in Abschnitt 5.4 ein.

5.1.2 Analyse von Variableninhalten und Ausdrücken

Nach der Definition der abstrakten Bereiche können wir nun darauf aufbauend die Transferfunktionen für eine Analyse von Ausdrücken und Variableninhalten definieren. Bei einer solchen Analyse suchen wir für jede Kante eines expliziten Abhängigkeitsgraphen eine Approximation der Werte, die über diese Kante fließen können. Dies ist gleichwertig mit der Frage nach Approximationen für die Ausgänge aller Operationen.

Im folgenden definieren wir die Transferfunktionen für eine pessimistische Vorwärtsanalyse, d.h. wir nehmen initial für alle Werte $\bot$ an. Entsprechend ist bei dieser Analyse $\sqcap$ die Supremumsbildung auf den jeweiligen Verbänden.

Die Transferfunktionen für die einzelnen Operationen eines Abhängigkeitsgraphen bestimmen wir, wie in Abschnitt 3.2.1.1 beschrieben, mit Hilfe von α und γ aus der konkreten Semantik der Operationen. Konkretisierungsfunktionen γ bilden abstrakte Werte in der Regel auf Mengen von konkreten Werten ab. Wird bei einer statischen Analyse für einen Ausdruck der abstrakte Wert x berechnet, so bedeutet dies, daß der Ausdruck zur Laufzeit bei jeder dynamischen Ausführung irgendeinen Wert aus $\gamma(x)$ annehmen kann; welcher dies ist, ist statisch nicht genauer bekannt. Die Transferfunktion f_n für eine Operation n läßt aus deren konkreten Semantik $[\![\cdot]\!]$ wie folgt berechnen: $f_n = \alpha \circ [\![\cdot]\!] \circ \gamma$.

Für arithmetische Operationen definieren wir eine zu $\mathcal{L}_I$ passende Intervallarithmetik. Exemplarisch für andere Operationen bestimmen wir eine kontext*in*sensitive Transferfunktion f_{Addi} ausgehend von der dynamischen Semantik $[\![\mathsf{Addi(a,b)}]\!] = [\![a]\!] + [\![b]\!]$.

$$\begin{aligned}
&f_{\mathsf{Addi}} : \mathcal{L}_I \times \mathcal{L}_I \rightarrow \mathcal{L}_I \\
&f_{\mathsf{Addi}}([a_{min}, a_{max}], [b_{min}, b_{max}]) \\
&\qquad = \alpha(\{x + y \mid x \in \gamma([a_{min}, a_{max}]), y \in \gamma([b_{min}, b_{max}])\}) \\
&\qquad = \alpha(\{x + y \mid x \in \{a_{min}, \ldots, a_{max}\}, y \in \{b_{min}, \ldots, b_{max}\}\}) \\
&\qquad = \alpha(\{a_{min} + b_{min}, \ldots, a_{max} + b_{max}\}) \\
&\qquad = [a_{min} + b_{min}, a_{max} + b_{max}]
\end{aligned} \tag{5.1}$$

Eine entsprechende kontextsensitive Transferfunktion können wir daraus direkt wie folgt konstruieren.

$$\begin{aligned}
&\overline{f_{\mathsf{Addi}}} : (\Delta \rightarrow \mathcal{L}_I) \times (\Delta \rightarrow \mathcal{L}_I) \rightarrow (\Delta \rightarrow \mathcal{L}_I) \\
&\qquad \overline{f_{\mathsf{Addi}}}(a, b) = \lambda\, d. f_{\mathsf{Addi}}(a(d), b(d))
\end{aligned} \tag{5.2}$$

Boolesche Berechnungen führen wir auf dem abstrakten Bereich $\mathcal{L}_B$ entsprechend der folgenden Tabellen aus.

$\wedge$	$\bot$	*true*	*false*	$\top$
$\bot$	$\bot$	$\bot$	$\bot$	$\bot$
true	$\bot$	*true*	*false*	$\top$
false	$\bot$	*false*	*false*	*false*
$\top$	$\bot$	$\top$	*false*	$\top$

$\vee$	$\bot$	*true*	*false*	$\top$
$\bot$	$\bot$	$\bot$	$\bot$	$\bot$
true	$\bot$	*true*	*true*	*true*
false	$\bot$	*true*	*false*	$\top$
$\top$	$\bot$	*true*	$\top$	$\top$

x	$\neg x$
$\bot$	$\bot$
true	*false*
false	*true*
$\top$	$\top$

Neben der Berechnung von Abstraktionen für Werte boolescher Ausdrücke benutzen wir $\mathcal{L}_B$ und die obigen Wertetabellen auch für die Bestimmung der Ausführbarkeit X_B eines Block B.

$$X_B = \bigvee_{p \in pred(B)} X_p \wedge J_{p,B} \tag{5.3}$$

Hierbei ist $J_{p,B}$ der boolesche Ausdruck, der in p darüber entscheidet, ob p nach B verzweigen kann. Initial gilt für den Start-Block $X_{B_{\mathsf{Start}}} = true$. Alle anderen X_B werden mit $\bot_B$ initialisiert.

Um die Effekte nicht ausführbarer Operation von der Analyse auszuschließen definieren wir: Eine Operation eines Blockes B mit $X_B \leq false$ liefert $\perp$ an allen Ausgängen.

Im folgenden leiten wir kontext*in*sensitive Transferfunktionen für Operationen auf dem Speicher exemplarisch für Store und Load her. Gleichung (4.1), Seite 79, definiert die dynamische Semantik für Store-Operationen. Damit gilt für f_{Store}:

$$
\begin{aligned}
&f_{\mathsf{Store}} : \mathcal{L}_M \times \mathcal{L}_V \times \mathcal{L}_W \to \mathcal{L}_M \\
&f_{\mathsf{Store}}(m, a, w) = \alpha(\{n[x \mapsto y] \mid n \in \gamma(m), x \in \gamma(a), y \in \gamma(w)\}) \\
&\qquad\qquad\qquad = m[a_1 \mapsto u(m, a_1, w)] \cdots [a_k \mapsto u(m, a_k, w)] \\
&\text{mit} \\
&\quad \{a_1, \ldots a_k\} = a \\
&\quad u(m, x, w) = \begin{cases} w & \text{falls } x \text{ eine Variable eineindeutig beschreibt} \\ w \sqcap m(x) & \text{sonst} \end{cases}
\end{aligned}
\tag{5.4}
$$

Starke und schwache Aktualisierungen haben wir in Abschnitt 2.4.5 diskutiert. Die Funktion $u(m, x, w)$ bestimmt abhängig von x die Art der Aktualisierung.

Bei der Definition der Transferfunktion für Store wird ein wesentlicher Vorteil unserer Modellierung ausnahmebehafteter Operationen aus Abschnitt 4.2.4 deutlich: Die Möglichkeit, daß die Store Operation eine Ausnahme auslösen könnte, müssen wir nicht weiter beachten. Der berechnete Speicherzustand gilt für die Ausführung der Operation ohne Auslösen einer Ausnahme. Er wird nur von Transferfunktionen benutzt, die von der Store-Operation abhängen und auch nur ausgeführt werden, falls diese keine Ausnahme auslöst. Für den Fall, daß eine Ausnahme ausgelöst wird, gilt am Anfang des Blocks der Ausnahmebehandlung der unveränderte Speicherzustand m. Entsprechend können wir aus (4.2) f_{Load} bestimmen:

$$
\begin{aligned}
&f_{\mathsf{Load}} : \mathcal{L}_M \times \mathcal{L}_V \to \mathcal{L}_M \times \mathcal{L}_W \\
&f_{\mathsf{Load}}(m, a) = (\alpha(\gamma(m)), \alpha(\{n(x) \mid n \in \gamma(m), x \in \gamma(a)\})) \\
&\qquad\qquad = (m, \bigsqcap_{a_i \in a} m(a_i))
\end{aligned}
\tag{5.5}
$$

Die Gleichheit $\alpha(\gamma(m)) = m$ ist eine Eigenschaft unserer Modellierung, im allgemeinen muß nur $\alpha(\gamma(m)) \geq m$ gelten.

Transferfunktionen für Phi-Operationen haben für alle abstrakten Bereiche dieselbe Form. Wir geben hier eine kontext*in*sensitive Transferfunktion für zweistellige Phi-Operationen über Speicherzuständen an:

$$
\begin{aligned}
&f_{\mathsf{Phi}_M} : \mathcal{L}_M \times \mathcal{L}_M \to \mathcal{L}_M \\
&f_{\mathsf{Phi}_M}(m_1, m_2) = \lambda v . m_1(v) \sqcap m_2(v)
\end{aligned}
\tag{5.6}
$$

Die Transferfunktionen für Prozeduraufrufe Call(m, a, ...) simulieren den Aufruf auf den Werten der abstrakten Bereiche. Dazu werden zunächst alle Prozeduren bestimmt, die durch den Aufruf möglicherweise erreicht werden können. Diese Information kann direkt am Analyseergebnis $l \in \mathcal{L}_P$ des Adreßausdrucks a abgelesen werden. Dann werden diese Prozeduren alle der Reihe nach analysiert, nachdem die Werte der aktuellen Parameter des Aufrufs für die formalen Parameter der Prozedur übernommen wurden. Nach der Analyse aller in Frage kommender Prozeduren werden die Ergebnisse zusammengefaßt. Dadurch werden die Werte der Ausgänge der Call-Operation definiert.

Selbst bei geschlossener Übersetzung liegen dem Übersetzer nicht alle erreichbaren Prozeduren in Quelle vor. Dies betrifft zumindest Betriebssystemaufrufe und Prozeduren externer Objektbibliotheken, die vom Systembinder hinzugebunden werden. Auch für solche externen Prozeduren müssen bei der Programmanalyse Abschätzungen über deren Verhalten bekannt sein. Eine Möglichkeit besteht darin, anzunehmen, daß die Prozedur alle für sie sichtbaren Prozeduren aufruft und alle sichtbaren Variablen liest und ändert. Durch derart schlechte Abschätzungen wird die Genauigkeit von Programmanalysen drastisch reduziert. Eine bessere, da genauere Abschätzung erlauben Annotationen im Programmtext. Auch wenn der Code selbst nicht bekannt ist, verfügen typsichere Hochsprachen zumindest über Deklarationen für externe Prozeduren. Beim Übersetzer für Sather-K werden externe Prozeduren mit *abstraktem Code* annotiert, der die möglichen Effekte der Prozedur beschreibt. Dieser Code wird nicht übersetzt, jedoch anstelle der fehlenden Implementierung der Prozedur analysiert.

5.1.3 Bestimmung von Definitionen und Benutzungen

Gegenstand dieses Abschnitts ist die Berechnung der Attribute *mayuse* und *maydef* aus Definition 4.2.10.

Für Operationen x der Form Load (m, a) und Store (m, a, v) können wir *maydef* und *mayuse* nach Abschluß der Analyse von Variableninhalten und Ausdrücken aus Abschnitt 5.1.2 direkt am Analyseergebnis $l \in \mathcal{L}_V$ des Adreßausdrucks a ablesen. Um *maydef* und *mayuse* für Prozeduraufrufe zu bestimmen, muß die transitive Hülle über die möglichen Definitionen und Benutzungen in den Rümpfen der dabei erreichbaren Prozeduren berechnet werden. Alloc und Free erweitern bzw. reduzieren den Umfang der zum Programm gehörenden Variablenmenge.

5.2 Beschleunigung der Konvergenz

Die Korrektheit der in Abschnitt 5.1.2 beschriebenen Analyse ist unabhängig von der Reihenfolge, in der die Transferfunktionen berechnet werden. Allerdings hängt der Berechnungsaufwand bis zum Erreichen des Fixpunkts entscheidend von der Berechnungsreihenfolge ab. Eine damit verbundene Frage ist, wie das Erreichen des Fixpunkts und damit das Ende der Analyse möglichst einfach festgestellt werden kann. Auf diese beiden Aspekte gehen wir in den nachfolgenden Abschnitten ein.

5.2.1 Besuchsreihenfolge

Die Intervallanalyse, vgl. Abschnitt 3.2.1, bestimmt eine Reihenfolge für die Berechnung von Transferfunktionen, bei der die Ergebnisse zyklisch voneinander abhängiger Transferfunktionen erst stabilisiert werden, bevor sie von nachfolgenden Transferfunktionen benutzt werden.

Grundlage dieser Analyse ist der Steuerfluß zwischen den einzelnen Operationen der Programmdarstellung. Bei Programmanalysen zur Bestimmung von Abschätzungen für Ergebnisse von Ausdrücken und Inhalte von Variablen pflanzen sich Informationen jedoch entlang der Datenabhängigkeiten fort. Der Steuerfluß stellt hier nur eine Approximation dieser Abhängigkeiten dar. Die Intervallanalyse wurde insbesondere deshalb über dem Steuerfluß definiert, da dieser im Gegensatz zum Datenfluß in traditionellen Programmrepräsentationen explizit verfügbar ist.

Durch die Darstellung eines Programms als expliziter Abhängigkeitsgraph ist der Datenfluß zwischen den Operationen explizit. Damit wird es möglich, eine Besuchsreihenfolge zu bestimmen, durch die Datenflußanalysen noch schneller konvergieren als mit den Ergebnissen einer Intervallanalyse.

5.2.1.1 Azyklische Graphen

Bei einer Programmanalyse, die Eigenschaften für Ecken eines expliziten Abhängigkeitsgraphen berechnet, sind die im Graphen repräsentierten Abhängigkeiten eine Verfeinerung der Abhängigkeiten zwischen den Transferfunktionen der einzelnen Ecken.

Der Analysewert einer Operation kann sich nur ändern, wenn sich mindestens ein Argument seiner Transferfunktion ändert. Für explizite Abhängigkeitsgraphen ist dies identisch damit, daß sich der Analysewert eines direkten Datenflußvorgängers ändert. Analyseinformationen für Operationen, die Blätter im Abhängigkeitsgraphen sind, können direkt berechnet werden. Das Ergebnis stimmt mit dem Fixpunkt der Analyse überein. Diese Argumentation läßt sich auf den Nachfolgern im Graph fortsetzen:

Für eine Analyse auf einem azyklischen Abhängigkeitsgraphen muß die Transferfunktion einer jeden Ecke nur einmal berechnet werden, um den Fixpunkt der Analyse zu erreichen. Dazu müssen die Ecken in der Reihenfolge einer topologischen Sortierung der durch die Abhängigkeiten definierten Halbordnung besucht werden.

5.2.1.2 Schleifenbaum eines expliziten Abhängigkeitsgraphen

Operationen zyklischer Abhängigkeitsgraphen können wir nicht topologisch sortieren. Allerdings können wir wie Cooper und Simpson, vgl. Abschnitt 3.2.1, Seite 40, die azyklische Kondensation des Graphen bestimmen.

Wie im vorigen Abschnitt gilt, daß die Berechnung von Transferfunktionen für Operationen einer starken Zusammenhangskomponente a keinen Einfluß auf Operationen einer anderen starken Zusammenhangskomponente b haben kann, wenn es in der azyklischen Kondensation keinen Pfad von a nach b gibt. Besuchen wir die einzelnen Zusammenhangskomponenten in der Reihenfolge einer topologischen Sortierung der azyklischen Kondensation, so können wir jede starke Zusammenhangskomponente lokal bis zum Fixpunkt iterieren, ohne dabei noch Transferfunktionen anderer starker Zusammenhangskomponenten berechnen zu müssen. Jede starke Zusammenhangskomponente muß daher nur einmal besucht werden.

Beispiel 5.2.1 Alle Abhängigkeiten, die zwischen den Transferfunktionen der einzelnen Operationen überhaupt bestehen können, sind in expliziten Abhängigkeitsgraphen bereits syntaktisch ausgedrückt.

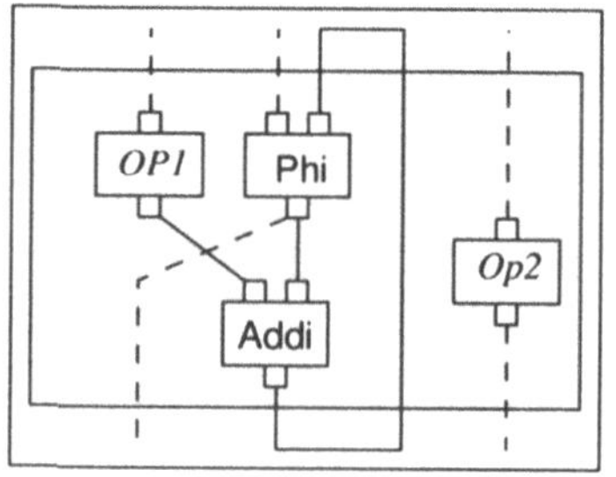

Die Transferfunktionen von *Op1* und *Op2* müssen nur einmal berechnet werden. Ihr Analysewert kann sich durch die Bearbeitung der anderen Operationen nicht mehr ändern. Wir müssen auch nicht alle Operationen eines Grundblocks zusammen berechnen. Die Behandlung von Operationen, die nicht von anderen Operationen ihres Blocks abhängen, kann vorgezogen werden. Ebenso kann die Analyse einer Operation verzögert werden, wenn keine anderen Operationen des Blocks von ihr abhängen. So kann beispielsweise *Op2* sowohl vor, als auch nach allen anderen Operationen analysiert werden.

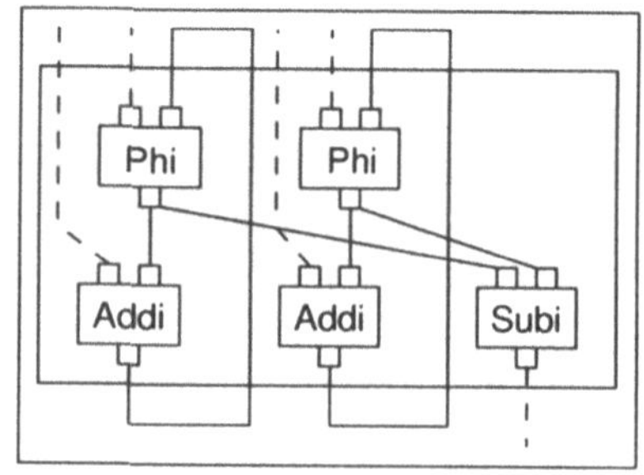

Eine Schleife im Steuerfluß kann mehrere, von einander unabhängige Schleifen im Datenfluß enthalten. Die nebenstehende Abbildung zeigt einen Graphen mit drei starken Zusammenhangskomponenten im Datenfluß: Zwei Schleifen und eine einzelne Subtraktion. Die beiden Schleifen können unabhängig zum Fixpunkt iteriert werden. Wird die Subtraktion erst analysiert nachdem beide Schleifen stabil sind, so braucht sie nur einmal analysiert werden. Der nebenstehende Graph kann jedoch auch Teil einer größeren Zusammenhangskomponente sein. In diesem Fall liefert uns die azyklische Kondensation des Gesamtgraphen keine Hinweise für die Analyse innerer Schleifen. ◇

Explizite Abhängigkeitsgraphen erlauben jedoch, die Zerlegung in Zyklen rekursiv fortzusetzen, sodaß wir auch Berechnungsreihenfolgen für die Iteration der Operationen innerhalb einer starken Zusammenhangskomponenten angeben können. Wir definieren dadurch einen Schleifenbaum.

Definition 5.2.2 (Schleifenbaum eines EAG) *Der Schleifenbaum eines expliziten Abhängigkeitsgraphen G ist ein Baum mit geordneten Söhnen, dessen innere Ecken Zyklen von G und dessen Blätter Ecken von G sind. Eine Ecke*

x aus G oder ein Zyklus x ist direkter oder indirekter Sohn eines Zyklus y, wenn x in y enthalten ist.

Zunächst definieren wir:

Definition 5.2.3 (Kopf eines Zyklus) *Grundblöcke und Phi-Operationen, die zu einem Zyklus im Abhängigkeitsgraphen gehören und mindestens einen Vorgänger außerhalb des Zyklus besitzen, nennen wir* Köpfe *des Zyklus.*

Lemma 5.2.4 *Zyklen in expliziten Abhängigkeitsgraphen bestehen entweder nur aus Grundblöcken und Sprüngen oder sie enthalten mindestens eine ausgezeichnete Phi-Operation, die ein Kopf des Zyklus ist. In jedem Steuerflußzyklus gibt es ebenfalls mindestens einen Kopf.*

Beweis: Zyklen im Steuerfluß sind nach (E4) von B_{Start} aus erreichbar. B_{Start} hat selbst keine Vorgänger, und ist deshalb nicht im Zyklus enthalten. Daher muß es in jedem Steuerflußzyklus einen Block geben, der einen Vorgänger außerhalb des Zyklus besitzt.

Ebenso können wir für Zyklen im Datenfluß argumentieren: Ein Zyklus Z_D im Datenfluß setzen wegen (E5) einen entsprechenden Zyklus Z_S im Steuerflußgraphen voraus. Z_S enthält genau die Blöcke, zu denen die Operationen aus Z_D gehören. Wegen (E4), und da B_{Start} in keinem Zyklus enthalten sein kann, gibt es im Steuerflußgraphen einen Pfad $B_{\mathsf{Start}} \overset{*}{\longrightarrow} B_1 \longrightarrow B_2$ mit $B_1 \notin Z_S$ und $B_2 \in Z_S$. Dann gibt es in Z_S auch einen Block B_3, der Vorgänger von B_2 ist, und in Z_D einen Datenfluß von b in B_3 zu a in B_2. Da B_a auch von B_{Start} aus erreichbar ist, muß zu b eine alternative Definition c existieren, die in einem Block B auf dem Pfad $B_{\mathsf{Start}} \overset{*}{\longrightarrow} B_1$ liegt. Da B_2 die erste gemeinsame Ecke der Pfade $B_{\mathsf{Start}} \overset{*}{\longrightarrow} B_1 \longrightarrow B_2$ und $B_3 \longrightarrow B_2$ ist, muß a wegen (E8) eine Phi-Operation sein, die zumindest b und c zusammenfaßt. ◇

Bei der Konstruktion des Schleifenbaums gehen wir wie folgt vor: Sei G ein expliziter Abhängigkeitsgraph, y dessen End-Ecke und L die Wurzel eines ansonsten noch leeren Schleifenbaumes.

1. Bestimme die starken Zusammenhangskomponenten von G ausgehend von y.
2. Betrachte die starken Zusammenhangskomponenten von G in der Reihenfolge einer topologischen Sortierung. Für jede starke Zusammenhangskomponente S:
   - Falls S nur aus einer Ecke b besteht, die nicht von sich selbst abhängt: Füge b als nächsten Sohn von L ein.
   - Ansonsten: Lösche bei einem Kopf x von S eine Kante (x, y) zu einem seiner Vorgänger y in S. Erzeuge einen nächsten Sohn l für L. Setze dann mit Schritt 1 fort, wobei G die Komponente S nach Löschen der Kante und L die neue Ecke l des Schleifenbaums ist.

Nach Lemma 5.2.4 besitzt jede starke Zusammenhangskomponente S mindestens einen Kopf x, der im Fall von Steuerflußzyklen ein Grundblock, ansonsten eine Phi-Operation ist.

In Schritt 2 wird jeweils eine Kante entfernt und dadurch ein Zyklus in S gebrochen. Besitzt y nach dem Löschen der Kante keine weitere Benutzung, so zerfällt S bei der nächsten Ausführung von Schritt 1 in mindestens zwei starke Zusammenhangskomponenten. Ansonsten ist es auch möglich, daß G weiterhin nur aus einer einzigen starken Zusammenhangskomponente besteht. Die starke Zusammenhangskomponente zerfällt jedoch spätestens wenn x nur noch Vorgänger außerhalb von S hat.

Die Bestimmung der starken Zusammenhangskomponenten eines Graphen mit Kantenmenge K ist mit dem Standardalgorithmus von Tarjan, vgl. Abschnitt 40, mit Aufwand $O(|K|)$ möglich. Bei dem hier beschriebenen rekursiven Verfahren wird der Algorithmus zur Bestimmung starker Zusammenhangskomponenten auf Teile des Graphen mehrfach angewandt. Allerdings reduziert sich dabei auch jedesmal der Eingabeumfang. Alle Zyklen mit derselben Tiefe im Schleifenbaum sind disjunkt und besitzen zusammen weniger Kanten als der gesamte Abhängigkeitsgraph. Daher beträgt der Aufwand für die Bestimmung des Schleifenbaums eines expliziten Abhängigkeitsgraphen mit Kantenmenge K im schlechtesten Fall $O(|K| \cdot h)$, wobei h die Höhe des Schleifenbaums ist.

5.2.2 Analyse über dem Schleifenbaum

Mit Hilfe des im letzten Abschnitt definierten Schleifenbaums können wir nun eine effiziente Besuchsreihenfolge für Programmanalysen angeben. Aus dem Schleifenbaum L eines expliziten Abhängigkeitsgraphen G leiten wir einen regulären Ausdruck $R(L)$ ab:

Eine innere Ecke x wird zu $(\mathsf{r}_1\ \mathsf{r}_2\ \cdots\ \mathsf{r}_k)^*$, wobei die r_i die regulären Ausdrücke der geordneten Söhne von x sind. Für Blätter b des Schleifenbaumes ist $R(b) = b$. Der so erzeugte Ausdruck besteht aus Folgen von Ecken aus G, die durch $(\cdot)^*$ hierarchisch geklammert sind.

Durch die Konstruktion des Schleifenbaums im letzten Abschnitt besitzt $R(L)$ folgende Eigenschaften:

- Jede geklammerte Folge beginnt mit einer Phi-Operation oder mit einem Grundblock.
- Mit Ausnahme dieser ersten Ecken hängt jede Ecke x in G nur von Ecken ab, die in $R(L)$ links von x stehen.
- Die erste Ecke x einer geklammerten Folge kann auch von Ecken abhängen, die sich in $R(L)$ rechts von ihr befinden. Direkt abhängig kann sie dabei aber nur von Ecken sein, die in $R(L)$ zur selben oder einer enthaltenen Klammerung gehören.

Wir nutzen $R(L)$ wie folgt zur Steuerung einer Analyse auf expliziten Abhängigkeitsgraphen:

- Laufe $R(L)$ von links nach rechts ab und berechne die Transferfunktionen der angegebenen Ecken.
- Beim Erreichen einer schließenden Klammer, analysiere die erste in dieser Klammerung enthaltene Ecke x erneut. Ändert sich dabei der Datenflußwert im Vergleich zu seiner letzten Berechnung, so setzte mit dem rechten Nachbar von x fort, ansonsten rechts von der schließenden Klammer.
- Mit dem erreichen der letzten schließenden Klammer terminiert das Verfahren, ohne daß die erste Ecke in $L(G)$ nochmals überprüft werden muß. Alle Datenflußwerte haben ihren Fixpunkt erreicht.

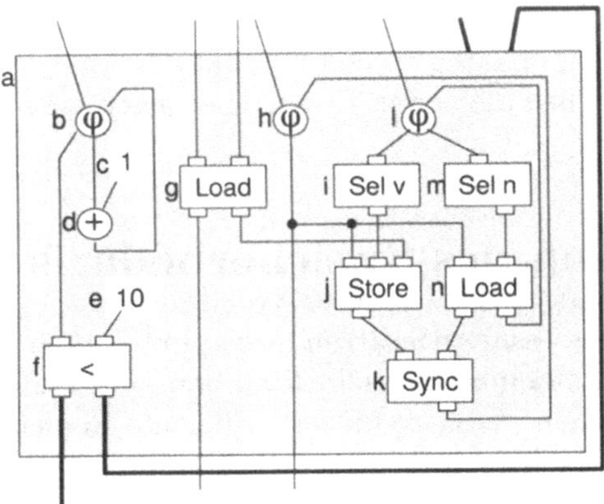

Abbildung 5.1: Graph mit $R(L)$ = ... e c (a (b d)* f)* g (l i m (h j n k)*)* ...

Beispiel 5.2.5 Abbildung 5.1 stellt einen Ausschnitt aus einem expliziten Abhängigkeitsgraphen G dar. Ein möglicher, dazu passender Ausschnitt aus $L(G)$ ist ...e c (a (b d)* f)* g (l i m (h j n k)*)* ....

Unter der Annahme, daß der gezeigte Block nicht selbst im Rumpf einer Schleife liegt werden die Ecken c, e und g hier nur ein einziges Mal besucht. Die beiden verbleibenden starken Zusammenhangskomponenten werden hintereinander stabilisiert, wobei jeweils zunächst die inneren Schleifen stabilisiert werden. ◇

Satz 5.2.6 *Die Analyse über dem Schleifenbaum eines expliziten Abhängigkeitsgraphen ist mindestens so effizient wie eine Analyse an Hand von Intervallen.*

Beweis: Die Intervallanalyse bestimmt eine Besuchsreihenfolge ausgehend vom Steuerflußgraphen. Operationen, die im selben Zyklus im Grundblockgraphen liegen, werden immer zusammen iteriert, solange sich der Datenflußwert auch nur einer Operation des Zyklus ändern kann. Operationen, für die der Fixpunkt bereits erreicht ist, werden dabei unnötigerweise immer wieder neu berechnet.

Im Gegensatz dazu werden Operationen bei der Analyse über dem Schleifenbaum eines EAGs nur dann zusammen iteriert, wenn sie zyklisch voneinander abhängen. In allgemeinen sind nicht alle Operationen, die zum gleichen Zyklus im Grundblockgraphen gehören, auch zyklisch von einander abhängig. Einzelne Operationen oder Operationen von Zyklen, die bereits stabil sind, werden nicht immer wieder neu berechnet. ◇

Die in diesem Abschnitt definierte Besuchsreihenfolge hat entscheidende Vorteile gegenüber anderen Ansätzen zur Steuerung von Programmanalysen:

- Eine Transferfunktion wird nur dann neu berechnet, wenn wir an Hand der im expliziten Abhängigkeitsgraphen bekannten Abhängigkeiten annehmen müssen, daß sich ihre Eingaben geändert haben.
- Zur Überprüfung, ob der globale Fixpunkt der Analyse bereits erreicht wurde, müssen lediglich die ersten Ecken einer jeden geklammerten Folge überprüft werden.

5.3 Reduktion des Speicherbedarfs

Bei der Bewertung von Analyseansätzen in Kapitel 3 mußten wir feststellen, daß genaue statische Speicheranalysen schnell an den zur Verfügung stehenden Ressourcen scheitern können. Ansätze für eine effiziente Implementierung haben wir nur in Abschnitt 3.2.3.3 bei der Analyse von Chase, Wegman und Zadeck gefunden. Im nächsten Abschnitt untersuchen wir, welche weiteren Einsparungspotentiale bei der Darstellung der Datenflußinformation von Speicheranalysen bestehen. Wir werden in diesem Abschnitt sehen, daß die bekannten Modellierungen viele Informationen redundant halten. Daraus leiten wir verschiedene Ansätze für spezielle Modellierungs- und Implementierungstechniken ab, auf die wir in nachfolgenden Abschnitten detailliert eingehen.

5.3.1 Einsparungspotentiale

Der hohe Speicherbedarf bei der Analyse von Variableninhalten ist bedingt durch den Speicheraufwand für die Darstellung der in Abschnitt 5.1.1.3 definierten abstrakten Speicherzustände $\Delta \rightarrow (\mathcal{L}_V \rightarrow \mathcal{L}_W)$.

Zunächst haben wir natürlich die Möglichkeit, den Speicherverbrauch zu verringern, indem wir bei dieser Modellierung die abstrakten Bereiche $\mathcal{L}_V$ und $\mathcal{L}_W$ einschränken. Je stärker wir hier abstrahieren, um so ungenauer wird allerdings auch die Programmanalyse. Wir sind im folgenden jedoch nur an Techniken interessiert, die die Genauigkeit von Analysen nicht beeinflussen. Welche Einsparungspotentiale dafür bestehen, verdeutlicht das folgende Beispiel.

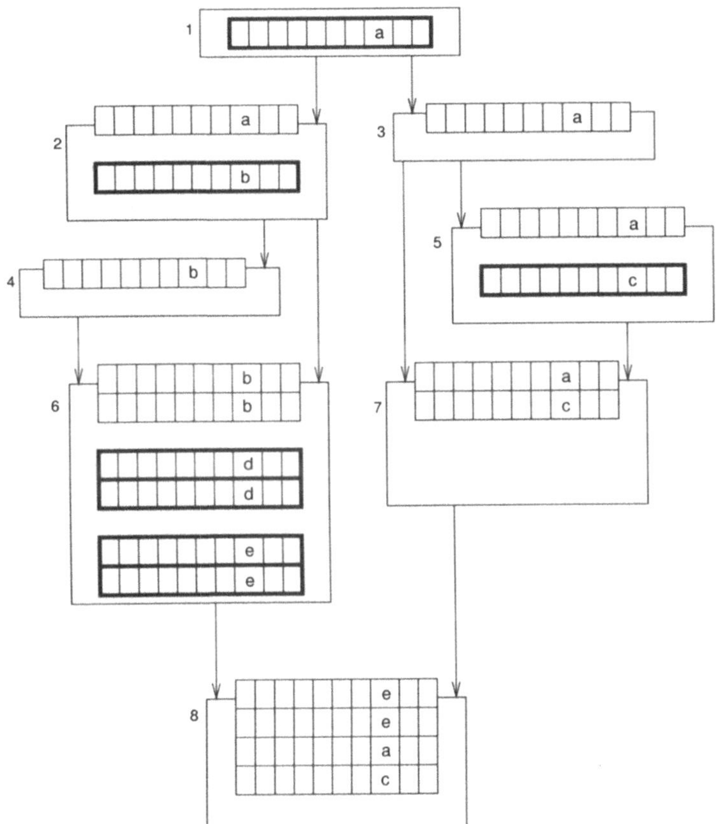

Abbildung 5.2: Traditionelle Darstellung kontextsensitiver Datenflußwerte.

Beispiel 5.3.1 Abbildung 5.2 zeigt, wie abstrakte Speicherzustände traditionell bei Programmanalysen repräsentiert werden. Die grauen Rechtecke symbolisieren Grundblöcke, die Kanten den Steuerfluß. Die Tabellen stellen abstrakte Speicherzustände dar. Deren Spalten stehen für Werte aus $\mathcal{L}_V$, die einzelnen Zeilen beschreiben unterschiedliche Analysekontexte. Im Beispiel definiert jeder Steuerflußpfad einen eigenen Analysekontext. So werden in den Blöcken 6 und 7 jeweils zwei Kontexte unterschieden, in Block 8 bereits vier. a-d stehen für Werte aus $\mathcal{L}_W$. Die schwach umrandeten Speicherzustände gelten am Anfang von Blöcken nach dem Zusammenfassen der Informationen am Ende der Vorgängerblöcke. Stark umrandete Speicherzustände beschreiben den Effekt einzelner Zuweisungen innerhalb der Grundblöcke. Block 6 besitzt als einziger zwei solche Zuweisungen.

Zunächst fällt auf, daß alle Speicherzustände für alle Werte $v \in \mathcal{L}_V$ definiert sind, auch wenn durch die einzelne Operation nur Ausschnitte davon wirklich definiert werden.

Außerdem ist jede speicherdefinierende Operation und jeder Zusammenfluß im Steuerflußgraph mit einem abstrakten Speicherzustand annotiert. Die einzelnen Speicherzustände unterscheiden sich nur an wenigen Stellen. Neue Definitionen verdecken alte Definitionen aus Sicht nachfolgender Benutzungen. Dennoch bleiben alle alten Speicherzustände als Annotationen dauerhaft erhalten.

Einen wesentlichen Beitrag zum Umfang der Analyseinformation leistet die kontextsensitive Modellierung von Datenflußwerten. Die Informationen verschiedener Analysekontexte unterscheiden sich meist nur an wenigen Stellen. ◇

Selbst wenn die Informationen für zwei unterschiedliche Kontexte völlig identisch sind, werden sie für jeden Kontext explizit aufgeführt. Der Umfang der kontextsensitiven Analyseinformation wächst an den Programmpunkten linear mit der Anzahl der zu unterscheidenden Kontexte.

Zur Reduktion des Speicheraufwands für abstrakte Speicherzustände haben wir folgende Möglichkeiten:

- Der Speicheraufwand für abstrakte Speicherzustände kann reduziert werden, wenn diese nur partiell repräsentiert und bei Bedarf berechnet werden.
- Die Anzahl der repräsentierten Speicherzustände kann reduziert werden, wenn mehrere Ecken diese gemeinsam nutzen.
- Gilt dieselbe Information für unterschiedliche Kontexte, so kann sie ausfaktorisiert werden und muß nur einmal repräsentiert werden.

Auf diese Möglichkeiten gehen wir in den folgenden Abschnitten genauer ein. In Abschnitt 5.3.2 definieren wir die bedarfsgesteuerte Berechnung abstrakter Speicherzustände, in Abschnitt 5.3.3 führen wir ein Verfahren ein, durch das es möglich ist, die Analyseinformationen mehrerer Operationen zusammenzufassen. Beide Verfahren beruhen auf der direkten Verfügbarkeit von Datenflußinformationen in expliziten Abhängigkeitsgraphen. Auf die Ausfaktorisierung gleicher Informationen, die für unterschiedliche Analysekontexte gültig sind, gehen wir in Abschnitt 5.4 ein. Dieser Ansatz ist auch über explizite Abhängigkeitsgraphen hinaus einsetzbar.

5.3.2 Bedarfsgesteuerte Analyse

Abstrakte Speicherzustände sind Funktionen. Sie werden bei Programmanalysen traditionell als Wertetabellen realisiert, die jeweils an den einzelnen Operationen gespeichert werden. Gleichung (5.4) definiert den abstrakten Speicherzustand am Ausgang der Store-Operation als Aktualisierung des abstrakten Speicherzustands am Anfang. Für die Bestimmung des am Ausgang einer Operation gültigen abstrakten Speicherzustands werden die Funktionswerte der Vorgänger großteils übernommen. Das Ergebnis unterscheidet sich in der Regel nur an wenigen Stellen von der Eingabe.

Anstatt Operationen mit Wertetabellen der totalen Funktionen zu annotieren, können wir die in einer Transferfunktion benötigten Funktionswerte auch bei Bedarf berechnen. Dazu speichern wir an den einzelnen Operationen nur Wertetabellen für partielle Funktionen. Die Wertetabellen enthalten Funktionswerte für genau die Namen, die durch die Operation verändert werden können. Phi- und Sync-Operationen analysieren wir im Rahmen der Vorwärtsanalyse nicht. Ihre Transferfunktionen werden während der bedarfsgesteuerten Berechnung der abstrakten Speicherzustände faul ausgewertet und zwar nur für die gesuchten Namen. Dies ist möglich, weil die Transferfunktionen dieser Operationen namensweise definiert sind.

Wird ein Funktionswert benötigt, der in der lokal verfügbaren Wertetabelle nicht definiert ist, so müssen wir ihn in den Tabellen vorangegangener Operationen suchen. Jede Operation, die einen Beitrag zum Ergebnis der Suche leisten kann, ist direkt oder indirekt datenabhängig von der Operation, an der das Ergebnis benötigt wird.

In explizite Abhängigkeitsgraphen sind diese Datenabhängigkeiten als Kanten repräsentiert. Daher erlauben explizite Abhängigkeitsgraphen, die Suche effizient direkt entlang ihrer Kanten durchzuführen. Bei Phi- und Sync-Operationen suchen wir in deren Vorgängern und kombinieren die Einzelergebnisse anschließend.

Die Reduktion im Speicherbedarf bei der Darstellung abstrakter Speicherzustände erkaufen wir durch die nun notwendige Suche. Der Aufwand für diese Suche hängt von der Anzahl der Pfade im Abhängigkeitsgraphen ab, die wir dabei durchlaufen müssen. Die mehrfache Suche für denselben Namen verhindern wir, wie in Abschnitt 4.3, durch dynamisches Programmieren, indem wir Zwischenergebnisse der Suche in die partiellen Wertetabellen eintragen.

Dem Aufwand für die Suche steht aber auch eine Reduktion des Aufwands bei der Berechnung der Transferfunktionen speicherverändernder Operationen gegenüber, da für Stellen, an denen sich die Funktion nicht ändert, der Kopieraufwand entfällt. Noch wichtiger ist der in der Regel geringere Aufwand für die Berechnung der Transferfunktionen für Phi- und Sync-Operationen. Bei der traditionellen Darstellung von Speicherzuständen als totale Wertetabellen müssen wir für die Berechnung von (5.6) $m_1(v) \sqcap m_2(v)$ für alle Namen aus $\mathcal{L}_V$ berechnen. Bei der Darstellung mit partiell definierten Funktionen ignorieren wir Phi- und Sync-Operationen während der Vorwärtsanalyse. Bei der faulen Auswertung während der Suche muß $m_1(v) \sqcap m_2(v)$ dann nur für Namen v bestimmt werden, nach denen explizit gesucht wurde.

Die in diesem Abschnitt vorgestellte Technik ist ähnlich zu unserem Vorgehen bei der Bestimmung von Definitionen und Benutzungen aus Abschnitt 4.3. Allerdings sind wir dort bei der Suche entlang der Kanten des Steuerflußgraphen vorgegangen. Das hier definierte Verfahren sucht Werte im Gegensatz dazu entlang der Datenabhängigkeiten. Ist b die Operation, an der wir auf eine bestimmte Information zugreifen wollen, und a die Operation, an der diese Information im Graph gespeichert ist, so müssen wir bei der Suche über den Steuerflußgraph alle Grundblöcke berücksichtigen, die zwischen dem Block von b und dem Block von a liegen. Dabei wissen wir vorher nicht, ob ein einzelner Block überhaupt zum Ergebnis unserer Suche beitragen kann. Bei der Suche entlang der Abhängigkeitskanten führen uns diese direkt zu vorangehenden Definitionen. Operationen, die nichts zum Ergebnis der Suche beitragen können, werden von der Suche überhaupt nicht betrachtet.

Eine weitere Ähnlichkeit besteht zu der effizienten Implementierungstechnik von Chase, Wegman und Zadeck, vgl. Abschnitt 3.2.3.3. Dort erfolgt die Suche nicht über den Steuerflußgraphen, sondern entlang der Dominanzrelation. Diese Suche ist zwar effizienter als die Suche entlang von Steuerflußkanten, aber auch sehr kompliziert und in der Implementierung fehleranfällig, vgl. hierzu auch (WEINHARDT, 1992). Das Verfahren hat gegenüber der hier definierten Suche entlang der Datenabhängigkeitskanten jedoch auch einen weiteren entscheidenden Nachteil: Die Suche entlang der Dominanzrelation ist nur dann ausreichend, wenn an Zusammenflüssen im Steuerflußgraphen die alternativen Werte der Steuerflußvorgänger bereits während der Vorwärtsanalyse explizit zusammengefaßt werden, und dieses Ergebnis dort explizit abgespeichert wird. Das bedeutet aber, daß die Berechnung von Speicherzuständen an diesen Punkten nicht mehr bedarfsgesteuert erfolgt, sondern zwangsläufig für alle möglichen Namen durchgeführt werden muß, unabhängig davon, ob sie später benötigt werden oder nicht. Im Gegensatz dazu ist die Suche entlang von Abhängigkeitskanten, einfach, elegant und auch effizienter, da wir Informationen nur bei Bedarf und nicht auf Verdacht hin verschmelzen.

5.3.3 Zusammenfassen von Operationen zu Gebieten

Auch mit der im vorigen Abschnitt definierten bedarfsgesteuerten Berechnung abstrakter Speicherzustände haben wir immernoch an jeder speicherverändernden Operation Wertetabellen annotiert, wenn auch nur für einen Teil des Definitionsbereichs. In vielen Fällen ist es jedoch nicht notwendig, daß wir jeder Operation eine eigene Wertetabelle zuordnen. Stattdessen können wir auch Wertetabellen für mehrere Operationen gemeinsam nutzen. Wir gehen im folgenden davon aus, daß wir bei der Analyse in der in Abschnitt 5.2.2 definierten Besuchsreihenfolge vorgehen, und daß wir abstrakte Speicherzustände wie in Abschnitt 5.3.2 bedarfsgesteuert berechnen.

Definition 5.3.2 (Zustandsgebiete) *Wir nennen eine über Speicherkanten zusammenhängende Menge von Operationen, deren Speicherzustände durch dieselbe Wertetabelle implementiert werden können, ein* Zustandsgebiet *oder kurz* Gebiet.

Alle speicherverändernden Operationen eines Gebiets tragen ihre Effekte in dieselbe Wertetabelle ein. Operationen, die denselben Namen definieren, überschreiben dieselben Felder in der Tabelle in der Reihenfolge, in der sie analysiert werden. Dadurch wird die Anzahl der insgesamt benötigten Felder reduziert. Gleichzeitig wird aber auch Information zerstört, die der Analyse bereits bekannt ist.

Nach dem Erreichen des Fixpunkts der Analyse sind in der Tabelle jeweils die letzten Effekte der Operationen aus dem Gebiet sichtbar. Die durch Überschreiben zerstörten Informationen stehen nicht zur Verfügung. Diese Informationen können jedoch nach Abschluß der Analyse schrittweise aus den Tabellen der Vorgängergebiete bestimmt werden.

Zulässig ist das Überschreiben von Informationen in den Wertetabellen, wenn die Werte nicht mehr als Eingaben für Transferfunktionen oder zur Steuerung der Besuchsreihenfolge benötigt werden. Für die Steuerung der Besuchsreihenfolge aus Abschnitt 5.2.2 benötigen wir die Speicherzustände an Phi_M-Operationen. Diese müssen daher in ihrem Gebiet die immer jeweils zuletzt analysierten Operationen sein. Um festzustellen, wie lange wir die Werte für die Verwendung in Transferfunktionen aufheben müssen, betrachten wir zwei speicherverändernde Operationen a und b, die beide mögliche Definitionen für den Namen n sind. m_a und m_b seien die abstrakten Speicherzustände im Ergebnis von a bzw. b. Wird a von b nachdominiert, so wird nach der Berechnung von m_b der Wert $m_a(n)$ nicht mehr benötigt, da b von a ausgabeabhängig ist und alle nachfolgenden Transferfunktionen bei Zugriffen auf n den Wert $m_b(n)$ benutzen. Dazu muß die Transferfunktion f_b von b jedoch vollständig berechnet sein. Bei der in Abschnitt 5.3.2 definierten bedarfsgesteuerten Berechnung von abstrakten Speicherzuständen ist dies für Phi_M- und Sync-Operationen jedoch nicht der Fall. Sync-Operationen definieren keine Veränderungen am Speicherzustand. Die faule Berechnung von Phi_M-Operationen setzt jedoch voraus, daß wir auf die abstrakten Speicherzustände ihrer Operanden zugreifen können. Daher müssen diese in ihrem Gebiet die jeweils zuletzt analysierten Operationen sein.

Definition 5.3.3 *Wir bestimmen die Gebiete eines expliziten Abhängigkeitsgraphen durch einer Rückwärtsanalyse über die Speicherabhängigkeiten:*

- *Jede* Phi_M *Operation definiert ein eigenes Gebiet, das nur diese Operation enthält.*
- *Die Vorgänger von* Phi_M *Operationen beenden jeweils unterschiedliche Gebiete.*
- *Gehören alle vom Speicherausgang einer Operation Op abhängigen Operationen zum selben Gebiet, so gehört auch Op zu diesem Gebiet. Ansonsten definiert Op das Ende eines neuen Gebiets.*

Durch die Einführung von Gebieten wird nicht nur der Speicherbedarf für die Darstellung abstrakter Speicherzustände reduziert. Dieses Zusammenfassen von Operationen hat auch positive Auswirkungen auf die bedarfsgesteuerte Berechnung der Speicherzustände. In Abschnitt 5.3.2 sind wir noch davon ausgegangen, daß die partiellen Wertetabellen jeweils einzelnen Operationen zugeordnet werden. Nun müssen statt einzelner Operationen nur noch die Gebiete abgesucht werden. Enthält die Tabelle eines Gebietes keine Definition, so können alle Operationen des Gebiets übersprungen werden und die Suche in den Vorgängergebieten fortgesetzt werden.

Beispiel 5.3.4 Abbildung 5.3 zeigt einen expliziten Abhängigkeitsgraphen mit fünf Gebieten. In diesem konkreten Fall werden statt neun Wertetabellen zur Implementierung abstrakter Speicherzustände nur fünf Tabellen benötigt, eine für jedes Gebiet. ◇

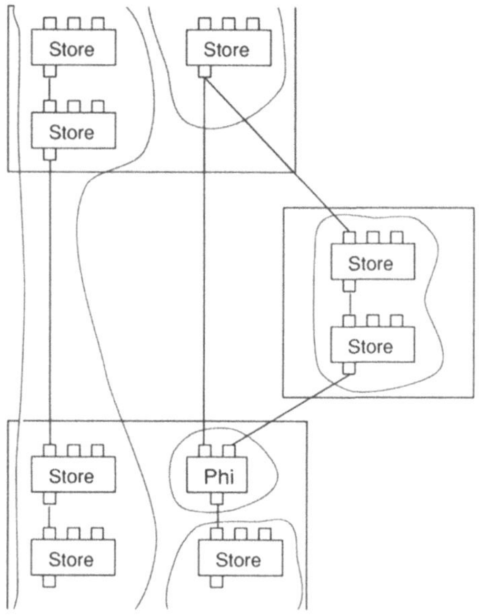

Abbildung 5.3: Speichergebiete in einem EAG.

Die Einführung von Gebieten ist ähnlich zu der Definition ausgedünnter Repräsentationen bezüglich des Steuerflusses aus Abschnitt 3.3.3. Wir definieren hier jedoch ein entsprechendes Pendant auf der Basis des Datenflusses. Die Ausdehnung der Gebiete ist nicht durch Grundblöcke begrenzt. Gebiete können auch größere Bereiche einer Prozedur umfassen. Entsprechend groß ist auch die Zahl der eingesparten Tabelleneinträge und Suchschritte.

5.4 Codierung kontextsensitiver Werte mit χ-Termen

In diesem Abschnitt stellen wir eine neuartige Modellierung für kontextsensitive Datenflußwerte vor, bei der wir Entscheidungsvariablen für die Darstellung kontextabhängiger Alternativen benutzen. Dadurch erreichen wir nicht nur eine kompakte Darstellung kontextsensitiver Werte. Gleichzeitig können wir Implementierungstechniken für geordnete binäre Entscheidungsdiagramme adaptieren und dadurch Transferfunktionen direkt auf dieser Termdarstellung effizient berechnen.

Allen kontextsensitiven Programmanalysen ist gemeinsam, daß sie Programminformationen für verschiedene Analysekontexte unterscheiden können, vgl. Abschnitt 3.2. Solche Analysekontexte sind immer Abstraktionen alternativer Steuerflußpfade, auf denen das Programm durchlaufen werden kann. Sowohl die $\sqcap$-Bildung bei der Datenflußanalyse, als auch die einzelnen Transferfunktionen können Informationen unterschiedlicher Analysekontexte auseinander halten.

In Abschnitt 5.1.1.4 haben wir für die Darstellung kontextsensitiver Datenflußwerte zunächst die traditionelle Modellierung über Funktionen $\Delta \rightarrow \ldots$ eingeführt. Diese Modellierung erlaubt eine einfache Definition kontextsensitiver Transferfunktionen, die auf der mehrmaligen Anwendung kontext*in*sensitiver Funktionen beruht. Ein Beispiel hierfür ist die Definition für Addi auf Seite 100.

Die negativen Auswirkungen dieser Modellierung auf den Speicherverbrauch kontextsensitiver Analysen haben wir bereits am Beispiel 5.3.1 aufgezeigt. Die Ursache für das starke Anwachsen des Umfangs der Analyseinformationen liegt darin begründet, daß jedem bei der Analyse unterschiedenen Kontext ein eigener Datenflußwert zugeordnet wird. Selbst wenn für alle Kontexte dieselben Informationen gültig sind, werden sie für jeden Kontext explizit angegeben.

Beispiel 5.4.1 Wir verdeutlichen diese Problematik anhand einer kontextsensitiven Analyse von Variablenbelegungen. Wir gehen hier von einer kontextsensitiven Analyse aus, die wie bei Golubski, vgl. Abschnitt 3.2.2.3, verschiedene dynamische Steuerflußpfade weitgehend unterscheiden kann. Jede Verzweigung führt zu neuen Analysekontexten. An jedem Zusammenfluß im Steuerflußgraph vervielfacht sich der Umfang der darzustellenden Analyseinformation. Tabelle 5.1 stellt das Ergebnis der Analyse am Ende des neben der Tabelle angegebenen Beispielfragments dar.

	a	b	c	d
$\overline{B_1}\,\overline{B_2}\,\overline{B_3}$	1	1	1	1
$B_1\,\overline{B_2}\,\overline{B_3}$	1	2	1	1
$\overline{B_1}\,B_2\,\overline{B_3}$	1	1	2	1
$B_1\,B_2\,\overline{B_3}$	1	2	3	1
$\overline{B_1}\,\overline{B_2}\,B_3$	1	1	1	4
$B_1\,\overline{B_2}\,B_3$	1	2	1	4
$\overline{B_1}\,B_2\,B_3$	1	1	2	4
$B_1\,B_2\,B_3$	1	2	3	4

```
a := 1;  b := 1;
c := 1;  d := 1;
if B1 then b := 2      end;
if B2 then c := c + b end;
if B3 then d := 4      end;
```

Tabelle 5.1: Kontextsensitive Belegung für die Variablen a, b, c, d am Ende des Programmfragments.

Die Wertetabelle stellt einen Wert aus $\mathcal{L} = \{\Delta \to (V \to W)\}$ mit $V = \{a, b, c, d\}$ und $W = \mathcal{P}(\{1, 2, 3, 4\})$ dar. Die unterschiedenen Kontexte sind die acht im Beispiel möglichen Steuerflußpfade, die hier in Abhängigkeit der einzelnen Verzweigungen benannt sind. Jede Spalte führt die in den einzelnen Kontexten möglichen Inhalte für jeweils eine Variable auf. ◇

Bei einer alternativen Modellierung oder Codierung kontextsensitiver Datenflußwerte müssen die folgenden Punkte beachtet werden:

- Codierung und Decodierung müssen verlustfrei möglich sein. Insbesondere müssen sich immer noch dieselben Kontexte unterscheiden lassen.
- Ist die Berechnung von Transferfunktionen direkt auf der kompakten Darstellung möglich, so sollten sie sich einfach und effizient formulieren lassen.

Im nächsten Abschnitt definieren wir eine Termdarstellung für kontextsensitive Datenflußwerte, mit der diese Anforderungen erfüllt werden können.

5.4.1 Symbolische Darstellung kontextsensitiver Werte

Die grundlegende Beobachtung besteht darin, daß neue Analysekontexte zwar bei Verzweigungen im Steuerfluß entstehen, sich ihre Effekte jedoch erst an Zusammenflüssen im Steuerflußgraph durch ein Anwachsen des Umfangs der Datenflußwerte manifestieren. In Code ohne Zusammenflüsse im Steuerflußgraphen wirken sich alle Operationen gleichermaßen auf alle bis dahin unterschiedenen Kontexte aus. Erst bei Zusammenflüssen erhöht sich die Anzahl der Kontexte, die in einem einzelnen Datenflußwert unterscheidbar sein müssen.

Kontext*in*sensitive Analysen verschmelzen Informationen alternativer Steuerflußvorgänger bei Anwendung der $\sqcap$-Operation immer derart, daß anschließend nicht mehr bestimmt werden kann, über welchen Pfad die welche Information den Programmpunkt erreicht hat.

Definition 5.4.2 (Symbolische Verschmelzung) *Wenn wir bei einer Datenflußanalyse an einem Zusammenfluß im Steuerflußgraphen die $\sqcap$-Funktion nicht direkt ausrechnen, sondern sie symbolisch durch einen geeigneten Term darstellen, so nennen wir dies eine* symbolische Verschmelzung.

Wir können die symbolische Verschmelzung als ein Verzögern der Berechnung der $\sqcap$-Funktion ansehen. Um symbolische Verschmelzungen bei Datenflußanalysen einsetzen zu können, müssen wir für die Analyse einen abstrakten Bereich über entsprechenden Termen definieren. Diese müssen nicht nur die alternativen Werte der unterschiedlichen Steuerflußvorgänger beschreiben können, sondern auch auf welchen Programmpunkt sich die symbolische Verschmelzung bezieht.

Besitzen wir eine solche Darstellung, so können wir daran immer ablesen, in welchen Steuerflußvorgängern eine Information berechnet wurde, und bei größeren Termen somit auch, auf welchen Pfaden Informationen bestimmt wurden. Ist die

Zuordnung von Informationen zu Pfaden möglich, so können wir daraus auch ablesen, welche Informationen im selben Analysekontext auftreten können und welche nicht.

Wir definieren nun einen abstrakten Bereich, der uns die Verwendung symbolischer Verschmelzungen bei Datenflußanalysen erlaubt. Neben einer speziellen Operation für die symbolische Verschmelzung benötigen wir auch eine Operation für die $\sqcap$-Bildung über Termen.

Definition 5.4.3 (χ-Terme) *Ist $(\mathcal{L}, <_L)$ der Verband einer kontextinsensitiven Datenflußanalyse, so definieren wir T_L:*

$$
\begin{aligned}
\Sigma_{T_L}:\quad & \\
& \mathrm{val}: \mathcal{L} \rightarrow T_L \\
& x_c: T_L^n \rightarrow T_L, \qquad \text{für natürliche Zahlen } c \\
& \overline{\sqcap}: T_L^n \rightarrow T_L
\end{aligned}
$$

Terme aus T_L nennen wir χ-Terme. Durch val *können wir für jeden Wert l aus $\mathcal{L}$ einen Terme* val(l) *aus T_L konstruieren. $\overline{\sqcap}$ ist die $\sqcap$-Funktion auf Termen und für beliebige Stelligkeiten n definiert. $\overline{\sqcap}$ ist assoziativ, kommutativ und idempotent. Die $x_1, x_2, \ldots$ haben die Semantik von Auswahlfunktionen, die eines ihrer Argumente liefern. Der Index $i \in N$ dient zur eindeutigen Kennzeichnung des Programmpunkts, für den die symbolische Verschmelzung eingesetzt wird. Kommen in einem Term mehrere x_c Funktionen mit demselben Index vor, so wählen sie ein Argument einer beliebigen, aber für alle gleichen Argumentposition aus.*

Die x_c-Funktionen sind in ihrer Semantik sehr ähnlich zu den Phi-Operationen der Programmrepräsentation. Allerdings haben wir hier beim Auswahlverhalten nicht über Steuerflußvorgänger in Grundblöcken argumentiert. So wie Phi-Operationen desselben Grundblocks dasselbe Auswahlverhalten besitzen, gilt dies auch für x_c-Funktionen mit gleichem Index.

x_c-Funktionen unterscheiden sich von $\overline{\sqcap}$-Funktionen dadurch, daß es bei letzteren nicht möglich ist, eine Zuordnung von Werten zu Kontexten abzulesen. Es gilt:

$$x_i(t_1, \ldots, t_n) < \overline{\sqcap}(t_1, \ldots, t_n) \tag{5.7}$$

Diese Ordnung erlaubt uns die Anwendung der *widening*-Operation aus Abschnitt 3.2.1: Damit können wir nachträglich x_c-Funktionen durch $\overline{\sqcap}$-Funktionen ersetzen.

Wir können jede bekannte kontextsensitive Programmanalyse mit Hilfe der symbolischen Verschmelzung von Alternativen formulieren, indem wir an ausgewählten Zusammenflüssen Informationen symbolisch zusammenfassen und an allen anderen Zusammenflüssen kontext*in*sensitiv verschmelzen. Die Wahl der Programmpunkte, an denen sie Informationen völlig verschmelzen oder getrennt halten, ist charakteristisch für die jeweilige Analyse.

Definition 5.4.4 (Kontextsensitives Verschmelzen von Werten) *Ist $(\mathcal{L}, <_L)$ der Verband einer kontextinsensitiven Datenflußanalyse und T_L die zugehörige Termalgebra nach Definition 5.4.3, so definieren die Verschmelzung an Zusammenflüssen im Steuerflußgraph nun wie folgt:*

$$\sqcap(t_1, \ldots, t_n) = \begin{cases} x_i(t_1, \ldots, t_n) & \textit{falls die kontextsensitive Analyse die Zuordnung der Unterterme } t_1, \ldots, t_n \textit{ zu den jeweiligen Steuerflußvorgängern erhalten soll,} \\ \overline{\sqcap}(t_1, \ldots, t_n) & \textit{sonst.} \end{cases} \tag{5.8}$$

Beispiel 5.4.5 Bei Pfaden im Aufrufgraphen mit maximaler Länge k, vgl. Abschnitt 3.2.3.2, werden nur Informationen unterschieden, die am Kopf von Prozeduren zusammenlaufen, nicht jedoch Zusammenflüsse im intraprozeduralen Steuerfluß, z.B. am Ende von bedingten Anweisungen. Symbolische Verschmelzungen, die mehr als k-Ecken im Aufrufgraph zurückliegen, werden nachträglich durch die *widening*-Operation zu kontextinsensitiven Verschmelzungen gemacht. Bei der Speicherstrukturanalyse von Sagiv, Reps und Wilhelm, vgl. Abschnitt 3.2.3.4, werden hingegen genau an diesen intraprozeduralen Zusammenflüssen die Informationen der Steuerflußvorgänger getrennt gehalten.

Auch kontextsensitive Analysen, bei denen nicht a priori angegeben werden kann, an welchen Programmpunkten Informationen alternativer Steuerflußvorgänger verschmolzen oder getrennt gehalten werden, lassen sich durch symbolische Verschmelzung beschreiben. Beim kartesischen Produktansatz von Agesen, vgl. Abschnitt 3.2.2.2, werden Informationen getrennt gehalten, falls für einen Parameter unterschiedliche Typen auftreten. Bei der distributiven Typanalyse von Golubski, vgl. Abschnitt 3.2.2.3 werden Informationen an allen Zusammenflüssen getrennt gehalten, es sei denn, für alle Vorgänger wurde dieselbe Information bestimmt. In all diesen Fällen kann die Entscheidung, ob die $\sqcap$-Funktion direkt ausgerechnet oder durch symbolische Verschmelzung dargestellt werden soll, dynamisch anhand der bereits analysierten Informationen getroffen werden. ◇

Auf $\mathcal{X}$-Termen definieren wir eine Normalform durch folgende Ersetzungsregeln:

$$x_i(t, \ldots, t) \to t \tag{5.9}$$

$$\overline{\sqcap}(\mathrm{val}(x_1), \ldots, \mathrm{val}(x_n)) \to \mathrm{val}(\sqcap(x_1, \ldots, x_n)) \tag{5.10}$$

$$x_i(t_1, \ldots, t_{k-1}, x_i(u_1, \ldots, u_{k-1}, u_k, u_{k+1}, \ldots), t_{k+1}, \ldots) \to x_i(t_1, \ldots, t_{k-1}, u_k, t_{k+1}, \ldots) \tag{5.11}$$

$$\overline{\sqcap}(t_1, \ldots, t_{k-1}, \overline{\sqcap}(s_1, \ldots, s_n), t_{k+1}, \ldots) \to \overline{\sqcap}(t_1, \ldots, t_{k-1}, s_1, \ldots, s_n, t_{k+1}, \ldots) \tag{5.12}$$

(5.9) entspricht der Elimination redundanter Phi-Operationen aus Abschnitt 4.3.3: Verschmelzungen identischer Informationen brauchen wir nicht darstellen. (5.10) erlaubt uns, die $\sqcap$-Funktion des zu Grunde liegenden Verbands $\mathcal{L}$ anzuwenden, falls wir für alle Operanden Werte aus $\mathcal{L}$ kennen. Bei (5.11) nutzen wir aus, daß x_c-Operationen mit denselben Indizes Argumente an derselben Position auswählen. Wählt die äußere x_i-Operation das k-te Argument, so benötigen wir von der inneren x_i-Operation auch nur deren k-tes Argument. Bei (5.12) nutzen wir die Assoziativität der $\overline{\sqcap}$-Operation, um Terme zu vereinfachen. Kommutativität und Idempotenz der $\overline{\sqcap}$-Operation nutzen wir, indem wir ihre Argumente sortieren und doppelte Vorkommen streichen.

Durch diese Vereinfachungen können wir in vielen Fällen eine deutlich kompaktere Darstellung kontextsensitiver Werte erreichen als mit Wertetabellen. Allerdings können wir dies nicht immer garantieren. Im schlechtesten Fall treffen an jedem Programmpunkt mit mehreren Vorgängern jeweils unterschiedliche Informationen zusammen. In diesem Fall erzeugen wir mit (5.8) einen Baum mit ebenso vielen Blättern, wie die entsprechende Wertetabelle Einträge besitzt. Hinzukommen ebenso viele innere Ecken.

In der Regel treten jedoch nicht an jedem Zusammenfluß im Steuerflußgraphen unterschiedliche Werte am Ende der Steuerflußvorgänger auf. (5.9) sorgt dann dafür, daß wir nur solche Verschmelzungen darstellen, an denen wirklich unterschiedliche Informationen zusammenlaufen. Speziell im Vergleich zu einem festen Schema zur Bestimmung von Kontexten, wie z.B. Steuerflußpfade bis zur maximalen Länge k, hat die Darstellung durch χ-Terme große Vorteile. Um Pfade bis zur maximalen Länge k durch χ-Terme auszudrücken, benötigen wir im schlechtesten Fall ebenfalls Terme der Höhe k. Können wir jedoch die obigen Vereinfachungen anwenden, so können wir mit χ-Termen der Höhe k auch weiter zurückliegende Zusammenflüsse auseinander halten als mit dem starren Schema. Die Größe der χ-Terme hängt eben nicht von einem vordefinierten Schema ab, sondern in erster Linie von der Entropie der dargestellten Information.

Satz 5.4.6 *Im besten Fall kann der Speicheraufwand für die Darstellung kontextsensitiver Werte um einen exponentiellen Faktor reduziert werden, wenn sie nicht als Wertetabellen, sondern durch χ-Terme dargestellt werden.*

Beweis: Der beste Fall tritt ein, wenn Werte nicht nur an einzelnen Zusammenflüssen, sondern für alle Kontexte identisch sind. Dann können wir sie für alle Kontexte gleichzeitig durch den χ-Term $val(x)$ darstellen. Bei einer traditionellen Modellierung von Kontexten müßten wir x in jedem einzelnen Kontext aufzählen. Da die Anzahl der Kontexte dort exponentiell mit der Anzahl der unterschiedenen Zusammenflüsse wachsen kann, erreichen wir mit χ-Termen in diesem Fall eine Reduktion von exponentiellem auf konstanten Speicheraufwand. $\diamond$

Um die Anwendbarkeit von (5.9) weiter zu erhöhen, passen wir nun die Modellierung abstrakter Speicherzustände aus Abschnitt 5.1.1.4 an. $\Delta \to (\mathcal{L}_V \to \mathcal{L}_W)$ formen wir um zu $\mathcal{L}_V \to (\Delta \to \mathcal{L}_W)$ und dann zu $\mathcal{L}_V \to T_{L_W}$. Dadurch betrachten wir Variablen einzeln und ordnen ihnen kontextsensitive Inhalte zu. Wenn ein einzelner Name in allen Vorgängern dieselbe Belegung hat, ist (5.9) anwendbar. Mit der ursprünglichen Modellierung ist (5.9) nur anwendbar, falls die alternativen Belegungen für alle Namen übereinstimmen, was viel seltener vorkommt.

Beispiel 5.4.7 Die Wertetabelle aus Beispiel 5.4.1 können wir mittels χ-Termen sehr kompakt darstellen. Wir numerieren dazu die Zusammenflüsse hinter den bedingten Anweisungen mit 1, 2 und 3 durch, und benutzen diese Nummern als Indizes der x_c-Terme. Die gesamte Wertetabelle können wir symbolisch durch die folgenden vier Gleichungen darstellen.

$$a = 1, \qquad b = x_1(1, 2), \qquad c = x_2(1, x_1(2, 3)), \qquad d = x_3(1, 4)$$

Formal muß es statt $b = x_1(1, 2)$ natürlich $b = x_1(\text{val}(1), \text{val}(2))$ heißen. In Fällen, in denen es jedoch eindeutig ist, ob ein Wert x zu $\mathcal{L}$ oder T_L gehört, schreiben wir statt val(x) im folgenden auch einfach kurz x. $\diamond$

Eine weitere Reduktion des Umfangs von χ-Termen erreichen wir, indem wir sie nicht als Bäume realisieren, sondern als gerichtete azyklische Graphen, indem wir gemeinsame Unterterme nur einmal repräsentieren.

Im Prinzip können wir aus den χ-Termen die ursprünglichen Wertetabellen wieder einfach zurückgewinnen: Die Indizes der einzelnen x_c-Operationen auf einem Pfad von der Wurzel eines χ-Terms zu einem Blatt sind eine Codierung der Analysekontexte. Daher können wir die Blätter aller Pfade bestimmen, die zum selben Kontext gehören, und damit die für diesen Kontext gültige Information. Entsprechend können wir die bisherigen Transferfunktionen benutzen und die Ergebnisse anschließend wieder als χ-Terme darstellen.

χ-Terme bieten jedoch eine viel vorteilhaftere Möglichkeit zur Berechnung von Transferfunktionen: Wir können sie direkt auf der symbolischen Darstellung berechnen und damit das Auffalten zu Wertetabellen und das anschließende Zusammenfalten umgehen. Dazu nutzen wir die Ähnlichkeit von χ-Termen zu OBDDs.

5.4.2 χ-Terme als Entscheidungsdiagramme

χ-Terme weisen große Ähnlichkeiten zu Entscheidungsdiagrammen auf. Entscheidungsdiagramme, insbesondere geordnete binäre Entscheidungsdiagramme (OBDDs), werden z.B. im Schaltungsentwurf als kompakte Darstellung für Funktionen eingesetzt. Anhang A beschreibt die wesentlichen Definitionen und Implementierungstechniken für Entscheidungsdiagramme.

Die x_c-Operationen entsprechen den inneren Ecken eines Entscheidungsdiagramms. Wir können sie direkt als Entscheidungsvariablen interpretieren. Im folgenden setzen wir daher das Operationssymbol x_i und die zugehörige Entscheidungsvariable x_i gleich. χ-Terme über T_L enthalten mit den $\sqcap$ Operationen noch eine weitere Art von Ecken, die keine Entsprechung bei OBDDs haben. Im Unterschied zu OBDDs besitzen χ-Terme nicht nur zwei Senken O und L, sondern eine beliebige Anzahl von Blättern mit Werten aus $\mathcal{L}$. In dieser Beziehung sind sie ähnlich zu MTBDDs, vgl. Abschnitt A.5. Ein weiterer Unterschied besteht darin, daß OBDDs boolesche Entscheidungsvariablen besitzen, x_c-Funktionen in der Anzahl ihrer Argumente jedoch nicht beschränkt sind. Damit ähneln sie MVDDs, vgl. Abschnitt A.5. Entscheidungsdiagramme, die gleichzeitig mehrere Terminale und mehrwertige Entscheidungsvariablen besitzen, werden auch als MTMDDs bezeichnet, für *Multi Terminal, Multi valued Decision Diagram*.

Eigenschaft (A.1) erreichen wir durch die auf Seite 120 eingeführte gemeinsame Nutzung von Teiltermen. Die (A.2) entsprechende Eigenschaft erzwingen wir bei λ-Termen durch (5.9). (A.3) wird durch die Ersetzung (5.11) erzwungen.

Um die effizienten Implementierungstechniken aus Abschnitt A.4 auf λ-Terme adaptieren zu können, müssen wir zunächst die folgenden Punkte erfüllen:

- Zusicherung einer geeigneten Variablenordnung.
- Anpassung der Shannon-Erweiterung (A.4) auf λ-Terme.
- Erweiterung der Cofaktorzerlegung aus Abschnitt A.3 auf mehrwertige Variablen.
- Definition einer entsprechenden Cofaktorzerlegung für $\overline{\sqcap}$-Terme.

Eine geeignete Variablenordnung vorausgesetzt, können wir die letzten drei Punkte gemeinsam lösen. Dabei behandeln wir $\overline{\sqcap}$-Terme wie x_c-Terme mit unbekannten, aber eineindeutigen Variablen, die in der Variablenordnung größer sind als alle Variablen von x_c-Termen. Möchten wir diese Variable für einen $\overline{\sqcap}$-Term explizit machen, so nennen wir sie x_{max}.

Wir definieren in Abwandlung von (A.4) $f\,\langle\overline{\text{op}}\rangle\,g$ für zwei λ-Terme f und g:

$$
\begin{aligned}
& f\,\langle\overline{\text{op}}\rangle\,g \\
& \mid \text{val}(t_1)\,\langle\overline{\text{op}}\rangle\,\text{val}(t_2) = \text{val}(t_1\,\langle\text{op}\rangle\,t_2) \\
& \mid \overline{\sqcap}(t_1,\ldots,t_n)\,\langle\overline{\text{op}}\rangle\,g = \overline{\sqcap}(\text{cof}(f,1)\,\langle\overline{\text{op}}\rangle\,g,\ldots,\text{cof}(f,n)\,\langle\overline{\text{op}}\rangle\,g) \\
& \mid f\,\langle\overline{\text{op}}\rangle\,\overline{\sqcap}(t_1,\ldots,t_n) = \overline{\sqcap}(f\,\langle\overline{\text{op}}\rangle\,\text{cof}(g,1),\ldots,f\,\langle\overline{\text{op}}\rangle\,\text{cof}(g,n)) \\
& \mid x_i(t_1,\ldots,t_n)\,\langle\overline{\text{op}}\rangle\,x_j(s_1,\ldots,s_m) = \\
& \quad x_k(\text{cof}(f,x_k,1)\,\langle\overline{\text{op}}\rangle\,\text{cof}(g,x_k,1),\ldots,\text{cof}(f,x_k,l)\,\langle\overline{\text{op}}\rangle\,\text{cof}(g,x_k,l))
\end{aligned}
\tag{5.13}
$$

mit

$$
\begin{aligned}
x_k &= \max(x_i, x_j) \\
l &= \begin{cases} n & \text{falls } x_k = x_i \\ m & \text{sonst} \end{cases}
\end{aligned}
$$

Entsprechend definieren wir als Erweiterung von (A.6) die Cofaktorzerlegungen für x_c- und $\overline{\sqcap}$-Terme:

$$
\text{cof}(x_i(t_1,\ldots,t_n),x_k,v) = \begin{cases} x_i(t_1,\ldots,t_n) & \text{falls } x_k > x_i \\ t_v & \text{falls } x_i = x_k \end{cases}
$$

$$
\text{cof}(\overline{\sqcap}(t_1,\ldots,t_n),v) = t_v
$$

Wie bei (A.6) setzen wir jedoch voraus, daß x_k entweder als Index einer Wurzel oder überhaupt nicht auftritt. Wie wir diese Eigenschaft erzwingen, ist Gegenstand von Abschnitt 5.4.4.

Beispiel 5.4.8 Abbildung 5.4 zeigt die Darstellung der Operanden und des Ergebnisses einer symbolischen Addition graphisch. Die Berechnung wird in den

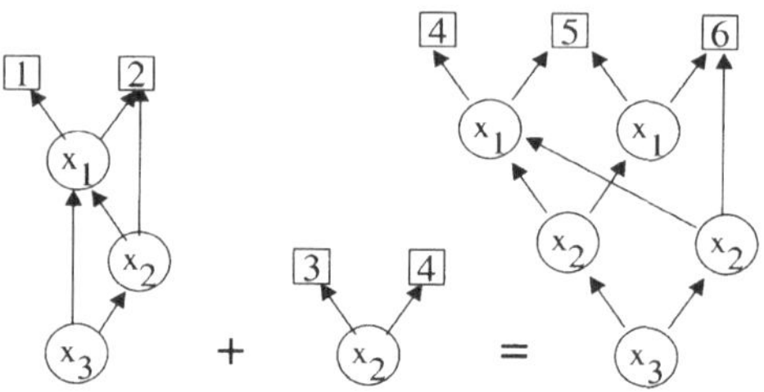

Abbildung 5.4: Symbolische Addition.

folgenden Schritten durchgeführt:

$$
\begin{aligned}
& x_3(x_1(1,2), x_2(x_1(1,2),2)) \,\overline{+}\, x_2(3,4) \\
&= x_3(x_1(1,2) \,\overline{+}\, x_2(3,4), x_2(x_1(1,2),2) \,\overline{+}\, x_2(3,4)) \\
&= x_3(x_2(x_1(1,2) \,\overline{+}\, 3, x_1(1,2) \,\overline{+}\, 4), x_2(x_1(1,2) \,\overline{+}\, 3, 2 \,\overline{+}\, 4)) \\
&= x_3(x_2(x_1(1 \,\overline{+}\, 3, 2 \,\overline{+}\, 3), x_1(1 \,\overline{+}\, 4, 2 \,\overline{+}\, 4)), x_2(x_1(1 \,\overline{+}\, 3, 2 \,\overline{+}\, 3), 2+4)) \\
&= x_3(x_2(x_1(1+3, 2+3), x_1(1+4, 2+4)), x_2(x_1(1+3, 2+3), 6)) \\
&= x_3(x_2(x_1(4,5), x_1(5,6)), x_2(x_1(4,5), 6))
\end{aligned}
$$

Zur besseren Nachvollziehbarkeit wurden die Terme in diesem Beispiel voll aufgefaltet. Eine Berechnung nach (5.13) zeichnet sich im Gegensatz dazu dadurch aus, daß sie ohne diese Auffaltung direkt auf der DAG-Darstellung durchgeführt werden kann.

Um die mehrfache Benutzung gemeinsamer Teilterme in χ-Termen auch in Formeln ausdrücken zu können, verwenden wir eine Darstellung mit benannten Untertermen. Für die letzte Zeile der obigen Gleichung schreiben wir beispielsweise $x_3(x_2(t, x_1(5,6)), x_2(t,6))$ mit $t = x_1(4,5)$ ◇

Die Implementierungstechniken aus Abschnitt A.4 können wir nun direkt auf χ-Terme übertragen. Effizient werden die Berechnungen vor allem deshalb, weil wir alle χ-Terme global mit Wertnummern versehen und das dynamische Programmieren über einzelne Verknüpfungen ausdehnen. Die Ergebnisse von Verknüpfungen, die wir einmal berechnet haben, stehen bei späteren Berechnungen direkt zur Verfügung.

Der Aufwand binärer Operationen wächst im schlechtesten Fall quadratisch mit der Größe der χ-Terme der Argumente, multipliziert mit den Kosten für die Basisfälle. Bei ternären Operationen ist der Aufwand maximal kubisch. Wie beim

Speicheraufwand von χ-Termen hängt daher auch der Rechenaufwand für symbolische Berechnungen mit χ-Termen nicht von der Anzahl der Zusammenflüsse ab, an denen Informationen getrennt gehalten werden, sondern nur von den Zusammenflüssen, an denen auch wirklich unterschiedliche Informationen zusammenlaufen.

5.4.3 Kontextsensitive Transferfunktionen über χ-Termen

Durch die Cofaktorzerlegung aus dem letzten Abschnitt können wir Operationen $\langle\overline{\mathsf{op}}\rangle$ über χ-Termen effizient auf die jeweiligen Funktionen $\langle\mathsf{op}\rangle$ auf dem zu Grunde liegenden Verband $\mathcal{L}$ zurückführen, wie bereits Beispiel 5.4.8 zeigt. Die symbolische Auswertung hat gegenüber bisherigen Ansätzen für kontextsensitive Transferfunktionen den großen Vorteil, daß wir nicht alle möglichen Kontexte sequentiell betrachten müssen. Stattdessen behandeln wir bei der symbolischen Auswertung alle Kontexte gleichzeitig. Dabei verursachen automatisch nur diejenigen Kontexte Berechnungsaufwand, für die sich die Informationen auch wirklich unterscheiden.

Entsprechende symbolische Auswertungen können wir auch für alle anderen Operationen definieren und sie damit auf die kontextinsensitiven Transferfunktionen aus Abschnitt 5.1.2 zurückführen.

Wir definieren nun kontextsensitive Transferfunktionen $\overline{f_{\mathsf{Load}}}$ und $\overline{f_{\mathsf{Store}}}$ für Load bzw. Store auf χ-Termen definieren. Als Hilfsfunktionen benutzen wir dabei die auf χ-Terme erweiterte ite-Operation aus Abschnitt A.4, die Vergleichsfunktion $\equiv$ auf χ-Termen, die wir mittels (5.13) aus der einfachen Gleichheit $(=)$ ableiten, und eine Funktion $\mathit{leafs}(x)$, die die Werte der Senken eines χ-Terms x bestimmt.

Für die Behandlung der einzelnen Namen, auf die der Adreßausdruck a verweisen kann, führen wir zwei weitere Hilfsfunktionen get und set ein. f_{Load} und f_{Store} sind die kontextinsensitiven Basisfälle aus Abschnitt 5.1.2.

$$\begin{aligned}\overline{f_{\mathsf{Load}}} : (\mathcal{L}_V \to T_{L_W}) \times T_{L_V} &\to (\mathcal{L}_V \to T_{L_W}) \times T_{L_W}\\ \overline{f_{\mathsf{Load}}}(m, v) &= (m, get(\mathit{leafs}(v), m, v))\end{aligned}$$

$$\begin{aligned}\overline{f_{\mathsf{Store}}} : (\mathcal{L}_V \to T_{L_W}) \times T_{L_V} \times T_{L_W} &\to (\mathcal{L}_V \to T_{L_W})\\ \overline{f_{\mathsf{Store}}}(m, v, w) &= set(\mathit{leafs}(v), m, v, w)\end{aligned}$$

mit

$$get(s, m, v) = \begin{cases}\bot & \text{falls } s = \emptyset\\ ite(v \equiv x, f_{Load}(m, x), get(s - \{x\}, m, v)) & \text{sonst, } x \in s.\end{cases}$$

$$\begin{aligned}&set(s, m, v, w)\\ &= \begin{cases} m & \text{falls } s = \emptyset\\ set(s - \{x\}, f_{\mathsf{Store}}(m, x, ite(v \equiv x, w, f_{\mathsf{Load}}(m, x))), v, w) & \text{sonst, } x \in s.\end{cases}\end{aligned}$$

Für einen einzelnen Namen $x \in s$ liefert get(s, m, v) den Inhalt als χ-Term für genau die Kontexte, in denen $v = x$ gilt, ansonsten den Inhalt der anderen Namen aus s, jeweils entsprechend der Kontexte, in denen sie vorkommen. Entsprechend aktualisiert set den Inhalt von $x \in s$ für genau die Kontexte, in denen $v = x$ gilt, ansonsten bleibt der alte Inhalt erhalten.

Beispiel 5.4.9 Im nachfolgenden Programmfragment nehmen die einzelnen Variablen die in den Kommentaren angegebenen abstrakten Werte an.

```
a.v := 1;                              -- a.v = 1
b.v := 2; y := 3;                      -- b.v = 2,  y = 3
if B then x := a; x.v := 4             -- a.v = 4,  x = a
     else x := b; y := 5               -- x = b,  y = 5
end;                                   -- a.v = x1(4,1),  x = x1(a,b),
                                       -- y = x1(3,5)
```

Eine anschließende Zuweisung x.v := y bearbeiten wir wie folgt:

$$
\begin{aligned}
&\overline{f_{\mathsf{Store}}}(m, x_1(a.v, b.v), x_1(3,5))\\
&= set(\{a.v, b.v\}, m, x_1(a.v, b.v), x_1(3,5))\\
&= set(\{b.v\}, f_{\mathsf{Store}}(m, a.v, ite(x_1(a.v, b.v), a.v, x_1(3,5), f_{\mathsf{Load}}(m, a.v))),\\
&\qquad x_1(a.v, b.v), x_1(3,5))\\
&= set(\{b.v\}, f_{\mathsf{Store}}(m, a.v, ite(x_1(a.v, b.v), a.v, x_1(3,5), x_1(4,1))),\\
&\qquad x_1(a.v, b.v), x_1(3,5))\\
&= set(\{b.v\}, f_{\mathsf{Store}}(m, a.v, x_1(3,1)), x_1(a.v, b.v), x_1(3,5))\\
&= set(\{\}, f_{\mathsf{Store}}(f_{\mathsf{Store}}(m, a.v, x_1(3,1)), b.v, ite(x_1(a.v, b.v), b.v, x_1(3,5), 2)),\\
&\qquad x_1(a.v, b.v), x_1(3,5))\\
&= f_{\mathsf{Store}}(f_{\mathsf{Store}}(m, a.v, x_1(3,1)), b.v, x_1(2,5))
\end{aligned}
$$

Eine anschließende Addition a.v + b.v liefert mit (5.13) als Ergebnis $x_1(5,6)$. Die Summe ist also 5, falls B wahr ist, ansonsten 6. ◇

5.4.4 Erzwingen einer geeigneten Variablenordnung

Bisher sind wir noch nicht auf die Frage eingegangen, wie wir die für eine effiziente Realisierung von (5.13) notwendige Variablenordnung garantieren können. Das holen wir in diesem Abschnitt nach.

Bisher haben wir nur festgelegt, daß alle symbolischen Verschmelzungen die zur selben dynamischen Ausführung eines Programmpunkts mit mehreren alternativen Vorgängern gehören, auch mit demselben Index versehen werden. In traditionellen Steuerflußgraphen treten solche Verschmelzungen am Anfang eines Blocks mit mehreren Vorgängern auf, bei Programmrepräsentationen in SSA-Darstellung als Transferfunktion der einzelnen Phi-Operationen. Für explizite Abhängigkeitsgraphen können wir χ-Terme daher auch als Abstraktion der Phi-Operationen auffassen. In beiden Arten von Programmrepräsentationen müssen wir die Indizes der x_c-Terme dynamischen Ausführungen von Blöcken zuordnen.

Wir ordnen jedem Block in der Programmrepräsentation einen Index zu. Bei Anwendung von (5.8) benutzen wir als Index i für einen neu zu erzeugenden x_i-Term die Nummer des Blocks, an dem die Verschmelzung stattfindet. Da Blöcke während der Analyse mehrfach durchlaufen werden, müssen wir sicherstellen, daß nur x_c-Terme, die sich auch auf dieselbe dynamische Ausführung beziehen, dieselben Index i bekommen. Wir erzwingen dies, indem wir vor Anwendung von (5.8) x_i-Terme aus älteren Durchläufen mit Hilfe von (5.7) durch $\sqcap$-Terme ersetzen.

Der Schleifenbaum eines Programms und der daraus abgeleitete reguläre Ausdruck $R(L)$ aus Abschnitt 5.2.2 erlauben uns die Festlegung einer geeigneten Numerierung.

Definition 5.4.10 (RL-Numerierung) *Die RL-Numerierung für Blöcke eines EAG bestimmen wir, indem wir $R(L)$ von links nach rechts ablaufen und dabei alle Blöcke aufsteigend numerieren.*

Satz 5.4.11 *Die Indizierung von x_c-Termen entsprechend der RL-Numerierung sichert zu, daß bei allen Anwendung von $\mathrm{cof}(x_i(t_1,\ldots,t_n), x_k, v)$ in (5.13) x_k in keinem der Unterterme $t_1,\ldots t_n$ auftritt.*

Beweis: Bei der symbolischen Auswertung von $x_i(t_1,\ldots,t_n)\,\langle\overline{\mathrm{op}}\rangle\, x_j(s_1,\ldots,s_m)$ mittels (5.13) erfolgt die Cofaktorzerlegung bezüglich des Maximums von x_i und x_j. x_c-Ecken in χ-Graphen entsprechen Grundblöcken im Steuerflußgraph. Die RL-Numerierung ordnet Blöcken auf allen azyklischen Pfaden von B_{Start} nach B_{End} aufsteigende Indizes zu. Kanten im Steuerflußgraph zu einem Vorgänger mit höherer Nummer sind Rückkanten. In χ-Termen, die den Informationsfluß über Pfade ohne Rückkanten beschreiben, ist der Index jedes x_i-Terms größer als die Indizes seiner Unterterme. Damit ist x_k größer als alle vorkommenden Indizes und tritt daher in keinem der Unterterme $t_1,\ldots,t_n,s_1,\ldots,s_m$ auf. χ-Terme, die eine Verschmelzung über Rückkanten erreichen, beschreiben frühere dynamische Ausführungen des Schleifenrumpfs und enthalten wegen der Ersetzung (5.7) keine Vorkommen von x_k. ◇

5.5 Zusammenfassung

In diesem Kapitel haben wir Transferfunktionen für eine statische Analyse der Ergebnisse von Ausdrücken und der Inhalte von Variablen definiert. Die Transferfunktionen haben wir nach Festlegung der abstrakten Bereiche aus den konkreten Semantiken der einzelnen Operationen hergeleitet. Die Genauigkeit der Analyse können wir über zwei Parameter steuern: Zum einen können wir die Kontextsensitivität des Verfahrens variieren, zum anderen können wir unterschiedliche Namensschemata für die Abstraktion von Objekten benutzen.

Anschließend haben wir gezeigt, wie wir Programmanalysen mit Hilfe der in expliziten Abhängigkeitsgraphen direkt verfügbaren Datenabhängigkeiten zwischen

Operationen sowohl in Hinsicht auf Laufzeit, als auch bezüglich des Speicherverbrauchs verbessern können. Zum einen haben wir ein neues Verfahren zur Bestimmung geeigneter Besuchsreihenfolgen definiert, mit dem Analysen schneller konvergieren als mit den bekannten Techniken, die Datenfluß durch Steuerfluß abstrahieren. Zum anderen haben wir gezeigt, wie mit Hilfe der explizit verfügbaren Datenabhängigkeiten der Speicherbedarf für die Darstellung von Datenflußwerten bei Speicheranalysen gesenkt werden kann. Hier haben wir eine Kombination aus bedarfsgesteuerter Berechnung und gemeinsamer Nutzung von Ressourcen vorgestellt. Auch hier sind die Einsparungen höher als dies mit den bisher bekannten Implementierungstechniken möglich war.

Schließlich haben wir einen neuartigen Ansatz für die kompakte Darstellung kontextsensitiver Programminformationen entwickelt. Dieser kann als symbolische Interpretation von Phi-Operationen aufgefaßt werden, ist jedoch auch bei Programmrepräsentationen anwendbar, die nicht in SSA-Form sind. Kern der Modellierung ist das Ausfaktorisieren von Gemeinsamkeiten zwischen unterschiedlichen Analysekontexten. Dadurch reduziert sich der Speicheraufwand im Vergleich zu den sonst üblichen Speicherungen als Wertetabellen im besten Fall um einen exponentiellen Faktor. Selbst im schlechtesten Fall ist der Speicheraufwand für die Darstellung mit $\mathcal{X}$-Termen immernoch linear zu einer entsprechenden Tabellenlösung. Die symbolische Darstellung läßt sich als Erweiterung von OBDDs einordnen. Entsprechend konnten wir auch Techniken für eine effiziente Implementierung aus diesem Bereich übernehmen.

6 Optimierung expliziter Abhängigkeitsgraphen

Wir führen nun die Ergebnisse aus den vorigen beiden Kapiteln wieder zusammen und zeigen, wie sich damit die in Kapitel 2 skizzierten Optimierungsaufgaben lösen lassen. Zunächst werden effiziente Graphersetzungen als Basismechanismus für die Optimierung auf expliziten Abhängigkeitsgraphen eingeführt. Konkret betrachten wir dann die Adaption traditioneller Optimierungen auf EAGs und stellen anschließend spezielle Optimierungen vor, mit denen sich die hauptsächlichen Ineffizienzen objektorientierter Programme beseitigen lassen.

Die Anwendbarkeit dieser Optimierungen können wir entscheidend erhöhen, indem wir nicht essentielle Abhängigkeiten aus dem Graphen löschen. Hierfür stellen wir geeignete Algorithmen vor. Am Ende dieses Kapitel beschreiben wir die Integration von Analysen und Transformationen und zeigen, wie die zur Verfügung stehenden Ressourcen bei der optimierenden Übersetzung zielgerichtet genutzt werden können.

Mit expliziten Abhängigkeitsgraphen sind alle Informationen, die wir für effektive und effiziente Optimierungen benötigen, direkt syntaktisch verfügbar. Durch die expliziten Abhängigkeiten befinden sich alle Berechnungen, von denen die Semantik einer Operation x abhängt oder auf die x Einfluß hat, im Graph in direkter Nachbarschaft zu x. Dies erlaubt uns Optimierungen einfach durch lokale Transformationen zu beschreiben und diese auch lokal als korrekt zu beweisen. Beide Vorteile sind Besonderheiten expliziter Abhängigkeitsgraphen.

Da unser wesentliches Ziel die Reduktion der Ausführungszeiten der Programme ist, ordnen wir jeder Operation in einem EAG fiktive Kosten zu. Diese sollen die Ausführungszeiten der Operationen auf der realen Maschine annähern. Exakt können wir diese Kosten auf der Ebene einer zielmaschinenunabhängigen Programmrepräsentation nicht angeben. Dazu tragen auch Effekte wie *Caching* und spekulative Ausführung auf Hardwareebene bei, die wir auf der Ebene von EAGs nicht behandeln bzw. auf die wir keinen Einfluß haben. Als Kostenmaß für die Optimierung benutzen wir die Summe der Einzelkosten aller Operationen eines EAGs. Dabei gewichten wir die Einzelkosten mit Abschätzungen über die Häufigkeit ihrer dynamischen Ausführung. Dazu könnten wir *profiling* Informationen benutzen oder Techniken für statische Sprungvorhersage.[1] Stattdessen benutzen wir die Tiefe der Operationen im Schleifenbaum zur Abschätzung der dynamischen Ausführungshäufigkeit von Operationen. Wir gehen dabei von der in der

1) Engl.: *static branch prediction.*

Praxis sinnvollen Annahme aus, daß Operationen im Rumpf einer Schleife in der Regel mehrfach ausgeführt werden.

6.1 Transformationen als Graphersetzung

Bevor wir in den nachfolgenden Abschnitten auf konkrete Transformationen eingehen, beschreiben wir zunächst allgemein, wie sich solche Transformationen effizient realisieren lassen. Für die Optimierung auf expliziten Abhängigkeitsgraphen benötigen wir zwei unterschiedliche Arten von Transformationen.

1. Transformationen, mit denen wir die Kosten des zu übersetzenden Programms reduzieren. Wir nennen diese Art *kostenreduzierende* Transformationen.

2. Transformationen, mit denen wir die Anwendbarkeit der ersten Art von Transformationen erhöhen können. Wir nennen diese Art *normalisierende* Transformationen.

Kostenreduzierende Transformationen ersetzen entweder einzelne, teure Operationen durch billigere, oder sie ersetzen Operanden durch billigere, im Graph bereits vorhandene Operationen. Im zweiten Fall wird keine direkte Reduzierung der Kosten erreicht. Indirekt können solche Transformationen jedoch dazu führen, daß Operationen keine Benutzungen mehr besitzen und deswegen entfernt werden können. Auch unter anderen Gesichtspunkten, die wir mit unserem einfachen Kostenmaß nicht behandeln können, sind solche Transformationen gewinnbringend: Ändern wir den Operanden einer Operation, so ersetzen wir dabei meist transitive durch direkte Abhängigkeiten. Durch solche Ersetzungen werden die Freiheitsgrade für Codeplazierungen und die Befehlsanordnung erhöht.

Normalisierende Transformationen benutzen wir, um Programmeigenschaften für den Optimierer explizit zu machen. Zu den normalisierenden Transformationen gehört die Beseitigung nicht essentieller Abhängigkeiten, auf die wir in Abschnitt 6.4 gesondert eingehen, sowie das Ausnutzen von arithmetischen Identitäten zum Erzwingen von Normalformen. EAGs besitzen Dank ihrer expliziten Abhängigkeiten die Eigenschaft, daß aus syntaktischer Gleichheit von Berechnungen immer auch auf semantische Gleichheit geschlossen werden kann. Umgekehrt gilt dies jedoch nicht. Um dennoch in möglichst vielen Fällen syntaktische und semantische Gleichheit gleichsetzen zu können, nutzen wir normalisierende Transformationen. Mit diesen überführen wir syntaktisch verschiedene, aber semantisch gleiche Berechnungen in syntaktisch eindeutige Normalformen.

Beide Arten von Transformationen können wir auf expliziten Abhängigkeitsgraphen durch Graphersetzungsregeln beschreiben. Im Unterschied zu anderen Programmrepräsentationen bilden explizite Abhängigkeitsgraphen eine einheitliche Struktur, in der sowohl die einzelnen Operationen als auch alle Abhängigkeiten zwischen diesen Operationen dargestellt sind. Bei traditionellen Programmrepräsentationen werden Ergebnisse von Programmanalysen durch Transformationen auf der Programmrepräsentation in der Regel ungültig und müssen für weitere Optimierungen neu berechnet werden. Bei expliziten Abhängigkeitsgraphen können wir zusichern, daß bei der Ersetzung von Operatoren die bisher im Graphen repräsentierten Abhängigkeiten konsistent erhalten bleiben. Die Möglichkeit solcher einfachen, konsistenten Ersetzungen ist eine weitere Besonderheit expliziter Abhängigkeitsgraphen.

6.1.1 Ersetzungsregeln

An Abbildung 6.1 verdeutlichen wir die Syntax und Semantik von Ersetzungsregeln, wie wir sie zur Transformation von EAGs benutzen. Die linke Seite der

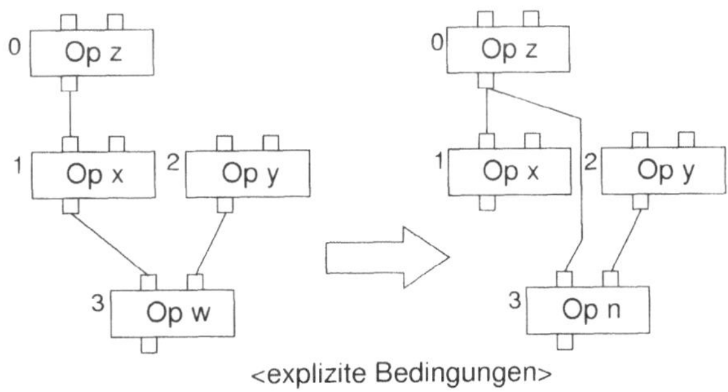

Abbildung 6.1: Schema einer Graphersetzungsregel.

Ersetzungsregel beschreibt ein Graphmuster, das wir in einem EAG durch den Graph auf der rechten Seite ersetzen wollen. Die Nummern an den einzelnen Ecken bezeichnen deren Identitäten. Ecken mit gleichen Nummern auf der linken und rechten Seite sind identisch.

Alle unsere Ersetzungen haben die Eigenschaft, daß die linken Seiten zusammenhängend sind und eine eindeutige Wurzel w besitzen. Um die Anwendbarkeit eines Musters auf eine bestimmte Operation x in einem EAG zu prüfen, vergleichen wir die angegebenen Ecken und Kanten paarweise ausgehend von x und w. Die auf der linken Seite einer Ersetzungsregel angegebenen Kanten und Operationen müssen im EAG vorhanden sein. Zusätzliche Kanten und Operationen dürfen im EAG existieren. Der Aufwand für den Test, ob eine Ersetzungsregel auf eine bestimmte Operation anwendbar ist, ist damit immer in $O(n)$ möglich, wobei n die Anzahl der Kanten der linken Seite ist. Wir benutzen nur Muster konstanter Größe.

Operationen und Kanten, die sowohl auf der linken, als auch auf der rechten Seite vorkommen, bleiben bei der Ersetzung erhalten. Sie beschreiben den Kontext, in dem die Ersetzung zulässig ist. Benötigen wir noch weitere Vorbedingungen, die wir nicht graphisch ausdrücken können, so notieren wir diese als explizite

Bedingungen. Beispiele hierfür sind bestimmte Belegungen von Attributen der Ecken.

Kanten und Operationen, die nur auf der linken Seite der Ersetzungsregel vorkommen, müssen bei der Ersetzung aus dem EAG gelöscht werden. Kanten und Operationen, die nur auf der rechten Seite der Ersetzungsregel vorkommen, werden dem EAG bei der Ersetzung hinzugefügt. Der Aufwand für die Ausführung einer Ersetzung ist damit ebenfalls $O(\max(n, m))$, wobei m die Anzahl der Kanten der rechten Seite ist.

6.1.2 Gesteuerte Ersetzung

Wir wenden die Ersetzungsregeln für die einzelnen Optimierungen auf einen EAG an, indem wir den Graphen in umgekehrter Tiefensuchreihenfolge durchlaufen und an jeder Ecke die anwendbaren Regeln ausführen. Dadurch ersetzen wir Operanden vor den Operationen, die sie benutzen. Für jeden Teilgraphen besitzen wir höchstens eine anwendbare kostenreduzierende Regel, so daß wir hier keine Konflikte bei der Regelauswahl auflösen müssen. Sind für eine Operation mehrere Normalisierungen möglich, so wählen wir hiervon eine a priori aus.

Konflikte können jedoch zwischen normalisierenden und kostenreduzierenden Ersetzungen bestehen, da Normalisierungsschritte teilweise auch die Kosten erhöhen können. Solche Konflikte lösen wir, indem wir zu jeder normalisierenden Transformation, die Kosten erhöhen kann, eine entsprechende Rücktransformation definieren. Diese Rücktransformationen verbieten wir jedoch für die Optimierung auf EAGs. Stattdessen verschieben wir die Rücktransformationen auf die Abbauphase, vgl. Abschnitt 4.4.

Für normalisierende Regeln müssen wir zusichern, daß sie nicht zyklisch anwendbar sind. Einfache Zyklen schließen wir bereits dadurch aus, daß alle Normalisierungen gerichtet sind. Dies gilt ebenfalls für kostenreduzierende Regeln. Da diese jedoch immer Operationen durch billigere ersetzen, sind hier Zyklen bereits ausgeschlossen.

6.1.3 Effiziente Erhaltung von Identitäten

Wenn wir eine Ecke x durch eine andere Operation y ersetzen wollen, so können wir in der Implementierung x häufig nicht einfach durch y unter Beibehaltung der Identität überschreiben. Dafür kann es zwei Gründe geben:

- Die Operation y ist bereits im Graph vorhanden und soll ihre Identität beibehalten.
- Die Implementierung von y benötigt mehr Platz als die von x.

Den ersten Fall können wir behandeln, indem wir alle Kanten, die bisher auf x verweisen, auf y umsetzen. Ursprünglich auf y zeigende Kanten bleiben erhalten. Im zweiten Fall können wir eine neue Ecke erzeugen, auf die noch keine Kante zeigt, und dann ebenfalls alle Kanten, die vorher auf x zeigten, auf die neue Operation umsetzen.

Dieses Vorgehen hat zwei entscheidende Nachteile: Zum einen haben wir die semantische Identität von x und y nicht syntaktisch repräsentiert, zum anderen können wir nicht mehr garantieren, daß der Aufwand für die einzelne Ersetzung nur von der Größe der Ersetzungsregel abhängt. In einem expliziten Abhängigkeitsgraphen kann die Anzahl der Kanten, die auf eine Ecke zeigen, linear mit der Anzahl der Ecken im Graph wachsen. Das Umhängen von Kanten kann daher im schlechtesten Fall dazu führen, daß der Aufwand für eine einzelne Ersetzung von der Größe des EAGs abhängt, auf den wir die Ersetzung anwenden. Dies wollen wir jedoch so weit wie möglich vermeiden.

Dazu bedienen wir uns folgender Implementierungstechnik: Wir definieren eine neue Operation Id(·) mit einem einzigen Eingang, einem einzigen Ausgang und Kosten 0. Deren Realisierung als Ecke eines EAGs beansprucht weniger Platz als die aller anderen Operationen. Anstatt x mit y zu überschreiben, überschreiben wir x nun mit Id(y). Kanten, die ursprünglich auf x oder y zeigen, bleiben unverändert erhalten. Bei der Überprüfung, ob ein Muster anwendbar ist, ignorieren wir Id-Operatoren.

Damit ist der Aufwand für eine einzelne Ersetzung zunächst unabhängig von der Größe des EAGs, auf den wir sie anwenden. Dem stehen zusätzliche Kosten bei der Überprüfung der Anwendbarkeit einer Regel und bei der späteren Beseitigung von Id-Operationen gegenüber.

Bei der in Abschnitt 6.1.2 definierten, gesteuerten Ersetzung werden Ausdrücke von den Blättern her bearbeitet. Dies trifft auch auf Transformationen zu, die wir bereits während des Aufbaus der EAGs durchführen. Operationen, die dabei durch Id-Operationen überschrieben werden, werden daher selbst noch nicht von anderen Id-Operationen als Operanden benutzt. Bei der Ersetzung werden alle an der Ersetzungsstelle möglicherweise vorkommenden Id-Operationen übergangen und treten daher im Ergebnis der Ersetzung nicht mehr als Operanden auf. Dadurch ist sichergestellt, daß wir durch fortwährende Ersetzungen keine langen Indirektionsketten über Id-Operationen erzeugen. Der Aufwand für die Überprüfung der Anwendbarkeit eines Musters wird durch höchstens eine Id-Operation in jeder Kante des Musters zusätzlich belastet. Damit kann sich der Aufwand für Mustervergleiche höchstens verdoppeln.

Die Entfernung von Id-Operationen erfolgt in einem eigenen Durchlauf durch den Graphen im Rahmen der Beseitigung toten Codes. Dieses Verfahren stellen wir in Abschnitt 6.2.2 vor. Die integrierte Beseitigung von Id-Operationen führt zu keiner Veränderung des Aufwands für dieses Verfahren.

6.1.4 Normalisierung

Im wesentlichen nutzen wir bei der Normalisierung Kommutativität, Assoziativität und Distributivität arithmetischer Operationen, soweit die konkrete Semantik diese Eigenschaften zusichert. Um Terminierung garantieren zu können, ist es wichtig, daß diese Ersetzungen alle gerichtet sind und daß wir auch sonst keine zyklischen Ersetzungen erhalten.

Zunächst ersetzen wir Subtraktionen $a - b$ durchgehend durch Additionen $a + (-b)$ mit negiertem zweiten Parameter. Teilgraphen, die nur aus Additionen bestehen, behandeln wir wie n-stellige Summen. Assoziativität und Kommutativität vorausgesetzt, ordnen wir die Operanden so um, daß wir Teilsummen mit konstanten Argumenten direkt statisch auswerten können. Ansonsten definieren wir eine beliebige totale Ordnung auf Operationen und sortieren die verbleibenden Argumente entsprechend. Dadurch erreichen wir beispielsweise, daß zwei Vorkommen c+(b-a) und (b+c)-a im EAG identisch als (-a)+(b+c) dargestellt werden.

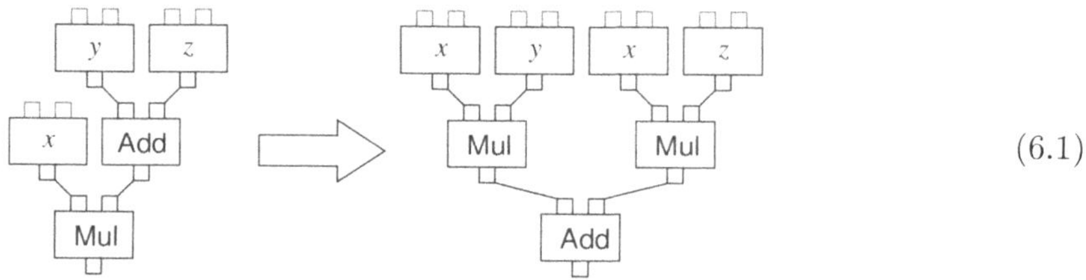

(6.1)

Besonders wichtig für die Optimierung von Reihungszugriffen ist das Ausnutzen der Distributivität bei Produkten über Summen mittels (6.1). Dadurch können konstante Anteile in der Indizierung mit der ebenfalls konstanten Schrittweite zusammengefaßt werden.

6.2 Traditionelle Optimierungen

Traditionelle Optimierungen lassen sich auf EAGs dank der explizit verfügbaren Abhängigkeiten oftmals viel einfacher und eleganter formulieren als auf traditionellen Programmrepräsentationen. In diesem Abschnitt gehen wir speziell auf die partielle Auswertung von Ausdrücken, auf die Beseitigung toter Operationen sowie auf die globale Vermeidung redundanter Berechnungen ein.

6.2.1 Konstantenfaltung und partielle Auswertung

Konstantenfaltung und partielle Auswertung von Ausdrücken können wir auf EAGs durch einfache lokale Transformationen realisieren. Lokalität bedeutet hier, daß sich die Operanden in EAGs in unmittelbarer Nachbarschaft zu ihren Benutzungen befinden. Dies gilt im Gegensatz zu traditionellen Programmrepräsentationen selbst dann, wenn die Operanden im Quellprogramm in unterschiedlichen Anweisungen oder Blöcken berechnet werden. Lokale Variablen die in diesen

Fällen benutzt werden, um auf die Werte der Operanden zuzugreifen treten in EAGs nicht auf.

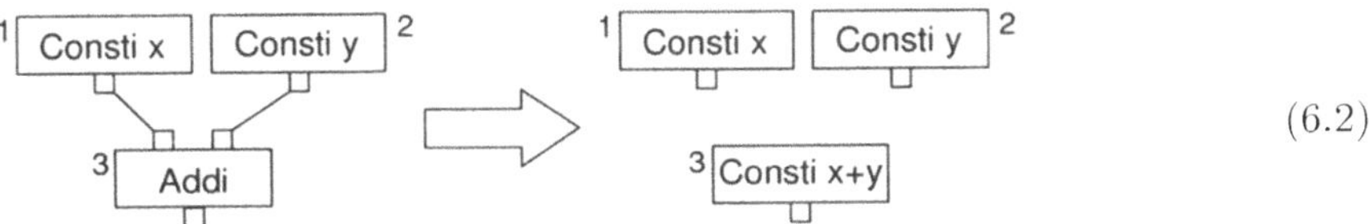

(6.2)

Die Korrektheit der Ersetzung weisen wir lokal mit Hilfe der dynamischen Semantik der Operationen nach. Die einzige Operation, die wir hier ersetzen ist die Addition. Wir gehen hier davon aus, daß die Addition keine Ausnahme auslösen kann. Ansonsten müßte die Operation einen Speichereingang und einen Speicherausgang besitzen, damit wir Ausnahmen wie in Abschnitt 4.2.4 modellieren können. Wir müssen nachweisen, daß das Ergebnis der Konstante auf der rechten Seite der Regel semantisch äquivalent zur Addition auf der linken Seite ist. Da alle anderen Operationen und Abhängigkeiten bei der Ersetzung erhalten bleiben, hat die Ersetzung keine Auswirkungen auf den Rest des Graphs, auf den sie angewandt wird. Es gilt:

$$\begin{aligned}[\![\mathsf{Addi}(\mathsf{Const}(x), \mathsf{Const}(y))]\!] &= [\![\mathsf{Const}(x)]\!] + [\![\mathsf{Const}(y)]\!] \\ &= [\![\mathsf{Const}(x+y)]\!]\end{aligned}$$

Selbst für Fälle, in denen die Operanden in der Quelle nicht eindeutig bestimmt sind, können wir entsprechende Regeln angeben, da die Alternativen in der EAG-Darstellung durch eine Phi-Operation zusammengefaßt werden.

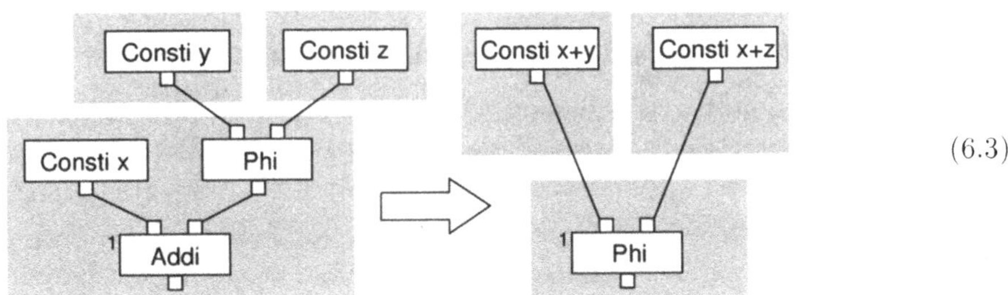

(6.3)

Zum Beweis der Korrektheit nutzen wir die Distributivität der Phi-Operation:

$$\langle \mathrm{op} \rangle(\mathsf{Phi}(a, b), x) = \mathsf{Phi}(a \langle \mathrm{op} \rangle x, b \langle \mathrm{op} \rangle x) \quad (6.4)$$

Gleichung (6.4) gilt unter der Voraussetzung, daß x in den Steuerflußvorgängern des Blocks der Phi-Operation verfügbar ist. Dann erhalten wir dasselbe Ergebnis unabhängig davon, ob wir zuerst den Operanden auswählen und dann die Operation anwenden, oder die Operation zunächst für beide möglichen Operanden berechnen und dann eines der beiden Ergebnisse auswählen. Diese Argumentation ist bei EAGs deshalb so einfach möglich, weil alle Operationen rein funktional sind. Seiteneffekte treten nicht auf, alle eventuellen Abhängigkeiten sind explizit. Den Nachweis der Verfügbarkeit von x in den Vorgängern müssen wir jedoch bei jeder Anwendung von (6.4) explizit erbringen. Im Fall der Konstantenfaltung ist dies trivial, da wir Konstanten in jedem Block berechnen können.

Wir beweisen die Korrektheit von (6.3) durch (6.4) und (6.2):

$$\begin{aligned}&\mathsf{Addi}(\mathsf{Const}(x), \mathsf{Phi}(\mathsf{Const}(y), \mathsf{Const}(z)))\\ =\ &\mathsf{Phi}(\mathsf{Addi}(\mathsf{Const}(x), \mathsf{Const}(y)), \mathsf{Addi}(\mathsf{Const}(x), \mathsf{Const}(z)))\\ =\ &\mathsf{Phi}(\mathsf{Const}(x+y), \mathsf{Const}(x+z))\end{aligned}$$

Die Identität (6.4) wenden wir niemals alleine als normalisierende Ersetzung an, sondern immer nur innerhalb größerer Ersetzungen. So können wir garantieren, daß wir insgesamt eine kostenreduzierende Transformation erhalten. Für eine beliebige Anwendung von (6.4) ist dies nicht der Fall.

Auch wenn nicht alle Operanden statisch als Konstanten bekannt sind, können wir häufig algebraische Identitäten zur Vereinfachung von Ausdrücken nutzen. Die wichtigsten Transformationen sind die Ausnutzung von Idempotenz sowie ganzzahlige und boolesche Verknüpfungen mit 0- und 1-Elementen. Die vereinfachenden Ersetzungen (6.5) von Phi-Operationen haben wir bereits in Abschnitt 4.3.3 eingeführt und bewiesen.

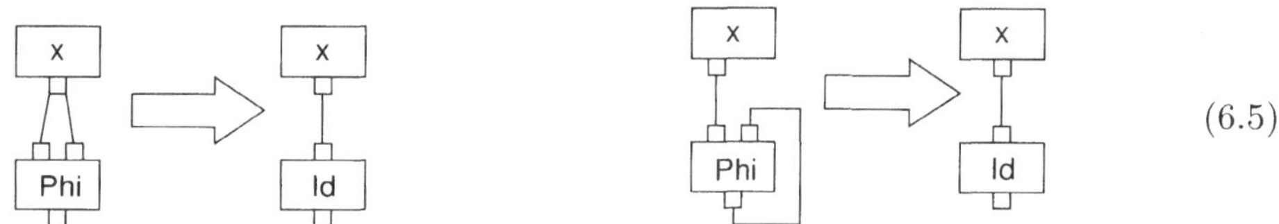

(6.5)

6.2.2 Beseitigung von Kopien und totem Code

Tote Operationen, nicht erreichbarer Code und Kopieroperationen lassen sich bei EAGs alle mit demselben Ansatz und und in einem einzigen Durchlauf über den Graphen beseitigen.

EAGs enthalten, im Gegensatz zu traditionellen Programmrepräsentationen, keine Kopieroperationen zwischen lokalen Variablen. Selbst wenn das Quellprogramm solche Zuweisungen enthält, werden sie bei EAGs durch Abhängigkeitskanten dargestellt. Kopieroperationen kommen lediglich in Form der Id-Operationen vor, die wir in Abschnitt 6.1.3 für die effiziente Implementierung von Ersetzungen eingeführt haben.

Tote Operationen zeichnen sich dadurch aus, daß sie keinen Beitrag zum Ergebnis einer Prozedur leisten. Bei expliziten Abhängigkeitsgraphen sind das Operationen, deren Ergebnisse überhaupt nicht oder nur von anderen toten Operationen benutzt werden. Nicht erreichbar sind Operationen, die zu einem Block B gehören, für den die Analyse aus Abschnitt 5.1.2 $X_B \leq false$ berechnet hat.

Wir nutzen diese strukturellen Eigenschaften, indem wir für die Elimination toter Operationen den EAG einer einzelnen Prozedur ausgehend von der End-Operation in der Reihenfolge einer umgekehrten Tiefensuche ablaufen und Ecke für Ecke kopieren. In jeder Ecke, die wir bereits kopiert haben, hinterlegen wir einen Verweis auf die neue Version. Operationen, die keinen Beitrag zum Ergebnis der Prozedur leisten, sind von End aus nicht erreichbar und werden daher auch nicht kopiert. Id-Operationen und Operationen nicht ausführbarer Blöcke werden nicht kopiert. Der Aufwand für diese Transformation ist linear zur Größe des Graphen.

Eine entsprechende Technik wenden wir bei der schlußendlichen Zielcodegenerierung an: Hier erzeugen wir nur Code für Prozeduren, die von der Hauptprozedur aus erreichbar sind. Diese Information können wir direkt an den X_{Start} Werten der einzelnen Prozeduren ablesen.

6.2.3 Globale Vermeidung redundanter Berechnungen

Mit der Vermeidung redundanter Berechnungen werden auch die Effekte lokaler und globaler Zusammenfassungen gemeinsamer Teilausdrücke subsumiert. Die explizite Darstellung aller Datenabhängigkeiten in der Programmrepräsentation eröffnet uns neue Ansätze bei der Vermeidung redundanter Berechnungen, die über bisherige Techniken, vgl. Abschnitt 3.1.2.1. hinausgehen.

6.2.3.1 Aggressive Vermeidung von Redundanzen

Eine Berechnung b ist redundant, wenn sie von einer semantisch äquivalenten Berechnung a dominiert wird. In Abschnitt 6.1 haben wir bereits die Bedeutung von Normalisierungen für das syntaktische Erkennen semantisch äquivalenter Operationen diskutiert. Bei EAGs können wir aus der syntaktischen Gleichheit von Operationen auf semantische Gleichheit ihrer Ergebnisse schließen. Mit Ausnahme von Phi-Operationen und Sprüngen, deren Semantik direkt vom Steuerfluß abhängt bzw. diesen definieren, dürfen wir dabei sogar die Zugehörigkeit der Operationen zu einem bestimmten Grundblock ignorieren. Um syntaktisch gleiche Operationen effizient erkennen zu können, benutzen wir zur globalen Wertnumerierung eine Hashtabelle wie bei Click, vgl. Abschnitt 3.3.2.1.

Ebenso einfach wie das Erkennen semantisch äquivalenter Operationen ist auf EAGs die Umwandlung von partiellen zu echten Redundanzen.

Satz 6.2.1 *Kommen in einem EAG zwei bis auf die Grundblockzugehörigkeit ihrer Wurzeln gleiche Operationen a und b mit jeweils identischen Operanden vor, so können wir immer eine semantisch äquivalente Operation c einfügen, die a und b dominiert.*

Beweis: Die Operanden von a und b sind identisch und liegen nach Lemma 4.2.5 alle auf demselben Pfad im Dominatorbaum. Im Block B_e mit der größten Tiefe im Dominatorbaum sind daher alle Operanden verfügbar. Dies ist gleichzeitig auch die frühst mögliche Position für c, falls auch alle Operanden frühst möglich plaziert wurden. Umgekehrt besitzen die Blöcke B_a und B_b von a bzw. b einen tiefsten gemeinsamen Vorgänger B_l im Dominatorbaum. Dies ist gleichzeitig auch die spätest mögliche Position, falls alle Benutzungen bereits möglichst spät plaziert wurden. B_l muß nicht identisch mit B_e sein, wird jedoch von diesem dominiert. Um a und b zu dominieren kann c in jeden beliebigen Block eingefügt werden, der im Dominatorbaum auf dem Pfad von B_e nach B_l liegt. ◇

Sowohl a als auch b sind somit redundant. Da a alle seine Benutzungen dominiert und c wiederum a dominiert, dominiert c transitiv auch alle Benutzungen von a. Dieselbe Argumentation gilt für b. Alle Benutzungen von a und b können daher durch Benutzungen von c ersetzt werden. a und b sind anschließend tot und können aus dem Graph entfernt werden.

Auf diese Art können wir ein extrem aggressives Verfahren zur Vermeidung partieller Redundanzen formulieren, indem wir die beschriebene Ersetzung ausführen bis keine Anwendung mehr möglich ist. Dadurch haben alle Operationen des ursprünglichen Graphen, die wir syntaktisch als gleich nachweisen können, im Ergebnisgraphen nur einen einzigen Repräsentanten.

Der so erzeugte Graph ist im allgemeinen jedoch kein zulässiger EAG. Das aggressive Zusammenfassen syntaktisch gleicher Operationen verletzt unter Umständen die Eigenschaft (E9) von Seite 78. Dieser Fall tritt ein, wenn speicherverändernde Operationen an Positionen plaziert werden, an denen eine alternative Definition für denselben Teilspeicher noch lebendig ist. Für herkömmliche von-Neuman-Architektur können wir daraus direkt keinen effizienten Code generieren.

Die aggressive Elimination redundanter Operationen ist dennoch aus drei Gründen von besonderem Interesse. Zum einen können wir die extrem kompakte Darstellung nutzen, um den Eingabeumfang für Programmanalysen zu reduzieren. Für die Programmanalyse ist die Verletzung von (E9) unkritisch, da wir Speicherzustände dort funktional behandeln und wegen der Betrachtung sämtlicher möglicher Pfade prinzipiell mehrere Speicherzustände gleichzeitig beherrschen müssen. Wenn wir (E9) während der Optimierung außer Kraft setzen, müssen wir sie spätestens bei der Zielcodegenerierung wieder herstellen. Zum zweiten kann das aggressive Verfahren interessant für neuartige Rechnerarchitekturen wie z.B. dem Itanium sein, der spekulative Ausführungen von Befehlen unterstützt. Der dritte Vorteil des aggressiven Verfahrens besteht darin, daß es eine einfache Ausgangsbasis für Verfahren bietet, die nur zulässige EAGs erzeugen.

6.2.3.2 Zulässige Vermeidung von Redundanzen

Wir können das aggressive Codeplazierungsverfahren aus dem letzten Abschnitt so modifizieren, daß immer nur zulässige EAGs erzeugt werden. Dazu müssen wir lediglich sicherstellen, daß Operationen, die reale oder gedachte Variablen unserer Modellierung verändern, niemals spekulativ ausgeführt werden.

Definition 6.2.2 (Spekulative Ausführung) *Wir nennen eine speicherverändernde Operation x in Block B_x* spekulativ *oder* partiell tot, *wenn ihr Speicherergebnis nicht auf allen Pfaden von B_x nach* End *im Steuerflußgraph benutzt* *wird. Wird das Speicherergebnis von x auf allen Pfaden von B_x nach* End *benutzt, heißt x* unspekulativ *oder* stark benötigt.[1]

Unspekulativität ist eine genauere Aussage als die gewöhnlich bei Codeverschiebungsverfahren benutzt Nachsicherheit. Letztere wird ohne Kenntnis der Benutzungen einer Operation allein aus der Menge der Programmpunkte bestimmt, an denen die Operation ursprünglich vorhanden war.

Satz 6.2.3 *Die Plazierung einer speicherverändernden Operationen x in einen Block B kann (E9) in einem ursprünglich zulässigen* EAG *nur verletzen, wenn x in B spekulativ ausgeführt wird.*

Beweis: Wir weisen nach, daß aus einer Verletzung von (E9) durch Plazierung von x folgt, daß x spekulativ ist. Besteht durch die Plazierung ein Konflikt zwischen x und einer anderen Definition y so muß auch eine Benutzung b von y in einem der Nachfolgerblöcke B_b von B existieren. Ansonsten würden sich die Lebenszeiten der beiden Definitionen nicht überschneiden. Es gibt keinen Pfad im Steuerflußgraphen, auf dem x und b gemeinsam vorkommen. Ansonsten wären sie voneinander datenabhängig und x könnte nicht nach B verschoben werden. Auf allen Pfaden von B zum Block von b ist x daher spekulativ, da x auf diesen Pfaden bis zum Ende der Prozedur keine Benutzungen haben kann. Da b von y abhängt existiert mindestens ein solcher Pfad. ◇

Durch das Konstruktionsverfahren für den Aufbau von EAG*s* ist garantiert, daß jede Variable an jedem Programmpunkt eine eindeutige Definition besitzt. Wenn wir nur Operationen neu plazieren, die keine Variablen ändern können, erzeugt auch das aggressive Verfahren aus dem letzten Abschnitt nur zulässige EAGs. Dies folgt direkt aus Satz 6.2.3. Gilt diese Einschränkung, so können auch Load-Operationen und Prozeduraufrufe bei der Codeplazierung behandelt werden. Eine speicherverändernde Operation x kann plaziert werden, wenn sie an ihrer neuen Positionen stark benötigt wird. Dies können wir im Einzelfall durch Standardanalysen überprüfen. Falls keine Position existiert, an der x stark benötigt ist, können wir Kopien von x erzeugen, und für diese jeweils Positionen erzwingen, an denen sie stark benötigt werden, indem wir sie soweit in Nachfolgerblöcke verschieben, bis sie auf allen Pfaden lebendig oder völlig tot sind. Die Möglichkeiten, die sich durch diese Rematerialisierung von Operationen ergeben, werden hier nicht weiterverfolgt. Wir plazieren speicherverändernde Operationen nur neu, wenn dies ohne Rematerialisierung möglich ist.

Bei Operationen, deren Ergebnisse ausschließlich einfache Werte sind, bietet die spekulative Plazierung von Operationen große Vorteile gegenüber bekannten Ansätzen. Mit Hilfe des Schleifenbaums aus Abschnitt 5.2.1.2 können wir die Kosten für die Plazierung in einem bestimmten Block gut abschätzen. Wir nehmen dabei an, daß Schleifen in der Regel mindestens einmal ausgeführt werden.

1) Engl.: *very busy*.

Bei der Plazierung von Operationen gehen wir insgesamt wie folgt vor:

- Zunächst bestimmen wir für alle Operationen x deren frühest mögliche Plazierung E_x. Dabei behandeln wir Operanden vor den Operationen, die sie benutzen.
- Anschließend bestimmen wir für jede Operation x die spätest mögliche Plazierung L_x. Dabei behandeln wir Operationen, die x benutzen, vor x. Unter den Blöcken, die im Dominatorbaum auf einem Pfad von L_x nach E_x liegen, wählen wir denjenigen mit der geringsten Tiefe im Schleifenbaum. Dort plazieren wir x. Diese Position ist die kostengünstigste, wenn wir annehmen, daß Operationen im Rumpf einer Schleife auch mindestens einmal ausgeführt werden.

E_x und L_x bestimmen wir wie im Beweis zu Satz 6.2.1. Daß wir die angegebenen Reihenfolgen auch bei zyklischen Abhängigkeiten einhalten können liegt daran, daß jeder solche Zyklus eine Phi-Operationen enthält. Diese können wir nicht verschieben, da ihre Semantik direkt von dem Block abhängt, zu dem sie gehört.

Bewertung: Standardverfahren für Codeverschiebung, vgl. Abschnitt 3.1.2.1, können eine Operation x nur dann aus Schleifen heraus ziehen, wenn die Schleife mindestens einmal ausgeführt wird und x in deren Rumpf nicht unter Bedingung steht. Dies ist zum einen gewollt, um garantieren zu können, daß das optimierte Programm niemals mehr Berechnungen ausführt als das ursprüngliche. Zum anderen kann mit traditionellen Programmrepräsentationen aber auch nicht leicht bewiesen werden, daß sich das Programmverhalten nicht ändert, wenn eine Operation auf einen Pfad verschoben wird, auf dem sie ursprünglich nicht auftrat. Dies betrifft insbesondere Operationen, die Ausnahmen auslösen können. Bei EAGs sind ausnahmebehaftete Operationen über Datenabhängigkeiten modelliert. Wir können sie genauso behandeln, wie speicherverändernde Operationen: Solange wir statisch annehmen müssen, daß zur Laufzeit eine Ausnahme ausgelöst wird, ist diese Operation eine Definition der gedachten Variable Except. In diesem Fall wird die Operation nicht spekulativ plaziert. Kann nachgewiesen werden, daß keine Ausnahme ausgelöst und auch keine andere Variable durch die Operation verändert wird, so kann die Operation auch spekulativ plaziert werden.

Dadurch, daß wir Operationen bei der Plazierung einzeln und nacheinander behandeln, können wir ausschließen, daß noch nicht plazierte Operationen andere Operationen blockieren. Um diesen Effekt mit Standardverfahren zu erreichen müßten wir diese bis zum Fixpunkt iterieren.

Im Gegensatz zu den Verfahren aus Abschnitt 3.1.2.1 können wir Dank der explizit verfügbaren Abhängigkeiten auch Haldenzugriffe und Prozeduraufrufe neu plazieren und damit gegebenenfalls auch aus Schleifen herausziehen. Für praktisch relevante Fälle führt dieses Herausziehen von Operationen aus Schleifen zu besseren Ergebnissen. Allerdings können wir nicht mehr garantieren, daß nach dieser Optimierung nicht mehr Berechnungen ausgeführt werden als zuvor, da die Annahme, daß Operationen innerhalb eines Schleifenrumpfes mindestens einmal ausgeführt werden, auch falsch sein kann. Diese Optimierungen sind jedoch besonders lohnend für Fragmente der Form while i < ds.size loop ... f (x) ... end. Hier erkennen wir anhand der Datenabhängigkeiten, ob wir die Aufrufe von ds.size und f(x) aus der Schleife herausziehen können. In diesem Fall erhalten wir automatisch s := ds.size; n := f (x); while i < s loop ... n ... end.

6.3 Beseitigung objektorientierter Ineffizienzen

Im folgenden geben wir optimierende Transformationen an, die speziell die in Abschnitt 2.1 angesprochenen Ursachen für Ineffizienzen bei objektorientierten Programmen angehen. Zunächst gehen wir auf die Ersetzung polymorpher Aufrufe durch statische Bindungen und auf den dadurch möglichen offenen Einbau von Prozeduren ein. Daran schließen sich Optimierung zur Reduktion von Speicherzugriffen an, und schlußendlich die Transformationen für die Elimination dynamischer Objekterzeugungen.

6.3.1 Reduktion von Polymorphie und Prozeduraufrufen

Aus den Ergebnissen der Programmanalyse aus Abschnitt 5.1 können wir für jeden Prozeduraufruf direkt ablesen, welche Prozeduren dadurch möglicherweise erreichbar sind. Dazu müssen wir lediglich den das Analyseergebnis des Adreßausdrucks interpretieren, der die Adresse der auszurufenden Prozedur berechnet. Sein Analyseergebnis ist ein χ-Term über $\mathcal{L}_P = (\mathcal{P}(N), \subset)$, vgl. Abschnitt 5.1.1.2. Hat der χ-Term die Form val$(\{p\})$, so ist die Prozedur p das eindeutig bestimmte Ziel des Prozeduraufrufs, da p das einzige zulässiges Ergebnis für die Konkretisierung $\gamma(\text{val}(\{p\}))$ ist. In diesem Fall ersetzen wir den Adreßausdruck durch eine Operation Constp(p). Damit ist die Adresse des Prozeduraufrufs statisch gebunden.

6.3.1.1 Realisierung kontextsensitiver Konstanten

Selbst wenn für verschiedene Analysekontexte unterschiedliche Konstanten bestimmt wurden, können wir den Adreßausdruck in bestimmten Fällen durch DAGs mit Phi-Operationen und Konstanten ersetzen. Falls es sich bei den Konstanten um Adressen von Prozeduren handelt, erreichen wir dadurch zwar keine statische Bindung, aber wir können unter Umständen die Kosten für die Berechnung des Adreßausdrucks senken.

Dazu nutzen wir die Korrespondenz zwischen x_c-Termen und Grundblöcken aus. Besteht ein χ-Term nur aus x_c-Termen und val-Termen mit eindeutigen Konstanten $l \in \mathcal{L}$, so können wir aus dem χ-Term einen kongruenten Phi-DAG ableiten: x_c-Terme werden zu Phi-Operationen, die wir in die zugehörigen Blöcke einfügen. Die Konstanten an den Blättern des χ-Terms werden zu Const-Operationen.

Wir können diese Ersetzung auch über Prozedurgrenzen ausdehnen: Beziehen sich die x_c-Terme auf Blöcke in dynamischen Vorgängern der aktuellen Prozedur, so könnten wir die Signaturen der auf dem Aufrufpfad liegenden Prozeduren um einen zusätzlichen Parameter erweitern und die Konstante so von Prozedur zu Prozedur weiterreichen.

Da dies jedoch zu einer Erhöhung der Kosten führt, wenden wir die Ersetzung durch Phi-DAGs nur an, wenn alle Blöcke zur aktuellen Prozedur gehören und die Kosten für den Phi-DAG geringer sind als die ursprüngliche Berechnung des Adreßausdrucks.

Alternativ können wir die kontextsensitive Information der $\mathcal{X}$-Terme auch dazu nutzen, die aktuelle Prozedur mehrfach zu Klonen, so daß wir in jeder Version tatsächlich unabhängig vom Kontext eindeutige Konstanten erhalten. Dies führt zu Chambers *specialization*-Ansatz, vgl. Abschnitt 3.1.5, den wir jedoch hier nicht weiter verfolgen. Stattdessen nutzen wir die statischen Bindungen für den kontextsensitiven Spezialfall des Klonens, den offenen Einbau von Prozeduren.

6.3.1.2 Offener Einbau

Call-Operationen, deren Adreßausdruck eine Konstante ist, können wir durch den Rumpf der aufzurufenden Prozedur p ersetzen, vgl. Abschnitt 3.1.3.3. Auf EAGs läßt sich dieser offene Einbau elegant realisieren. Dazu wird einfach eine Kopie des Rumpfes von p erzeugt. Besitzen wir bereits einen interprozeduralen EAG, so können wir die zum Aufruf gehörenden FIn und FOut Operationen löschen und die zugehörigen Kanten auf die Ein- und Ausgänge der erzeugten Kopie umlenken. Für intraprozedurale EAGs gehen wir beim offenen Einbau ähnlich vor wie bei der Konstruktion des interprozeduralen EAGs und ersetzen alle Abhängigkeiten von den formalen Parametern durch Kanten auf die aktuellen Parameter der Call-Operation. Abhängigkeiten von Ausgängen der Call-Operation ersetzen wir durch Kanten auf die Operanden der Return-Operation in der Kopie. Im Gegensatz zur Konstruktion in Abschnitt 4.2.1.5 werden keine Phi-Operationen benötigt, da die aufzurufende Prozedur eindeutig bestimmt war und die Kopie nur eine Benutzung hat.

6.3.2 Reduktion von Speicherzugriffen

Einen lesenden Zugriff auf eine Speicherzelle können wir statisch direkt durch deren Inhalt ersetzen, falls die Programmanalyse aus Kapitel 5 diesen Inhalt am Punkt des Zugriffs eindeutig bestimmen kann. Dabei gehen wir wie in Abschnitt 6.3.1 bei der Ersetzung von Adreßausdrücken vor, und ersetzen Load-Operationen durch Konstanten oder Phi-DAGs mit Konstanten als Blätter.

In den meisten Fällen sind die Variableninhalte durch das Ergebnis der Programmanalyse jedoch nicht eindeutig bestimmt. Trotzdem können wir dann häufig Speicherzugriffe, auch Store-Operationen, durch geeignete lokale Transformationen des EAG eliminieren. Bei abhängigen Load- oder Store-Operationen, die auf dieselbe Speicherstelle zugreifen, ist häufig eine der beiden Operationen redundant.

Entsprechend der möglichen Kombinationen unterscheiden wir die drei relevanten Fälle:

1. Lesender Speicherzugriff nach schreibendem Speicherzugriff
2. Schreibender Speicherzugriff nach schreibendem Speicherzugriff
3. Schreibender Speicherzugriff nach lesendem Speicherzugriff

Die vierte Kombination mit zwei abhängigen, lesenden Zugriffen auf dieselbe Adresse kommt in EAGs nicht vor, da wir Eingabeabhängigkeiten ignorieren. Beide Operationen sind unabhängig, besitzen dieselben Operanden und werden daher bei der Vermeidung von Redundanzen zu einer einzigen Load-Operation zusammengefaßt.

Die Korrektheit der einzelnen Ersetzungen weisen wir wieder an hand der konkreten Semantik der Operationen nach, wie wir sie in Abschnitt 4.2.2.3 definiert haben.

1. Fall: Laden wir einen Wert von einer Variable, deren letzte Definition wir kennen, so können wir die Load-Operation eliminieren und stattdessen direkt den Wert benutzen, der den aktuellen Inhalt der Variablen definiert.

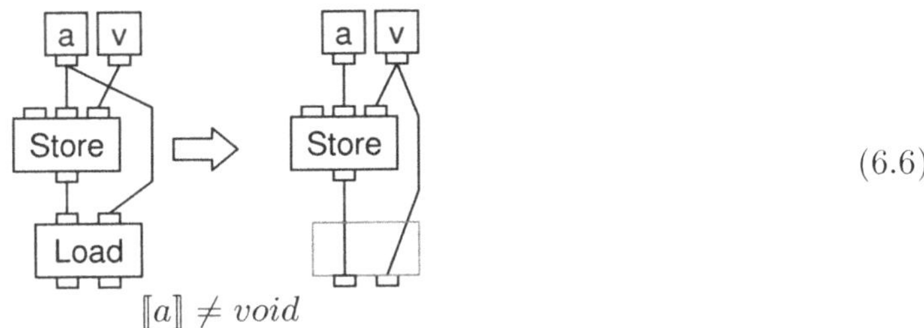

$[\![a]\!] \neq void$ (6.6)

Die Einschränkung auf $[\![a]\!] \neq void$ benötigen wir beim Übergang von Zeile zwei auf drei in der folgenden Gleichung, um $f[a- > b](a) = b$ benutzen zu können.

$$\begin{aligned} [\![\mathsf{Load}(\mathsf{Store}(m,a,v),a)]\!] &= ([\![\mathsf{Store}(m,a,v)]\!], [\![\mathsf{Store}(m,a,v)]\!]([\![a]\!])) \\ &= ([\![\mathsf{Store}(m,a,v)]\!], ([\![m]\!][[\![a]\!] \mapsto [\![v]\!]])([\![a]\!])) \\ &= ([\![\mathsf{Store}(m,a,v)]\!], [\![v]\!]) \end{aligned} \tag{6.7}$$

Die Load-Operation hat anschließend keine Benutzungen mehr und wird bei der Beseitigung toten Codes aus dem Graph entfernt.

Dies ist der typische Fall für die Benutzung von Variablen, die zuvor in anderen Anweisungen definiert wurden. Durch diese Ersetzung sparen wir nicht nur bei jeder Anwendung eine Load-Operation ein. Sie erzeugt auch größere zusammenhängende Ausdrücke, wie wir dies in Abschnitt 2.2.1 für die Erhöhung der Anwendbarkeit traditioneller Optimierungen auf Ausdrücken gefordert haben. Operationen, die bisher den zweiten Ausgang der Load-Operation benutzt haben, sind anschließend direkte Benutzungen von v.

2. Fall: Wir schreiben zweimal hintereinander an dieselbe Stelle im Speicher. Hier kann der Speichereingang der zweiten Store-Operation auf denselben Wert gesetzt werden, wie der Eingang der ersten.

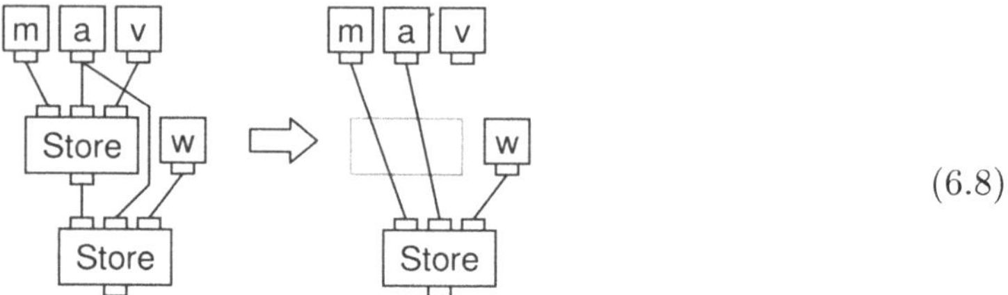

(6.8)

Ausgangsgrad der oberen Store-Operation = 1

Für den Beweis der Korrektheit dieser Transformation benötigen wir einige zusätzliche Überlegungen: Bei der Gleichheit im Übergang von Zeile zwei auf Zeile drei in der folgenden Gleichung nutzen wir aus, daß in unserem Speichermodell aus Abschnitt 4.2.2.1 Variablen nur als Ganzes geschrieben werden. Können wir dies nicht voraussetzen, so müssen wir als Vorbedingung für die Transformation explizit fordern, daß v und w dieselbe Größe haben.

$$\begin{aligned} [\![\mathsf{Store}(\mathsf{Store}(m,a,v),a,w)]\!] &= [\![\mathsf{Store}(m,a,v)]\!][[\![a]\!] \mapsto [\![w]\!]] \\ &= [\![m]\!][[\![a]\!] \mapsto [\![v]\!]][[\![a]\!] \mapsto [\![w]\!]] \\ &= [\![m]\!][[\![a]\!] \mapsto [\![w]\!]] \\ &= [\![\mathsf{Store}(m,a,w)]\!] \end{aligned} \tag{6.9}$$

Ohne die Forderung nach einem Ausgangsgrad von eins bei der oberen Store-Operation ist diese nach der Transformation nicht zwangsläufig tot. Es könnten noch Benutzungen durch andere Operationen existieren. Diese Operationen können sich nur auf alternativen Steuerflußpfaden befinden, da die zweite Store-Operation x sonst von diesen antiabhängig gewesen wäre. Daher müßten wir in einem solchen Fall x in einen anderen Block verschieben, um sicherzustellen, daß (E9) nicht verletzt wird.

Um diesen Fall auszuschließen, fordern wir als Vorbedingung für die Transformation, daß der Ausgangsgrad der ersten Store-Operation gleich eins ist. Dann ist sie nach der Ersetzung in jedem Fall tot und kann gelöscht werden.

3. Fall: Das Rückschreiben eines gerade gelesenen Wertes ist eine unnötige Operation.

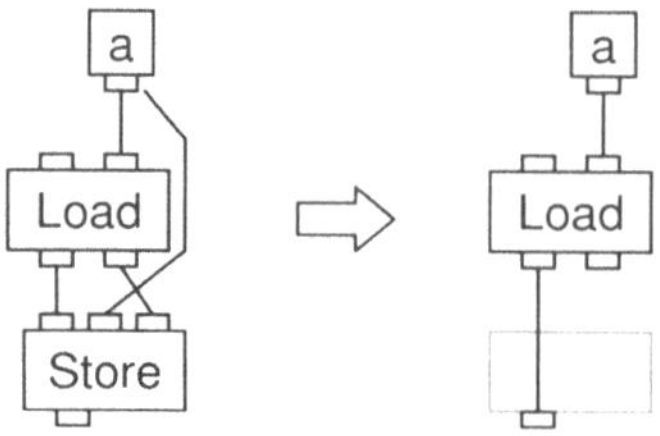

(6.10)

$$\begin{aligned}
[\![\mathsf{Store}(m', a, v)]\!] \quad & \text{mit} \quad (m', v) = \mathit{Load}(m, a) \\
&= [\![m']\!][[\![a]\!] \mapsto [\![v]\!]] \\
&= [\![m']\!][[\![a]\!] \mapsto [\![m]\!]([\![a]\!])] \\
&= [\![m']\!][[\![a]\!] \mapsto [\![m']\!]([\![a]\!])] \\
&= [\![m']\!]
\end{aligned} \tag{6.11}$$

Die Store-Operation ist tot und kann aus dem Graph entfernt werden. Die Load-Operation kann noch weitere Benutzungen haben. Load-Operationen, deren zweiter Eingang nicht benutzt wird, können gelöscht werden. Ursprüngliche Benutzungen des Speicherausgangs werden auf den Speichervorgänger der Load-Operation umgelenkt.

Vereinfachung über Phi-Operationen hinweg: Die obigen Ersetzungsregeln können wir auch für Fälle erweitern, in denen die Speicheroperationen nicht direkt aufeinander folgen, sondern Alternativen durch Phi-Operationen zusammengefaßt werden. Ersetzung (6.12) zeigt dies exemplarisch.

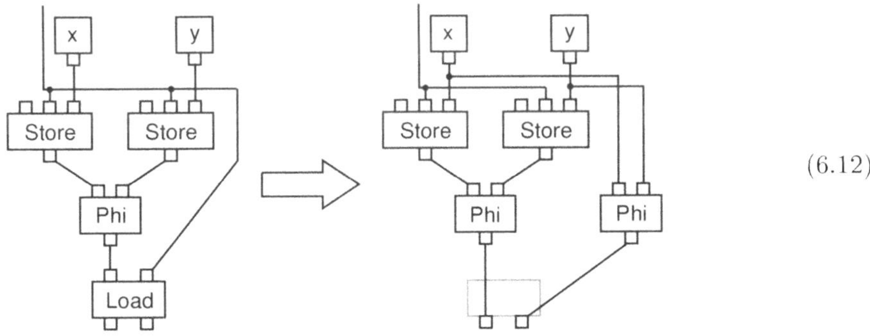

(6.12)

Der Beweis erfolgt entsprechend zu Fall 1, unter Ausnutzung der Distributivität der Phi-Operation.

$$\begin{aligned}
& \mathsf{Load}(\mathsf{Phi}(\mathsf{Store}(m, a, x), \mathsf{Store}(m, a, y)), a) \\
= \; & \mathsf{Phi}(\mathsf{Load}(\mathsf{Store}(m, a, x), a), \mathsf{Load}(\mathsf{Store}(m, a, y), a))
\end{aligned}$$

6.3.3 Elimination dynamischer Objekterzeugungen

Für die Elimination dynamischer Objekterzeugungen bieten uns EAGs und die Ergebnisse der Analyse aus Kapitel 5 gleich mehrere Ansatzpunkte. Eine ganz wesentliche Technik für die Vermeidung dynamischer Objekte haben wir bereits mit den Transformationen aus den letzten Abschnitten abgedeckt. Dies ist eine Kombination aus der Elimination von Speicherzugriffen und der Beseitigung toten Codes. Fall eins aus Abschnitt 6.3.2 entfernt lesende Zugriffe auf Objekte. Die verbleibenden schreibenden Zugriffe werden durch Fall zwei reduziert. Verbleibt auf diese Weise nur noch eine tote Alloc-Operation, so können wir diese entfernen.

Durch diese Transformationen wird der Zustand, der zuvor durch Attribute eines dynamisch erzeugten Objekts realisiert war, auf echte Abhängigkeiten zwischen Operationen transformiert. Bei der Zielcodegenerierung werden diese, wie in Abschnitt 4.4 diskutiert, auf Ressourcen der Zielmaschine abgebildet. Im allgemeinen werden dies Speicherstellen in der Schachtel der aktuellen Prozedur sein. Insgesamt haben wir dadurch eine dynamische Objekterzeugung eingespart und den vormals dynamisch belegten Speicher mit einer Prozedurschachtel verschmolzen. Werden die Abhängigkeitskanten auf Prozessorregister abgebildet, so wird das Objekt sogar vollständig im Prozessor gehalten.

Einen zweiten Ansatz ermöglichen uns die bei der Analyse von Speicherinhalten gewonnenen Informationen. Diese können wir nutzen, um dynamische Objekte, die immer zusammen benutzt werden, auch zusammen zu erzeugen.

Die charakteristische Situation läßt sich wie folgt beschreiben: Eine Attribut a eines Objekts x, das durch das verwendete Namensschema eineindeutig benannt ist, zeigt auf ein anderes, ebenfalls eineindeutig benanntes Objekt y. Gilt dies für alle Programmpunkte, so können wir die beiden Objekte verschmelzen indem wir y in x offen einbauen. Dazu müssen wir a lediglich mit der *unbox*-Annotation aus Abschnitt 4.2.5 versehen. Der eigentliche Einbau erfolgt dann, wie in Abschnitt 4.4.1 beschrieben, beim Abbau der Programmrepräsentation.

Trotz der Einfachheit dieser Ansätze gehen die damit erreichbaren Verbesserungen über die bisher erreichbaren Ergebnisse bekannter Optimierungen hinaus. Im Unterschied zum Ansatz von Dolby, vgl. Abschnitt 3.1.3.1, können wir auch die Verschmelzung von Objekten mit Prozedurschachteln behandeln. Erst dadurch ist es möglich, die Datenkapselung objektorientierter Programme bei der optimierenden Übersetzung durch traditionell imperative Formulierungen über lokale Variablen zu ersetzen. Dies ist von besonderer Bedeutung für lokal erzeugte Objekte wie beispielsweise Iteratoren.

6.4 Reduktion nicht essentieller Abhängigkeiten

Um die in Abschnitt 6.3.2 definierten Transformationen zur Reduktion von Speicherzugriffen anwenden zu können, müssen Operationen, die dieselbe Speicherzelle lesen bzw. schreiben im EAG direkt durch Abhängigkeitskanten miteinander verbunden sein. Das initiale Namensschema aus Definition 4.3.1 leistet dies bereits für lokale Variablen. Für Zugriffe auf andere Variablen sind die Transformationen aus Abschnitt 6.3.2 bisher jedoch nur anwendbar, wenn Zugriffe auf dieselbe Variable bereits im Quellprogramm in direkter textueller Nachbarschaft standen.

Gegenstand dieses Abschnitts sind Transformationen, mit denen nicht essentielle Abhängigkeiten aus EAGs entfernt werden können.

In Abschnitt 6.4.2 geben wir zunächst ein lokales Transformationsschema an, an dem das Prinzip des Umbaus von EAGs deutlich wird. Darauf aufbauend definieren wir in Abschnitt 6.4.3 ein algorithmisches Vorgehen, mit dem sich die Darstellung effizienter umbauen läßt.

6.4.1 Verfeinerung des Namensschemas

Im folgenden setzen wir voraus, daß wir für alle lesend oder schreibend auf den Speicher zugreifenden Operationen zusätzliche Informationen besitzen. Konkret fordern wir, daß die Attribute *mayuse* und *maydef* aus Definition 4.2.10 bezüglich eines neuen Namensschemas verfügbar sind. Dieses Namensschema soll eine Verfeinerung des bis dahin für die Bestimmung von Abhängigkeiten benutzten Schemas sein.

Definition 6.4.1 (Verfeinertes Namensschema) *NS' ist eine Verfeinerung eines Namensschemas NS falls, für jeweils zwei im Programm vorkommende Zugriffspfade p, q gilt: $Name_{NS'}(p) = Name_{NS'}(q) \Rightarrow Name_{NS}(p) = Name_{NS}(q)$.*

Der Übergang auf ein verfeinertes Namensschema hat den Vorteil, daß die Abhängigkeiten bezüglich des genaueren Schemas nicht vollständig neu bestimmt werden müssen.

Satz 6.4.2 *Zwei Operationen a und b, die bezüglich eines gegebenen Namensschemas NS unabhängig sind, sind auch bezüglich einer Verfeinerung NS' von NS unabhängig.*

Beweis: Sind a und b voneinander unabhängig, so kann es dafür zwei Gründe geben: Entweder gibt es keinen Pfad im Steuerflußgraph, der sowohl a als auch b enthält. Dann gilt dies auch bei Veränderung des Schemas und a und b bleiben unabhängig.

Ansonsten gilt für alle Zugriffspfade p_a und p_b, die von a bzw. b für Zugriffe benutzt werden:

$$Name_{NS}(p_a) \neq Name_{NS}(p_b).$$

Bei Verfeinerung des Namensschemas gilt nach Definition 6.4.1

$$Name_{NS}(p) \neq Name_{NS}(q) \Rightarrow Name_{NS'}(p) \neq Name_{NS'}(q)$$

und somit auch

$$Name_{NS'}(p_a) \neq Name_{NS'}(p_b).$$

Damit sind a und b auch in diesem Fall bezüglich des verfeinerten Schemas unabhängig. $\diamond$

In Abschnitt 5.1.1.2 haben wir Namensschemata für Variablen bereits auf Namensschemata für Objekte zurückgeführt. Bis auf das initiale Namensschema aus

Abschnitt 4.3.1 haben wir bisher jedoch noch keine konkreten Schemata für Objekte angegeben. Das holen wir nun nach.

Eine Verfeinerung im Sinne von Definition 6.4.1 erlauben von den in Abschnitt 3.2 untersuchten Namensschemata nur die Annotation von Objekterzeugungen mit längenbeschränkten Pfaden im Aufrufgraph und der Ansatz von Plevyak und Chien. Letzterer läßt sich jedoch nicht unabhängig von deren Analyse formulieren. Wir nutzen daher den Ansatz über längenbeschränkte Pfade zur Definition einer Folge von Namensschemata.

Definition 6.4.3 (Namensschemata für Objekte) $\langle NS_O^0, NS_O^1, \ldots \rangle$ *ist eine Folge von Namensschemata für dynamisch erzeugte Objekte.* NS_O^{i+1} *ist im Sinne von Definition 6.4.1 eine Verfeinerung von* NS_O^i. NS_O^0 *ist das initiale Namensschema aus Abschnitt 4.3.1.* NS_O^i *für* $i > 0$ *ist* $A \times \Delta^{i-1}$. *Dabei ist* A *die Menge der Operationen, an denen Objekte erzeugt werden.* Δ^k *ist die Menge der* k*-Enden von Pfaden im Aufrufgraph, die zu Operationen aus* A *führen, vgl. Anschnitt 3.2.3.2.*

Durch die k-Enden der Pfade können dynamische Objekterzeugungen für verschiedene Ausführungskontexte unterschieden werden. Durch die Verlängerung der Pfade können mehr Kontexte unterschieden werden. Objekte, die bei gegebenem k auf denselben Namen abgebildet werden, werden dies auch für kleinere Werte von k.

6.4.2 Pfadverkürzung durch lokale Transformation

Mit den Attributen *mayuse* und *maydef* kann zusammen mit Definition 2.4.3 direkt festgestellt werden, über welche Namen zwei Operationen von einander abhängen und welcher Art diese Abhängigkeit ist.

Im folgenden stehen a, b, x und y für eine Load-, Store- oder Call-Operation. Existiert in einem Abhängigkeitsgraph eine Kante zwischen den Operationen a und b, so ist b bezüglich NS abhängig von a. Bezüglich des verfeinerten Schemas NS' ist diese Abhängigkeit nicht essentiell, falls

$$(maydef_a \cap maydef_b) \cup (maydef_a \cap mayuse_b) \cup (mayuse_a \cap maydef_b) = \emptyset. \quad (6.13)$$

In diesem Fall ist b nicht von a abhängig, sondern höchstens vom Vorgänger x von a. Daher kann die Abhängigkeit zwischen a und b im Graphen gelöscht werden. b erhält x als neuen Vorgänger, von dem es auch bisher schon über a transitiv abhängig war. Durch die Elimination der nicht essentiellen Abhängigkeit zu a wird die Anzahl der Operationen reduziert, von denen b transitiv abhängt.

Durch das Löschen der Kante zwischen a und b haben wir auch den Nachfolger y von b als unabhängig von a erklärt. Dies ist möglicherweise falsch. Wir müssen dafür sorgen, daß die ursprünglich im Graphen ausgedrückten Abhängigkeiten inklusive aller transitiven Abhängigkeiten aus Sicht der Operation y erhalten bleiben. Daher lassen wir y auch nach dem Löschen der Kante zwischen a und b weiterhin von diesen beiden Operationen abhängen. Abbildung 6.14 zeigt das Ersetzungsschema unter der Annahme, daß (6.13) gilt.

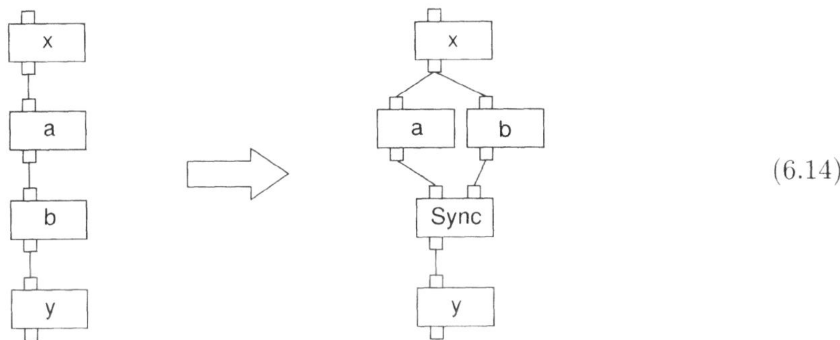

(6.14)

Zur Elimination nicht essentieller Abhängigkeiten könnten wir diese Ersetzungsregel auf Sync- und Phi-Operationen erweitern und sie dann solange auf einen Abhängigkeitsgraphen anwenden, bis keine Ersetzung mehr möglich ist. Dieser lokale, schrittweise Umbau ist korrekt, aber sehr aufwendig. Sowohl die neu eingefügten, als auch die verbliebenen Kanten können für nicht essentielle Abhängigkeiten stehen. Die Einzeltransformationen erzeugen unter Umständen eine Vielzahl von Kanten und Sync-Operationen, die in späteren Schritten wieder gelöscht werden müssen.

Nicht essentielle Abhängigkeiten lassen sich in weniger Schritten beseitigen, wenn wir anstatt einzelne Kanten zu löschen direkt die bezüglich des neuen Namensschemas richtigen Vorgänger bestimmen. Einen entsprechenden Algorithmus definieren wir im folgenden Abschnitt.

6.4.3 Globale Bestimmung essentieller Abhängigkeiten

Um den wiederholten Umbau eines Abhängigkeitsgraphen bei Anwendung der lokalen Transformation aus dem letzten Abschnitt zu vermeiden, bestimmen wir im folgenden für jede Operation Op($m, \ldots$) ein neues Speicherargument m'. Bezüglich der Attribute *mayuse* und *maydef* von Op sollen dabei zwischen m' und Op nur essentielle Abhängigkeiten bestehen. Der Umbau der Repräsentation erfolgt im Anschluß an die Berechnung aller m', indem bei allen Operationen m durch m' ersetzt wird.

Im Prinzip können wir die Abhängigkeiten bestimmen, indem wir vom Standardalgorithmus zur Berechnung ankommender lokaler Definitionen, vgl. Abschnitt 2.5, ausgehen und diesen um die Behandlung von Benutzungen erweitern. Ein solcher Ansatz ist jedoch sehr aufwendig: Für jeden Programmpunkt muß eine Abbildung von Namen auf Definitionen und Mengen von Benutzungen realisiert werden. Die Anzahl der insgesamt möglichen Namen hängt vom verwendeten Namensschema ab. Sie ist aber im Vergleich mit der zu erwartenden Anzahl lokaler Variablen bei Prozeduren sicher sehr groß. Nur ein kleiner Teil davon wird in einer Prozedur auch wirklich auftreten, aber es ist erst am Ende der Analyse bekannt, welche Definitionen und Benutzungen tatsächlich benötigt wurden.

Stattdessen adaptieren wir die bedarfsgesteuerte Berechnung von Speicherzuständen für die Bestimmung essentieller Abhängigkeiten. Da NS' eine Verfeinerung von NS ist, müssen bei der Bestimmung von m' wegen Satz 6.4.2 nur m und dessen transitive Vorgänger betrachtet werden. Daher können wir entlang der bestehenden Kanten vorgehen. Je genauer diese bereits gegeben sind, um so weniger Operationen müssen bei der Bestimmung von m' untersucht werden.

Op ist antiabhängig von Benutzungen der Namen aus *maydef*, ausgabeabhängig von Definitionen der Namen in *maydef* und echt abhängig von den Definitionen der Namen in *mayuse*. Zur Bestimmung der Abhängigkeiten definieren wir in Abbildung 6.2 eine Funktion $dep(m, u, d)$, die m und dessen Vorgänger nach den aktuellen Definitionen für Namen aus d und Benutzungen von Namen aus u absucht. m'_{Op} berechnen wir dann durch $m'_{Op} = dep(m_{Op}, maydef_{Op}, mayuse_{Op} \cup maydef_{Op})$. Zunächst definieren wir eine Hilfsfunktion *dep'*. Im Unterschied zu *dep* ist hier der erste Parameter eine Liste der zu untersuchenden Operationen. Bei neuen Einträgen in diese Liste wird sichergestellt, daß alle Elemente entsprechend der bestehenden Abhängigkeiten angeordnet sind. Da niemals direkte Vorgänger von Phi-Operationen eingefügt werden, bestehen zwischen den Elementen der Liste nach Lemma 5.2.4 keine zyklischen Abhängigkeiten.

Die Rekursion terminiert mit einem der beiden folgenden Fälle: Entweder ist d leer, oder der Anfang der Prozedur wurde erreicht. Im ersten Fall wurden alle gesuchten Definitionen und Benutzungen gefunden, da aus $d = \emptyset$ auch $u = \emptyset$ folgt: d ist zu Beginn eine Obermenge von u und es werden jeweils dieselben Namen aus u und d gelöscht. Im zweiten Fall gibt es mindestens einen Pfad auf dem mindestens ein Name aus $mayuse_{Op} \cup maydef_{Op}$ nicht definiert wird. Die Definition erfolgt dann in den Aufrufern der Prozedur und *Op* hängt von der Start-Operation der aktuellen Prozedur ab.

Ist die zu untersuchende Operation eine Phi-Operation, so definieren deren Argumente alternative Speicherbelegungen für disjunkte Steuerflußpfade, die am Block der Phi-Operation zusammenlaufen. Jeder dieser Pfade muß als mögliche Ausführung in Betracht gezogen werden. Wir definieren *dep'* für diesen Fall daher rekursiv über die einzelnen Alternativen und fassen die einzelnen Ergebnisse anschließend durch eine neue Phi-Operation zusammen. Bei der Erzeugung der neuen Phi-Operation wenden wir die Optimierungen aus Abschnitt 4.3.3 an. Um auch bei Zyklen im Datenfluß, die keine Definitionen enthalten, die Terminierung garantieren zu können, markieren wir bereits behandelte Phi-Operationen entsprechend.

Sync-Operationen führen mehrere Speicherzustände zusammen. Die Definitionen der Namen in d müssen dabei gemäß (4.4) in allen Vorgängern gesucht werden, und zwar in einer mit den bisherigen Abhängigkeiten verträglichen Reihenfolge.

```
dep m u d = Sync(d₁, ..., dₙ) mit dᵢ ∈ (dep' [m] u d)

dep' _ _ ∅ = ∅

dep' Start:xs _ _  = {Start} ∪ (dep' xs u d)


dep' Phi(m₁, ..., mₙ):xs u d = {Phi((dep m₁ u d), ...,(dep mₙ u d))}
                                ∪(dep' xs u d)

dep' Sync(m₁, ..., mₙ):xs u d = (dep' (merge xs [m₁,...,mₙ]) u d)


dep' x:xs u d
| x == Call(N,...)∧(u∩ D)∪ (d∩ U)∪ (d∩ D) ≠ ∅    =   x:xss
| x == Call(N,...)∧(u∩ D)∪ (d∩ U)∪ (d∩ D) == ∅   =   xss

where D = maydef_x
      U = mayuse_x
    xss = (dep' (merge xs [N]), u-D, d-D)


dep' Store(N,...):xs u d      -- wie Call, Spezialfall mit U = ∅

dep' Load(N,...):xs  u d      -- wie Call, Spezialfall mit
                                 D = ∅
```

Abbildung 6.2: Bestimmung der Abhängigkeiten aus *maydef* und *mayuse*.

Call-, Store- und Load-Operationen werden nach demselben Prinzip behandelt. Liefern sie keinen Beitrag zu den gesuchten Definitionen und Benutzungen, werden sie einfach ignoriert. Ansonsten werden sie dem Ergebnis hinzugefügt. Jeder Name, der durch die Operation definiert wird, kann aus den Mengen u und d für den nächsten Rekursionsschritt gestrichen werden. Für alle Benutzungen oder Definitionen des Namens, die wir bei der Suche in den Vorgängern der aktuellen Operationen noch finden könnten, gilt, daß die aktuelle Definition von diesen antiabhängig bzw. ausgabeabhängig ist. Solche Operationen können nur transitive Abhängigkeiten beitragen. Aufgefundene Benutzungen führen zu keiner Veränderung bei u oder d: Es könnten in den Vorgängern noch weitere Benutzungen vorkommen, die von den bisher gefundenen unabhängig sind.

Bewertung: Das beschriebene Verfahren benutzt bereits bekannte Informationen über Abhängigkeiten zwischen Operationen. Die Bestimmung genauerer Abhängigkeiten bezüglich eines verfeinerten Namensschemas erfolgt entlang der im Abhängigkeitsgraphen schon vorhandenen Kanten. Für jede Operation müssen deren Vorgänger im Abhängigkeitsgraphen durchsucht werden. Mehrfache Besuche bei denselben Operationen können wir durch dynamisches Programmieren verhindern. Wie bei der Ersetzung aus Abschnitt 6.4.2 profitieren wir von der Pfadverkürzung, die wir durch die Elimination nicht essentieller Kanten erreichen. Bei der Suche nach Benutzungen und Definitionen entlang der Abhängigkeitskanten wird ein Großteil der Ecken des Graphen einfach übersprungen. Im Gegensatz zu der am Anfang dieses Abschnitts vorgeschlagenen Analyse ankommender Definitionen erfolgt die Berechnung völlig bedarfsgesteuert. Ist $|E|$ die Anzahl der Ecken im Graph und NS das zu Grunde liegende Namensschema, so müssen im schlechtesten Fall für $O(|E|)$ Operationen $O(|E|)$ Ecken nach Definitionen und Benutzungen von $O(|NS|)$ Namen durchsucht werden, wobei der Aufwand für die Berechnung der Mengenoperationen nochmals $O(|NS|)$ betragen kann. Für praktische Fälle entsteht ein deutlich geringerer Aufwand, weil Operationen in der Regel nur bezüglich kleiner Ausschnitte von NS voneinander abhängen und nur wenige Operationen abgesucht werden müssen.

6.5 Iterative optimierende Übersetzung

Bisher haben wir Programmrepräsentation, Programmanalyse und Programmtransformationen weitgehend unabhängig betrachtet. In diesem Abschnitt integrieren wir die einzelnen Teile in einen globalen Ansatz, der es erlaubt, die bei der Übersetzung zur Verfügung stehenden Ressourcen zielgerichtet einzusetzen.

Wir wissen bisher, wie sich Programme initial als explizite Abhängigkeitsgraphen darstellen lassen, wie solche Graphen effizient analysiert und optimiert werden und wie die Ergebnisse der Programmanalyse genutzt werden können, um die Genauigkeit der repräsentierten Abhängigkeiten zu erhöhen. In jedem dieser Schritte würden wir am liebsten bereits über die Ergebnisse des nächsten Schritts verfügen: Die Analysen sind um so effizienter, je kompakter die zu analysierende Programmrepräsentation ist. Bei der Optimierung der Graphen finden sich mehr Anwendungsstellen, wenn die Datenabhängigkeiten möglichst genau modelliert sind. Die Elimination nicht essentieller Abhängigkeiten setzt wiederum Analyseergebnisse über Definitionen und Benutzungen voraus, vgl. Abbildung 6.3.

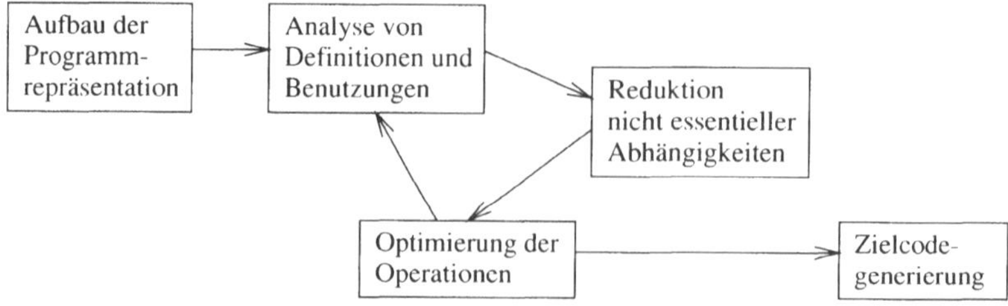

Abbildung 6.3: Zyklische Abhängigkeit zwischen Analysen und Optimierungen.

Der während der semantischen Analyse erzeugte EAG unterscheidet Datenabhängigkeiten bezüglich des initialen Namensschemas aus Abschnitt 4.3. Alle dafür benötigten Informationen stehen bereits in der semantischen Analyse zur Verfügung oder werden während des Aufbaus intraprozedural bestimmt. Auf dem interprozeduralen EAG des Programms wird die Programmanalyse durchgeführt.

Bei der Programmanalyse besitzen wir zwei Parameter, mit denen wir die Analyse steuern können. Der erste Parameter ist das zu benutzende Namensschema, der zweite die Kontextsensitivität der Analyse. Das Namensschema bestimmt, in welchem Ausmaß ursprünglich anonyme Variablen bei der Analyse unterschieden werden können. Der Grad der Kontextsensitivität bestimmt, inwieweit Informationen alternativer Ausführungspfade während der Analyse unterschieden werden. Beide Parameter haben entscheidenden Einfluß auf die Genauigkeit und auf den Aufwand der Analyse.

Aus der Bewertung der gebräuchlichen Abstraktionen in Abschnitt 3.2.4 wird deutlich, daß es kein festes, für alle zu übersetzenden Programme gleichermaßen geeignetes Namensschema geben kann. Das gleiche gilt für den Grad der Kontextsensitivität. Zunächst scheint es so, als könnten wir uns nur zwischen zu ungenau und zu aufwendig entscheiden. Ersteres bedeutet, daß wir die angestrebten Verbesserung nicht erreichen können, wenn die analysierten Informationen zu pessimistisch sind. Letzteres bedeutet, daß die Übersetzung abbricht, da die zur Verfügung stehenden Ressourcen ausgehen.

Diese Argumentation ist jedoch nur stimmig, wenn die Analyse für sich alleine betrachtet wird. Erhöhen wir die Genauigkeit der Analyse schrittweise, so können wir die am Ende einer jeden Analyse verfügbaren Informationen direkt für die Elimination nicht essentieller Abhängigkeiten und anschließende kostenreduzierende Transformationen nutzen. Dadurch reduzieren wir gleichzeitig auch den Umfang der Programmrepräsentation. Damit wird der Eingabeumfang für nachfolgende Analysen kleiner. Dadurch können wir Analysen auch mit einer Genauigkeit durchführen, die auf dem nicht reduzierten Graphen an einem zu hohen Ressourcenverbrauch scheitern.

1. Für die nachfolgende Analyse legen wir das Namensschema auf NS_O^0 aus Definition 6.4.3 fest und die Anzahl der unterschiedenen Analysekontexte auf 1.

2. Für das gegebene Namensschema und die gewählte Kontextsensitivität analysieren wir das Programm.

3. Aufbauende auf den Analyseergebnissen führen wir Optimierungen durch, die den Eingabeumfang für nachfolgende Programmanalysen reduziert.

4. Nach der Optimierung können wir Zielcode generieren. Alternativ dazu erhöhen wir die Genauigkeit der Analyse und fahren mit Schritt 2 fort. Für die Erhöhung der Genauigkeit können wir beim Namensschema von NS_O^i auf NS_O^{i+1} übergehen und gleichzeitig in (5.8) λ-Terme größere Höhe erlauben und damit mehr Analysekontexte unterscheiden.

Mit der schrittweisen Erhöhung der Genauigkeit und der Reduktion der Graphen zwischen zwei Analysen wird die Übersetzung unabhängig von der Frage, welches die ideale Abstraktion für ein gegebenes zu übersetzendes Programm wäre. Mit den vergleichsweise ungenauen aber schnellen Analysen zu Beginn der Übersetzung können wir auch größere Programme behandeln. Die Reduktion des Umfangs und die Erhöhung der Genauigkeit können wir fortsetzen, solange noch ausreichend Ressourcen zur Verfügung stehen. Nach jedem Reduktionsschritt haben wir eine optimierte Darstellung, aus der wir direkt Zielcode erzeugen können.

Beispiel 6.5.1 Die Auswirkungen des iterativen Ansatz demonstrieren wir an einem konkreten Programmfragment.

Die nebenstehende Abbildung zeigt einen expliziten Abhängigkeitsgraphen, wie er bei der iterativen Optimierung des folgenden Programmfragments auftreten kann.

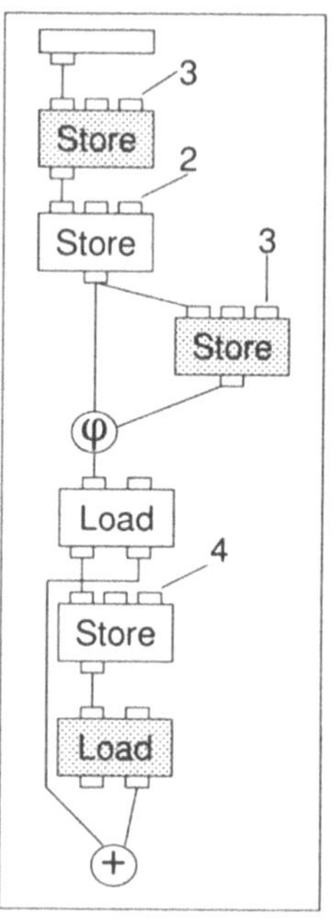


```
c := a;
d := b;
a.v := 3;
b.v := 2;
if B1 then
  c.v := 3;
end;
x := d.v;
b.v := 4;
res := x + a.v;
```

Der Graph bietet in dieser Form keine Ansatzpunkte für optimierende Transformationen. Lediglich die Store-Operation links unten kann durch die Elimination toter Operationen gelöscht werden. Die Ergebnisse einer Programmanalyse mit einem verfeinerten Namensschema sind durch die Färbung der einzelnen Operationen angedeutet. Wir nehmen an, daß wir *mayuse* und *maydef* Attribute analysiert haben, und daß die grau hinterlegten Operationen unabhängig von den weißen sind. Anstatt denselben Graphen direkt mit höherer Genauigkeit zu analysieren, nutzen wir zunächst die berechneten Informationen, um den Graph in seinem Umfang zu reduzieren.

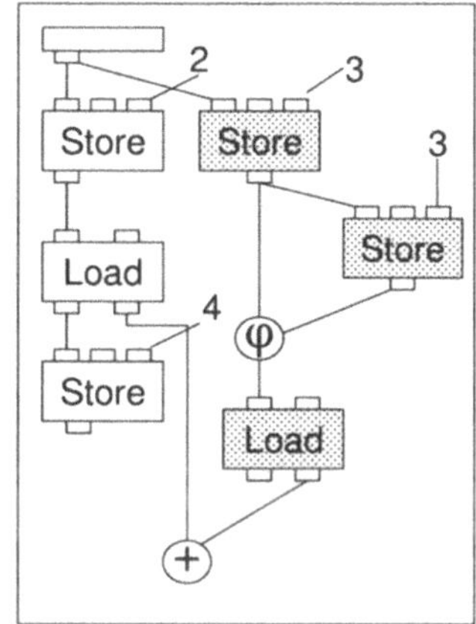

Wir spalten nun die sequentielle Ordnung der Operationen durch Anwendung des Verfahren zur Reduktion nicht essentieller Abhängigkeiten auf. Die nebenstehende Abbildung zeigt das Ergebnis dieser Transformation. Unabhängige Operationen sind nun auch im EAG unabhängig dargestellt. Nach diesem Umbau können wir nun die Transformationen zur Reduktion von Speicherzugriffen nutzen, die zuvor nicht anwendbar waren. Im Beispiel können wir die Load-Operationen jeweils durch den dritten Parameter der vorangehenden Store-Operationen ersetzen. Die linke Load-Operation ersetzen wir durch Consti(2), die rechte durch Phi(Consti(3), Consti(3)). Die Store-Operationen besitzen nach diesen Transformationen keine Benutzungen mehr und können gelöscht werden.

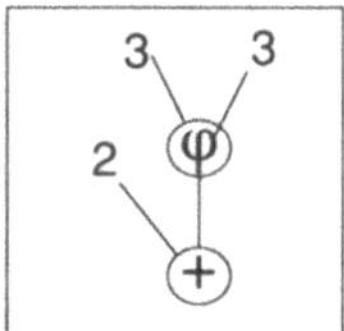

Dieses Ergebnis können wir durch Anwendung kostenreduzierender Transformationen weiter vereinfachen, und dadurch den gesamten Graphen schließlich auf die Operation Consti(5) reduzieren. Entscheidend ist hierbei zum einen, daß es uns durch die Reduktion nicht essentieller Abhängigkeiten und die anschließenden Transformationen gelungen ist, den gesamten Graphen statisch auszuwerten.

5

Darüberhinaus ist für nachfolgende Programmanalysen vorteilhaft, daß durch die kostenreduzierenden Transformationen gleichzeitig auch der Umfang des Graphen und damit die Eingabeumfang der Analyse reduziert wird. ◇

Im vorliegenden Übersetzer für die Programmiersprache Sather-K haben wir die iterative Optimierung wie folgt implementiert: Wir führen zunächst die Schritte 1) bis 3) des Algorithmus von Seite 151 während des Aufbaus der Programmrepräsentation aus. In Schritt 4) fahren wir, falls der Übersetzer mit einer niedrigen Optimierungsstufe aufgerufen wurde, mit der Zielcodegenerierung fort. Bei hoher Optimierungsstufe gehen wir beim Namensschema auf NS^1_O über und erhöhen die maximale Höhe der χ-Terme auf eine als Programmoption einstellbare Konstante. Mit diesen Vorgaben wiederholen wir die Schritte 2 und 3 und erzeugen anschließend Zielcode. In wie weit es lohnend ist, das Verfahren auf mehrere Durchläufe auszudehnen, haben wir bisher nicht eingehend untersucht. Dies ist Gegenstand weiterführender Arbeiten.

6.6 Zusammenfassung

Wir haben in diesem Kapitel Transformationen auf expliziten Abhängigkeitsgraphen vorgestellt, mit denen wir traditionelle Optimierungen abdecken, insbesondere aber auch gezielt typische Ineffizienzen objektorientierter Programme beseitigen können.

Transformationen haben wir durch lokale Graphersetzungsregeln beschrieben. Für diese haben wir gezeigt, wie sie sich effizient auf EAGs anwenden lassen. Jede einzelne Ersetzung erhält die Semantik aus Sicht der davon abhängigen Operationen. Dadurch können wir die globale Korrektheit der Ersetzungen lokal nachweisen.

Bei der Umsetzung bereits bekannter Optimierungstechniken haben wir im Fall der Vermeidung redundanter Berechnungen gezeigt, daß sich mit Hilfe der expliziten Abhängigkeiten in EAGs bessere Ergebnisse erzielen lassen als dies mit traditionellen Ansätzen der Fall ist.

Speziell für die Optimierung typischer Ineffizienzen bei objektorientierten Programmen haben wir neuartige Transformationen vorgestellt, durch die Polymorphie, prozedurale Abstraktion, Speicherzugriffe und dynamische Objekterzeugungen sehr einfach reduziert werden können.

Mit der iterativen Optimierung haben wir die Grundlagen für skalierbare Ansätze definiert, die es erlauben, mit der Genauigkeit und dem Speicheraufwand für die Programmanalysen die zur Verfügung stehenden Ressourcen schrittweise auszuschöpfen. Die automatische Anwendung dieser Strategie ist jedoch Gegenstand weiterführender Arbeiten.

Ob sich durch die Optimierungen die zu erwartenden Beschleunigungen der übersetzten Programme in der Praxis auch wirklich erzielen lassen, untersuchen wir nun im folgenden Kapitel anhand praktischer Messungen.

7 Praktische Ergebnisse

In diesem Kapitel weisen wir die Effektivität und Effizienz der in den bisherigen Kapiteln eingeführten Analyse- und Transformationstechniken zur Optimierung objektorientierter Programme an praktischen Beispielen nach.

7.1 Der Sather-K Übersetzer

Die Techniken aus den Kapiteln 4 bis 6 wurden in dem an der Universität Karlsruhe entwickelten Übersetzer sa für die objektorientierte Programmiersprache Sather-K implementiert. Dieser baut während der semantischen Analyse zunächst mit dem Verfahren aus Abschnitt 4.3 und dem dort definierten initialen Namensschema einzelne intraprozedurale EAGs auf. Sind alle Optimierungen des Übersetzers abgeschaltet, so werden beim Aufbau lediglich die direkt in Abschnitt 4.3.3 beschriebenen Transformationen durchgeführt. Anschließend wird für die einzelnen EAGs direkt Code erzeugt.

Mit aktivierten Optimierungen werden bereits beim Aufbau der Darstellung die folgenden Transformationen aus Kapitel 6 durchgeführt: Konstantenfaltung, partielle Auswertung, einfache Fälle von offenem Einbau und die Reduktion von Speicherzugriffen. Syntaktisch gleiche Berechnungen, die keine Auswirkungen auf den Speicherzustand haben, werden wie in Abschnitt 6.2.3.2 direkt zu eindeutigen Repräsentanten zusammengefaßt. Dabei werden die Normalisierungen aus Abschnitt 6.1.4 angewandt. Nach dem Aufbau werden in den einzelnen EAGs tote Operationen mit dem Verfahren aus Abschnitt 6.2.2 entfernt.

Eine erste Approximation des Interprozeduralen Steuerflusses wird bereits während des Aufbaus durch eine Variante der in Abschnitt 3.2.2 eingeführten, schnellen Typanalyse bestimmt. Diese ist, als Erweiterung zum Originalverfahren, auch in der Lage, indirekte Sprünge über zeigerwertige Variablen abzuschätzen. Mit Hilfe dieser Abschätzung werden die einzelnen EAGs dann, wie in Abschnitt 4.2.1.5 definiert, zu einem interprozeduralen Graphen zusammengebaut.

Für den interprozeduralen EAG wird dann wie in Abschnitt 5.2 der Schleifenbaum und die zugehörige Besuchsreihenfolge $R(L)$ bestimmt. Letztere steuert die Analyse von Ausdrücken und Speicherinhalten aus Abschnitt 5.1. Mit den Verfahren aus den Abschnitten 5.3.2 und 5.4 werden Speicherinhalte bedarfsgesteuert bestimmt und kontextsensitive Werte als λ-Terme realisiert. Bei dieser Analyse wird das im Vergleich zum initialen Schema verfeinerte Namensschema NS_O^1 aus Definition 6.4.3 benutzt.

Bei allen weiteren Optimierungen und bei der anschließenden Zielcodegenerierung werden nur noch Prozeduren berücksichtigt, die von der Hauptprozedur aus erreichbar sind.

Aus den Ergebnissen dieser Analyse werden wie in Abschnitt 5.1.3 die Werte von *maydef* und *mayuse* bezüglich NS_O^1 bestimmt, um damit, wie in Abschnitt 6.4 beschrieben, nicht essentielle Abhängigkeiten auf den intraprozeduralen EAGs zu eliminieren. Anschließend werden nochmals die bereits beim Aufbau benutzten Optimierungen auf die reduzierten Graphen angewendet. Mit den Informationen der globalen Analyse können nun auch die Transformationen aus den Abschnitten 6.3.1 und 6.3.3 angewandt werden. Durch das Löschen nicht essentieller Abhängigkeiten werden neue Anwendungsmöglichkeiten für die Ersetzungen aus Abschnitt 6.3.2 eröffnet. Diese Optimierungen werden iteriert bis sich die Größe der EAGs nicht mehr ändert. Anschließend werden die komplexen Operationen Sel und SymConst durch elementare Operationen ersetzt, vgl. Abschnitt 4.4. Die Graphen werden schließlich dem Verfahren aus Abschnitt 6.2.3 zur Codeplazierung unterzogen, entsprechend der Datenabhängigkeiten linearisiert und an die Zielcodegenerierung übergeben.

Der Übersetzer kann Maschinencode für Intel ix86 und Sun Sparc Prozessoren erzeugen. Für die Messungen in diesem Kapitel verwenden wir einen ebenfalls verfügbaren Codegenerator, der aus EAGs C-Code erzeugt. C benutzen wir wie eine zielmaschinenunabhängige Assemblersprache. Alle Anweisungen sind in Dreiadreßform. Der C-Code wird anschließend durch den Gnu C-Übersetzer gcc weiter übersetzt, wobei immer dessen höchste Optimierungsstufe aktiviert ist. Beim Aufruf des Sather-Übersetzers kann der Umfang seiner eigenen Optimierungen über Optionen eingestellt werden.

Dieser Ansatz erlaubt es uns, direkt nachzuweisen, welche Verbesserungen sich mit den neuen Techniken tatsächlich erzielen lassen. Optimierungen, die für imperative Programme *state of the art* sind, werden vom C-Übersetzer bereits angewendet. Verbesserungen lassen sich bei der Laufzeit der erzeugten Programme nur dann erzielen, wenn wir bereits im Sather-Übersetzer Ineffizienzen beseitigen, die von Standardverfahren nicht behandelt werden können.

Außerdem erreichen wir durch diesen Ansatz eine bessere Vergleichbarkeit zu anderen Übersetzern, da wir unabhängig von traditionellen Übersetzungsaufgaben werden, die in diesem Buch nicht behandelt werden. Dies betrifft insbesondere die Codeselektion, die Registerzuteilung und die Befehlsanordnung.

7.2 Testprogramme

Die Programme, die wir als Eingaben für die praktischen Messungen benutzen, reichen von speziellen objektorientierten Benchmarks über typische objektorientierte Anwendungen bis zu normalen imperativen Programmen. Alle Programme wurden, soweit sie ursprünglich in anderen Programmiersprachen vorlagen, unter Beibehaltung ihrer spezifischen Eigenschaften von Hand nach Sather übersetzt. Die Programme sind in Tabelle 7.1 zusammengefaßt. Die Programme Iterator und

Programm	Beschreibung	Zeilen
Iterator	Skalarprodukt zweier Vektoren	1360
Complex	Addition und Multiplikation komplexer Zahlen	1364
Matrix	Matrixmultiplikation	1354
Max	Maximumsuche	1320
Simul	Prozessorsimulation	2016
Queens	Lösung des n-Damen-Problems	1628
Hanoi	Simulation der Türme von Hanoi	1630

Tabelle 7.1: Ausgewälte Testprogramme.

Complex, Matrix und Max bilden zusammen die C++ Benchmark-Sammlung von Kuck & Associates.[1] Die Besonderheiten bei Iterator sind ein sehr hohes Maß an Polymorphie, Delegation und Kapselung von Daten in Objekten. Complex zeichnet sich hingegen durch eine Vielzahl kleiner Objekte aus, die dynamisch erzeugt und nur kurz benutzt werden. Matrix berechnet das Produkt zweier Matrizen, Max sucht das Maximum einer Folge von Zahlen. Die beiden letzten Programme besitzen explizite Zugriffs- bzw. Vergleichsmethoden. Simul ist eine einfache, objektorientiert entworfene und implementierte Simulation für Prozessoren mit mehreren funktionalen Einheiten. Queens und Hanoi stammen aus den traditionell imperativ formulierten Hennessy Benchmarks. Hier sind die Kernprozeduren nicht objektorientiert. Allerdings nutzt der Code die objektorientierte Basisbibliothek von Sather für Reihungen und elementare Typen.

Die angegebenen Größen der Programmquellen sind wenig aussagekräftig. Zum einen benötigt jedes Sather-Programm ca. 1000 Zeilen Code aus der Basisbibliothek. Dieser Code enthält Vereinbarungen für die elementaren Typen wie BOOL, INT und generische Reihungen, aber auch Klassen, die Ausnahmen definieren und Ein-/Ausgabe erlauben. Dabei sagen die reinen Zeilenzahlen nichts darüber aus, welcher Anteil der in den Klassen definierten Merkmale in einem Programm auch wirklich benötigt wird. Auf der anderen Seite tragen Generizität und Vererbung dazu bei, daß die Ausgabegrößen der Programme stärker wachsen als die Quellen. Den nicht linearen Zusammenhang zwischen dem Umfang der Quellen und der Größe der erzeugten C-Dateien zeigt Abbildung 7.1. Bei einer mittleren Anzahl

1) `www.kai.com`.

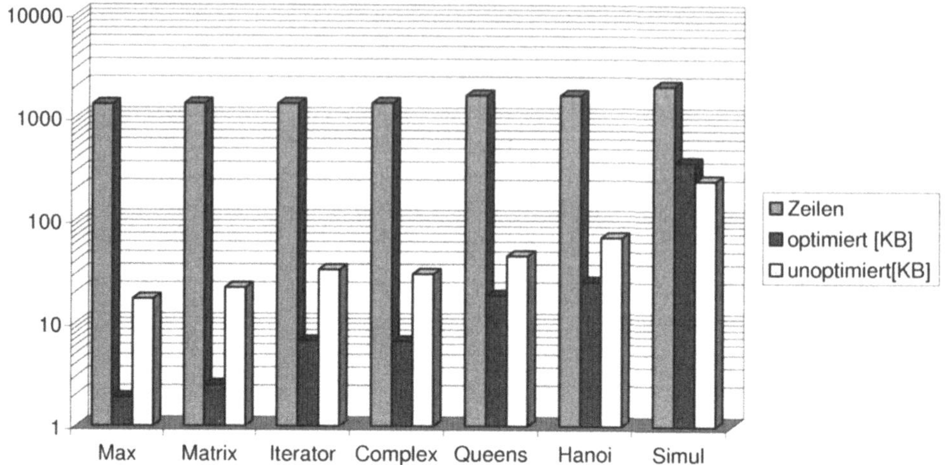

Abbildung 7.1: Größenverhältnisse zwischen Quell- und Zielcode.

von 33 Zeichen pro Quellzeile reicht das Verhältnis zwischen Quellzeilen und Ausgabegröße im nicht optimierten Fall von ca. 5:2 bei Max bis ca. 1:3 bei Simul. Für den optimierten Code liegen die Verhältnisse sogar zwischen ca. 20:1 und 1:5.

Auf Iterator gehen wir detaillierter ein, da in diesem Programm fast alle Mechanismen vorhanden sind, die wir in Abschnitt 2.1 als Ursache für die Ineffizienz objektorientierter Programme identifiziert haben. Abbildung 7.2 zeigt die schematische Struktur des Programms und die wichtigsten Details. Der Sather-Quellcode abzüglich der Basisbibliotheken ist in Anhang B abgedruckt, ebenso der flußinsensitive Aufrufgraph.

Kern des Programms ist eine Prozedur zur Berechnung des inneren Produkts zweier Vektoren. Diese wird aus der Hauptprozedur mehrfach für zwei initialisierte Vektoren aufgerufen. Vektoren sind durch eine abstrakte Klasse Vector definiert. Zu dieser existieren verschiedene Unterklassen. Die Klasse VectorArray realisiert Vektoren beispielsweise über flexible Reihungen. Diese wiederum werden durch dynamische Reihungen implementiert. Um von der konkreten Realisierung der Vektoren abstrahieren zu können, erfolgt der Zugriff auf die einzelnen Vektorelemente über Iteratoren, die den Zustand der Iteration in dynamisch erzeugten Objekten kapseln. Auch dafür gibt es eine entsprechende abstrakte Klasse und konkrete Realisierungen für die einzelnen Vektorklassen. Die Variablen für Vektoren und Iteratoren sind polymorph, um beliebige Implementierungen aufnehmen zu können.

Der hohe zusätzliche Aufwand, mit dem diese Flexibilität erkauft wird, wird am besten am Aufruf von i1.hasNext deutlich. Zunächst ist dies ein polymorpher Aufruf. Im Beispiel führt er zu VecArrayIter::hasNext. Diese Prozedur vergleicht den im Iteratorobjekt vorhandenen Zähler mit der Größe des Vektors. Dazu ruft sie

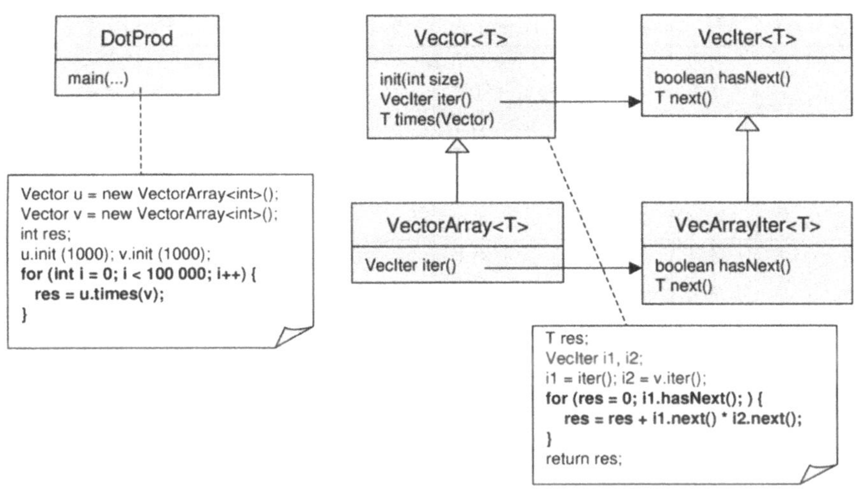

Abbildung 7.2: Schematischer Aufbau von Iterator

VectorArray::size auf, die wiederum an asize in der Klasse der flexiblen Reihungen delegiert. Diese delegiert weiter an die entsprechende Prozedur der darunterliegenden dynamischen Reihung.

7.3 Messungen

Die Messungen wurden auf einem ansonsten unbelasteten Rechner durchgeführt. Dessen Prozessor ist ein Intel Pentium II mit 300 MHz. Die Zeiten wurden mit Hilfe des unix Kommandos *time* ermittelt. Sie geben die tatsächlich vergangene Zeit an. Darin sind auch Zeiten für die Behandlung von Seitenfehler u.ä. enthalten. Um Netzwerkeffekte beim Laden der Programme auszuschließen, wurden die Programme mehrmals hintereinander ausgeführt und die kürzeste gemessene Zeit als Ergebnis übernommen. Matrix multipliziert 1000 50×50 Matrizen, Complex iteriert 50000 mal über Vektoren mit 1000 Elementen, Iterator und Max iterieren 100000 mal über Vektoren mit ebenfalls 1000 Elementen. Queens löst für 12 Damen, Hanoi simuliert 24 Scheiben.

In Tabelle 7.2 sind die Werte für die einzelnen Testprogramme aufgeführt. Die erste Zeile gibt an, wieviel Zeit der eigentliche Übersetzungsvorgang vom Einlesen der Quellen bis inklusive zum Ausschreiben der C-Dateien benötigt. Die zweite Zeile gibt die Gesamtzeit inklusive der Übersetzung der C-Dateien und dem anschließenden Binden an. Die Werte der beiden ersten Zeilen wurden mit ausgeschalteten Optimierungen beim Sather-Übersetzer gemessen.

Meßwert	Max	Matrix	Iterator	Complex	Simul	Hanoi	Queens
τ^c [s]	0,3	0,3	0,5	0,4	1,7	0,6	0,7
τ [s]	1,1	1,2	1,6	1,2	7,1	1,9	1,9
τ_O^c [s]	0,5	0,6	0,7	0,4	12,4	1,2	2,0
τ_O [s]	1,1	1,1	1,3	1,0	16,8	2,0	2,8
S [KB]	17,2	21,9	33,0	30,0	244,2	45,0	63,1
S_O [KB]	1,9	2,5	6,7	6,6	367,0	18,4	27,6
t [s]	13,3	27,2	36,0	56,0	8,5	10,1	5,7
t_O [s]	4,0	5,7	2,2	8,5	3,4	7,5	4,3
B	3,3	4,7	16,4	6,6	2,5	1,3	1,4

Tabelle 7.2: Meßwerte für die Testprogramme:τ^c = Übersetzungszeit ohne Optimierung, $\tau = \tau^c$ + Assemblieren und Binden, τ_O^c = Übersetzungszeit mit Optimierung, $\tau_O = \tau_O^c$ + Assemblieren und Binden, S = Ausgabe Größe ohne Optimierung, S_O = Ausgabegröße optimiert, t = Ausführungszeit unoptimierter Code, t_O = Ausführungszeit nach Optimierung, B = Beschleunigung

Die Zeilen 3 und 4 geben die entsprechenden Werte für die optimierende Übersetzung an. Auffällig ist hierbei, daß sich für kleine Programme die Gesamtübersetzungszeiten zwischen optimierender und nicht optimierender Übersetzung nur wenig unterscheiden. Teilweise sind sie bei der optimierenden Übersetzung trotz interprozeduraler Analyse sogar kürzer. Die Ursache hierfür wird bei der Größe der erzeugten C-Dateien offensichtlich, die in den nächsten beiden Zeilen angegeben sind: Sind die zusätzlichen Kosten für die globale Optimierung beim Vergleich der ersten und dritten Zeile noch offensichtlich, amortisieren sie sich oft wieder bis zum Binden. Selbst bei dem größeren Programm Simul sind die Zeiten für die Optimierende Übersetzung nicht wesentlich erhöht.

Deutlich hingegen sind die Unterschiede zwischen optimierender und nicht optimierender Übersetzung beim Vergleich der Laufzeiten der übersetzten Programme. Insbesondere bei den objektorientierten Benchmarks sind die erreichten Beschleunigungen immens. Dies gilt umsomehr, da ja auch die als *nicht optimiert* bezeichneten Programme durch den C-Übersetzer optimiert wurden. Selbst bei Simul, das nicht als Benchmark konzipiert wurde, konnten noch deutliche Verbesserungen erzielt werden. Moderat hingegen sind die Verbesserungen bei den beiden traditionellen imperativen Programmen Queens und Hanoi. Die Ursachen für die Laufzeitverbesserungen liegen hier hauptsächlich beim häufigeren offenen Einbau von Prozeduren. Die Einsparungen an Objekterzeugungen und Speicherzugriffen sind hier vernachlässigbar.

Die folgenden Abbildungen schlüsseln die erzielten Verbesserungen im einzelnen auf. Sie zeigen die Häufigkeit einzelner Operationen bei der Ausführung der Programme im Vergleich zwischen optimierender und nicht optimierender Übersetzung. Die Werte wurden durch Instrumentierung des generierten Codes bestimmt. Das Zahlenmaterial finden sich in Anhang B auf Seite 184.

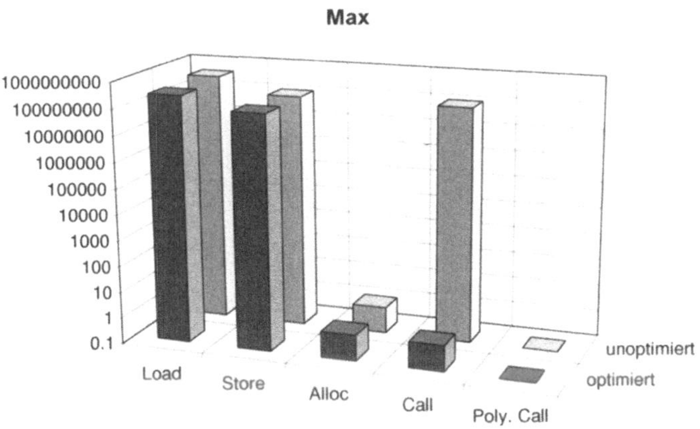

Abbildung 7.3: Optimierungsergebnisse für Max.

Max profitiert insbesondere davon, daß die Delegation des Vergleichs zweier Zahlen an die explizite Vergleichsmethode beseitigt und durch einen einfachen Maschinenbefehl ersetzt werden konnte. Darüberhinaus wurden 1001 Load Operationen eingespart, die bei der Laufzeit jedoch nicht ins Gewicht fallen.

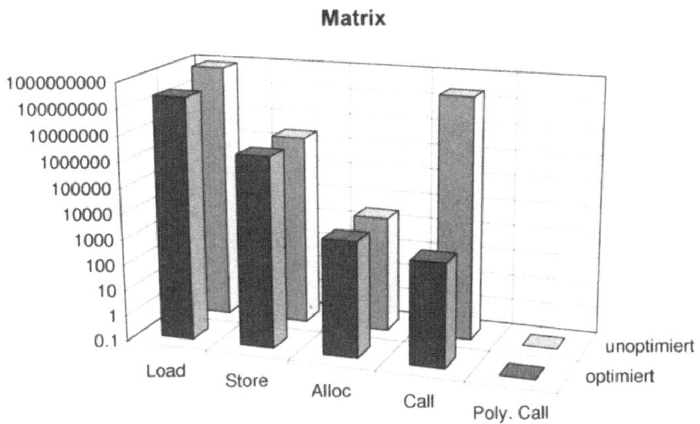

Abbildung 7.4: Optimierungsergebnisse für Matrix.

Bei Matrix konnte durch Beseitigung von Delegationen die Anzahl der Prozeduraufrufe um 5 Größenordnungen gesenkt werden. Die Anzahl der lesenden Speicherzugriffe wurde um über 71% reduziert. Die eingesparten Zugriffe dienen im unoptimierten Programm dazu, über mehrere Stufen auf die konkrete Repräsentation der Matrizen zuzugreifen. In der optimierten Version erfolgen diese Zugriffe direkt.

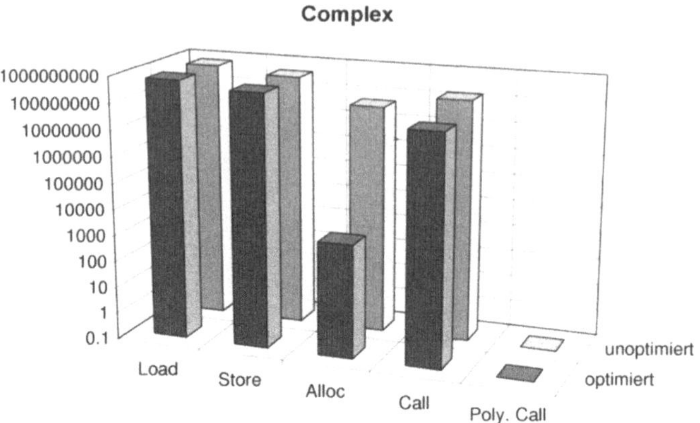

Abbildung 7.5: Optimierungsergebnisse für Complex.

Bei Complex konnten alle Zugriffe auf komplexe Zahlen statisch gebunden und offen eingebaut werden. Damit wurden die nur temporär benutzten Objekte für den Optimierer als solche erkennbar und von ihm entfernt. Dabei wird auch die Anzahl der schreibenden Speicherzugriffe um über 60% reduziert. Die verbleibenden Objekterzeugungen werden nur noch für die Initialisierung der Datenstrukturen benötigt. Anschließend kommen im Programm keine Alloc-Operationen mehr vor.

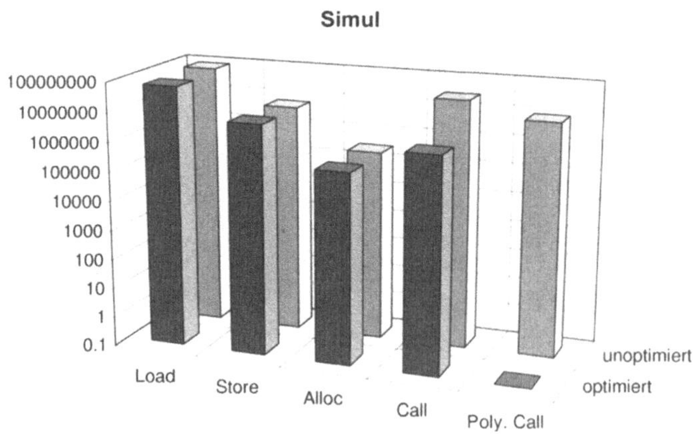

Abbildung 7.6: Optimierungsergebnisse für Simul.

Am auffälligsten bei Simul ist, daß alle polymorphen Aufrufe statisch gebunden werden konnten. Darüberhinaus wurde die Anzahl der Prozeduraufrufe um mehr als eine Größenordnung gesenkt und die Anzahl der Lesenden Speicherzugriffe um ca. 20%.

Bei Iterator konnten zunächst auch alle Prozeduraufrufe statisch gebunden und offen eingebaut werden. Die Attribute der Iteratorobjekte wurden durch loka-

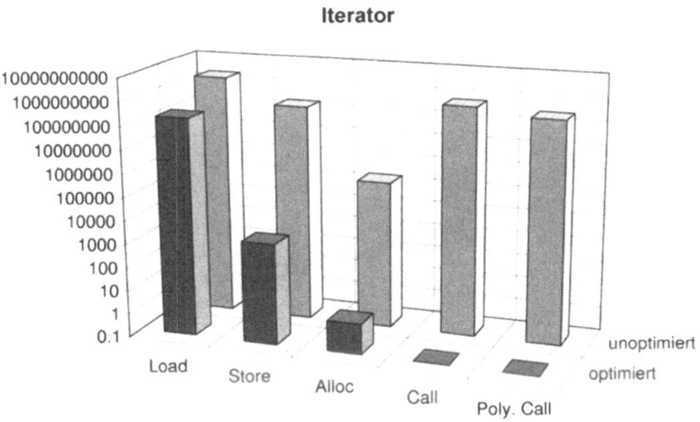

Abbildung 7.7: Optimierungsergebnisse für Iterator.

le Variablen ersetzt, die Iteratoren selbst gelöscht. Da auch sämtliche Zugriffe auf Merkmale der Vektorobjekte durch direkte Zugriffe auf die darunterliegenden Implementierungsstrukturen ersetzt wurden, waren anschließend die Objekte für Vektoren und flexible Reihungen tot und wurden ebenfalls gelöscht. Übrig geblieben sind die dynamischen Reihungen. Der verbleibende Maschinencode ist vollständig auf Seite 183 abgedruckt. Die beiden linken Spalten enthalten den Initialisierungscode, die rechte Spalte die beiden geschachtelten Schleifen für die iterierte Berechnung des inneren Produkts.

7.4 Speichereffizienz von χ-Termen

Am Beispiel des synthetischen Programms CS, dessen Quelle auf Seite 184 abgedruckt ist, lassen sich die Vorteile von χ-Termen für die Programmanalyse verdeutlichen. Das Programm initialisiert Felder dynamisch erzeugter Objekte. Die Auswahl der Objekte, an deren Felder zugewiesen wird, erfolgt innerhalb der Prozedur m zufällig. Da das Ergebnis dieser Auswahl wiederum als Parameter für den nächsten Aufruf dient, sind insgesamt dennoch nur bestimmte Kombinationen von Kanten möglich. Für jeden Lauf gilt, daß am Ende des Programms a.a und b.a nicht dieselben Inhalte haben. Um dies durch eine Programmanalyse erkennen zu können, muß es möglich sein, Pfade im Steuerflußgraphen bis zur Länge 8 auseinander zu halten. In CS gibt es 895 solcher Pfade.

Bezüglich des Namensschemas aus Definition 4.3.1 definiert CS 43 Namen. Nach Einbau der Aufrufe von m enthält das Programm 10 aufeinanderfolgende bedingte Anweisungen mit insgesamt ca. 80 Speicherzugriffen. Die hintere Kurve in Abbildung 7.8 zeigt, wie viele Einträge eine konventionelle kontextsensitive Speicheranalyse, wie z.B. (Golubski, 1997) aus Abschnitt 3.2.2.3, in Abhängigkeit von der zugelassenen Kontextsensitivität für die Darstellung der *points-to*-Informationen benötigt.

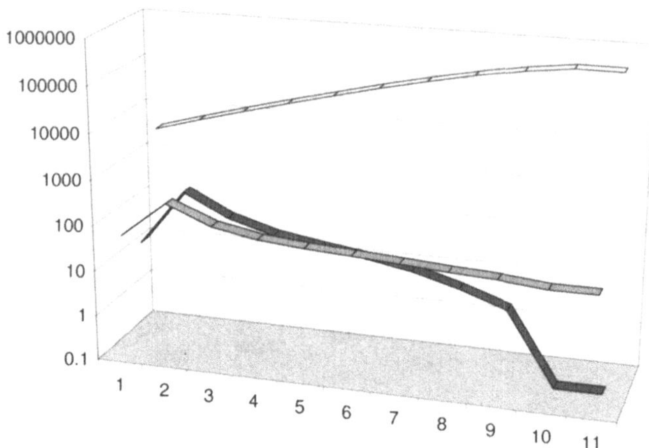

Abbildung 7.8: Speicheraufwand für die kontextsensitive Analyse von CS.

Die Kurve im Vordergrund gibt die Anzahl der inneren Ecken bei einer entsprechenden Analyse mit χ-Terme an. Eine solche Ecke benötigt in der Implementierung direkt 24 bis 32 Bytes, abhängig von der Zahl der Unterterme. Zusammen mit Hilfsdatenstrukturen für das Eindeutigmachen von Termen kostet eine Ecke im Mittel ca. 50 Byte. Insgesamt werden für die Darstellung der χ-Terme in diesem Beispiel maximal 15KB benötigt. Dabei ist jedoch zu berücksichtigen, daß die χ-Terme im Übersetzer nicht nur für die Darstellung der *points-to* Information benutzt werden, sondern in diesen 15KB auch der Aufwand für die Darstellung der Ergebnisse von Ausdrücken enthalten ist. Für die geforderte Kontextsensitivität von 8 benötigt die traditionelle Modellierung bereits über 175000 Einträge, um Namen an unterschiedlichen Programmpunkten für unterschiedliche Ausführungspfade auf deren Inhalte abzubilden.

Bemerkenswert ist an diesem Beispiel, daß die Anzahl der benötigten Ecken in χ-Termen in diesem Beispiel zunächst stark ansteigt, dann aber mit zunehmender Kontextsensitivität kontinuierlich sinkt. Die mittlere Kurve zeigt die Ursache hierfür. Sie gibt den Anteil der $\overline{\sqcap}$-Ecken an den Ecken der χ-Termen an. Für geringe Kontextsensitivität dominiert dieser Wert die Anzahl der Ecken der χ-Terme. Mit einsetzender Kontextsensitivität steigt deren Anzahl zunächst. Mit steigender Kontextsensitivität erhöht sich jedoch auch die Genauigkeit der Analyse. Die Anzahl der Namen, deren Inhalte nicht eindeutig, d.h. nur durch Mengen beschrieben werden kann, sinkt. Ab einer Kontextsensitivität von 10 können alle im Programm möglichen Pfade unterschieden werden. Verschmelzungen finden nicht mehr statt. Die Übersetzung von CS inklusive kontextsensitiver Analyse benötigt für diesen Fall ca. eine halbe Sekunde. Der Aufruf der Prozedur work wird dabei statisch als nicht erreichbar erkannt und beseitigt.

Die nachfolgenden Abbildungen, die vom Übersetzer automatisch generiert werden können, zeigen Beispiele für χ-Terme wie sie bei der Analyse von CS auftreten. Die Zahlen in den Kreisen sind die Indizes der x_c-Terme. Sie entsprechen mit aufsteigender Numerierung den bedingten Anweisungen im Programm. Abbildung 7.9 stellt das Ergebnis der Bedingung c.a = i.a im Anschluß an die Aufrufe von m dar. Obwohl auch hier alle Ausführungskontexte statisch unterschieden werden, ist das Ergebnis des Vergleichs nicht konstant. Wir können diese Abfrage nicht wegoptimieren. An diesem Beispiel wird jedoch deutlich, wie der χ-Term die knapp 900 unterschiedlichen Ausführungspfade in lediglich 12 relevante Fälle partitioniert.

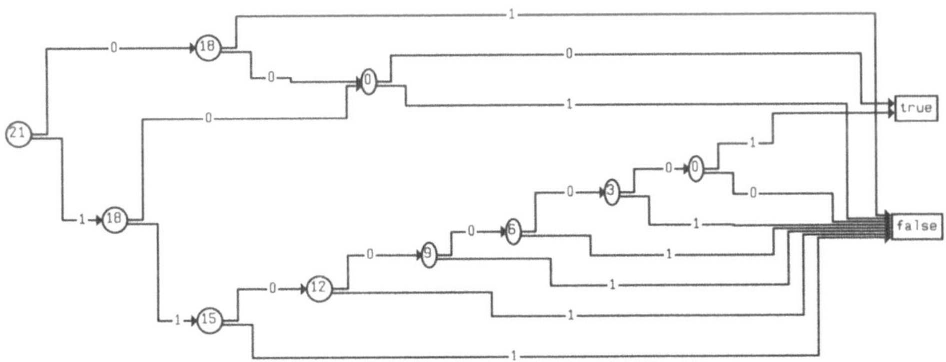

Abbildung 7.9: Ergebnis der Bedingung c.a = i.a nach Aufruf von m in CS.

Abbildung 7.10 zeigt das Ergebnis der Analyse für den Inhalt von i.a, wobei die Höhe der benutzten χ-Terme jedoch auf 4 beschränkt wurde. Folglich werden die bei dieser Kontextsensitivität nicht mehr unterscheidbaren Objekte am rechten Rand der Abbildung durch einen $\overline{\sqcap}$-Term verschmolzen. Die o_i sind textuelle Darstellungen des benutzten Namensschemas für Objekte. Sie entsprechen mit aufsteigender Numerierung den Objekten auf die die Variablen a bis j verweisen.

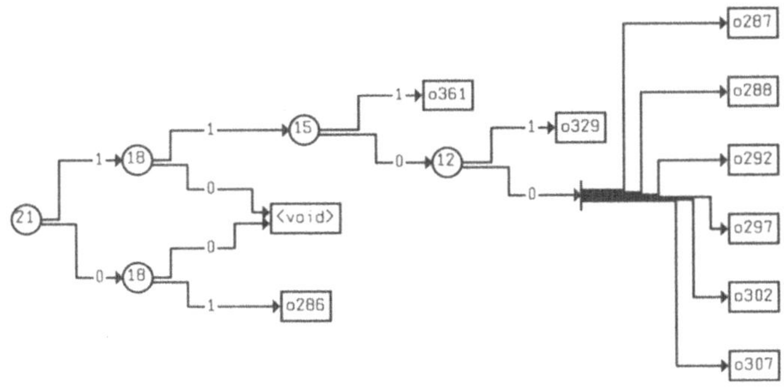

Abbildung 7.10: Abschätzung des Inhalts von a.i in CS.

7.5 Vergleich zu anderen Übersetzern

Um einen Vergleich des Sather-K Übersetzers mit anderen Übersetzern zu ermöglichen, haben wir das Programm Iterator auch nach Java übersetzt. Tabelle 7.3 vergleicht den Sather-Übersetzers mit *state of the art* Übersetzern für Java und C++. Die Tabelle zeigt die Ausführungszeiten des übersetzten Programms auf einem Intel Pentium II System mit 300 MHz.

Sprache	Übersetzer/Laufzeitsystem	Betriebssystem	Laufzeit des übersetzten Programms [s]
Java	IBM JDK 1.1.7	WinNT	40
	IBM JDK 1.1.6	Linux	32
	JDK 1.2.1 SymJit	WinNT	31
	IBM HPCJ	WinNT	30
	TowerJ	Linux	28
	JDK 1.2.1 HotSpot	WinNT	16
C++	Gnu G++	Linux	17
	Borland C++	WinNT	17
Sather-K	sa, optimierend	Linux	2

Tabelle 7.3: Vergleich der Ausführungszeit von Iterator bei verschiedenen Sprachen und Übersetzern.

Bei den Java-Systemen handelt es sich ausschließlich um echte Übersetzer, nicht um Bytecode-Interpretierer. Die Zeiten für Interpreter liegen im Vergleich dazu bei drei bis zehn Minuten. Der Sather-Übersetzer liegt mit abgeschalteten eigenen Optimierungen und nur mit den Optimierungen des C-Übersetzers mit ca. 31 Sekunden im Mittelfeld der Java-Übersetzer, etwas schlechter als der HPCJ von IBM. Auffällig ist das gute Abschneiden des HotSpot-Übersetzers, der das Programm auch dynamisch während der Ausführung optimiert. Damit schlägt er sogar die Ausführungszeiten der beiden getesteten C++ Übersetzer. Das Ergebnis des optimierenden Sather-Übersetzers ist in diesem Beispiel etwa eine Größenordnung besser als das der anderen Übersetzer.

7.6 Diskussion

Wir haben an typischen objektorientierten Programmen die Effektivität und Effizienz der in diesem Buch eingeführten Techniken nachgewiesen. Dabei haben wir durch die optimierende Übersetzung des erzeugten C-Codes einen direkten Vergleich, welche Effizienzsteigerungen nicht auf Standardoptimierungen, sondern auf die neuen Ansätze zurückgehen. Der Vergleich mit anderen Übersetzern zeigt, daß die erzielten Verbesserungen zumindest im Beispiel deutlich über die Möglichkeiten anderer Übersetzer hinausgehen. Natürlich lassen sich diese Ergebnisse auf Basis der untersuchten Testprogramme nicht verallgemeinern. Offensichtlich lassen sich jedoch durch die Kombination von Optimierungen die Polymorphie, Datenkapselung und dynamische Objekterzeugungen gleichermaßen reduzieren, deutlich bessere Ergebnisse erreichen als dies bisher bei der Optimierung objektorientierter Programme der Fall war.

8 Zusammenfassung

Die Ergebnisse der hier beschriebenen Arbeiten ermöglichen es, bei der Übersetzung objektorientierter Programme deutlich effizientere ausführbare Programme zu erzeugen als dies mit bisherigen Techniken möglich war. In diesem Abschnitt fassen wir die einzelnen Ergebnisse nochmals zusammen und zeigen Möglichkeiten für weiterführende Arbeiten auf.

In diesem Buch wurden neuartige Ansätze zur optimierenden Übersetzung objektorientierter Programme vorgestellt. Die Effektivität und Effizienz der Optimierungen wurde an Einzelbeispielen nachgewiesen. Dabei konnte gezeigt werden, daß die Abstraktionsmechanismen, die bei objektorientierten Programmen eingesetzt werden, um softwaretechnische Ziele zu erreichen, bei den ausführbaren Programmen weitgehend eliminiert wurden.

Die erreichten Verbesserungen gehen vor allem auf neue Optimierungen zur Reduktion von Speicherzugriffen und zur Vermeidung dynamischer Objekterzeugungen zurück. Diese Optimierungen lassen sich auch bei traditionellen imperativen Programmen gewinnbringend anwenden. Die einzelnen Transformationen können auf expliziten Abhängigkeitsgraphen sehr einfach formuliert und lokal als korrekt bewiesen werden.

Für die interprozedurale, kontextsensitive Analyse der benötigten Programminformationen wurden neue, effiziente Verfahren vorgestellt, die ebenfalls auf der Verfügbarkeit von Abhängigkeiten aufbauen. Die wesentlichen Beiträge liegen hier in der Definition einer geeigneten Besuchsreihenfolge, die aus den Datenabhängigkeiten abgeleitet wird, in Techniken zur Reduktion des Speicherverbrauchs bei der Darstellung von Speicherzuständen und in einer neuartigen Modellierung kontextsensitiver Datenflußwerte durch χ-Terme. Letztere ermöglichen eine effiziente Kodierung, die ähnlich zur Darstellung boolescher Funktionen durch OBDDs ist. χ-Terme bieten nicht nur eine kompakte Repräsentation. Sie erlauben es auch, Transferfunktionen direkt auf diesen Termen symbolisch zu berechnen, ohne daß dazu die Kodierung wieder explizit aufgefaltet werden muß.

Ermöglicht wurden die Analyse- und Transformationstechniken durch explizite Abhängigkeitsgraphen. EAGs sind eine neuartige SSA-Darstellung. Diese zeichnet sich dadurch aus, daß alle Abhängigkeiten zwischen den einzelnen Operationen explizit modelliert werden. Im Gegensatz zu bisher verfügbaren SSA-Darstellungen sind EAGs nicht auf die Darstellung lokaler Variablen beschränkt. Vielmehr werden hier auch Datenabhängigkeiten zwischen beliebigen Speicherzugriffen vollständig dargestellt. Dadurch werden die funktionalen Zusammenhänge für die Optimierung syntaktisch erkennbar. Die gemeinsame Darstellung von Operationen und globalen Abhängigkeiten erlaubt darüberhinaus optimierende Programmtransformationen, bei denen die bisher analysierten und im Graph repräsentierten Programminformationen konsistent erhalten bleiben. Für die expliziten Abhängigkeitsgraphen wurde gezeigt, wie sie bereits während der semantischen Analyse aufgebaut und im Laufe der optimierenden Übersetzung in ihrer Genauigkeit weiter verbessert werden können.

Die vorgestellten Techniken lassen sich in verschiedene Richtungen erweitern und ausbauen.

Zunächst bieten sich zusätzliche Möglichkeiten an, um die analysierten Informationen und expliziten Abhängigkeiten für weitere Optimierungen zu nutzen. Die statische Abstraktion der zur Laufzeit auftretenden Speicherzustände erlauben es, Teile der automatischen Speicherbereinigung bereits zur Übersetzungszeit auszuführen. Dazu ist es lediglich notwendig, ein konkretes Speicherbereinigungsverfahren zu abstrahieren, genau so, wie wir Transferfunktionen aus der konkreten Semantik der Operationen abgeleitet haben. Die anschließende Konkretisierung der Ergebnisse der abstrakten Bereinigung gibt an, welche Objekte bereits statisch eliminiert werden können ohne dabei die Semantik des Programms zu verändern.

Eine sehr gute Ausgangsbasis bieten EAGs mit ihren expliziten Abhängigkeiten auch für eher traditionelle Optimierungen. Dies gilt insbesondere auf Befehlsanordnungsverfahren und weitergehenden Ansätzen zur Codeplazierung. Gerade auch Erweiterungen durch Rematerialisierung und Ausnutzung spekulativer Ausführung bei zukünftigen Mikroprozessoren erscheinen sehr lohnend.

Auch EAGs selbst können sicher noch verbessert werden. Die Darstellung des Steuerflusses als Grundblockgraph ist zwar gut verstanden, bringt jedoch mehr Restriktionen mit sich als eine Darstellung über Steuerabhängigkeiten. Vorteilhaft könnte hier auch die Ersetzung von φ-Operationen durch die γ-Operationen der GSA Darstellung sein.

Weiterführende Arbeiten sollten sich zunächst mit den unterschiedlichen Möglichkeiten für die Realisierung der iterativen Optimierung und mit der Adaption der interprozeduralen Pogrammanalyse auf Ansätze zur getrennten Übersetzung befassen. Ansätze hierzu bestehen bereits in Form der abstrakten Semantikbeschreibungen externer Prozeduren.

Unabhängig vom Ausbau der Techniken für die optimierende Übersetzung lassen sich die Fortschritte bei der Programmanalyse und bei der expliziten Darstellung von Abhängigkeiten auch auf anderen Gebieten gewinnbringend einsetzen. Beispiele hierfür sind die halbautomatische Verifikation von Programmen und das *model capturing* beim Reengineering von Software-Systemen.

Literatur

AGESEN, O. (1995): The Cartesian Product Algorithm: Simple and Precise Type Inference of Parametric Polymorphism. In *ECOOP'95—Object-Oriented Programming, 9th European Conference*, herausgegeben von Olthoff, W. G., Bd. 952 von *Lecture Notes in Computer Science*, S. 2–26. Springer-Verlag.

ALBAHANI, B., MERRILL, B. und DRAYTON, P. (2000): *C# Essentials. Programming the .NET Framework*. O'Reilly.

ALT, M., ASSMANN, U. und VAN SOMEREN, H. (1994): Cosy Compiler Phase Embedding with the CoSy Compiler Model. In *Compiler Construction (CC)*, herausgegeben von Fritzson, P. A., Bd. 786 von *Lecture Notes in Computer Science*, S. 278–293. Springer-Verlag.

ALT, M. und MARTIN, F. (1997): Practical Comparison of Call String and Functional Approach in Data Flow Analysis. In *Arbeitstagung Programmiersprachen*, herausgegeben von Kuchen, H., Bd. 58 von *Arbeitsberichte des Institutes für Wirtschaftsinformatik*. Westfälische Wilhelms-Universität Münster.

ASSMANN, U. und WEINHARDT, M. (1993): Interprocedural Heap Analysis for Parallelizing Imperative Programs. In *Proceedings of the Conference on Programming Models for Massively Parallel Computers*, herausgegeben von Giloi, W. K., Jähnichen, S. und Shriver, B. D., S. 74–82. IEEE Computer Society Press.

ARMBRUSTER, M. und VON ROQUES, C. (1996): *Entwurf und Realisierung eines Sather-K Übersetzers*. Diplomarbeit, Universität Karlsruhe, Fakultät für Informatik.

BALLANCE, R. A., MACCABE, A. B. und OTTENSTEIN, K. J. (1990): The Program Dependence Web: A Representation supporting Control-, Data-, and Demand-Driven Interpretation of Imperative Languages. In *Proceedings of the ACM SIGPLAN Conference on Programming Language Design and Implementation (PLDI '90)*, herausgegeben von Johnson, M. S., S. 257–271. ACM Press.

BENITEZ, M. E., CHAN, P., DAVIDSON, J. et al. (1991): ANDF: Finally an UNCOL After 30 Years. Techn. Ber. CS-91-05, Department of Computer Science, University of Virginia.

BERN, J., MEINEL, C. und SLOBODOVÁ, A. (1995): Global Rebuilding of OBDD's – Tunnelling Memory Requirement Maxima. Techn. Ber. 95–03, Universität Trier.

BOESLER, B. J. H. (1998): *Codeerzeugung aus Abhängigkeitsgraphen*. Diplomarbeit, Universität Karlsruhe, Fakultät für Informatik.

BOOCH, G. (1994): *Object-Oriented Analysis and Design with Applications*. Benjamin Cummings, zweite Aufl.

BRANDIS, M. M. (1995): *Optimizing Compilers for Structured Programming Languages*. Dissertation, Institute of Computer Systems, Eidgenössische Technische Hochschule Zürich.

Briggs, P., Cooper, K. D., Harvey, T. J. und Simpson, L. T. (1998): Practical Improvements to the Construction and Destruction of Static Single Assignment Form. *Software—Practice and Experience*, 28(8): 859–881.

Bryant, R. E. (1992): Symbolic Boolean Manipulation with Ordered Binary Decision Diagrams. Techn. Ber. CMU-CS-92-160, Carnegie Mellon University.

Bryant, R. E. (1995): Binary Decision Diagrams and Beyond: Enabling Technologies for Formal Verification. In *International Conference on Computer Added Design 95*, S. 236–245.

Calder, B., Grunwald, D. und Zorn, B. (1994): Quantifying Behavioral Differences Between C and C++ Programs. Techn. Ber., University of Colorado.

Carini, P. R. und Hind, M. (1995): Flow-sensitive interprocedural constant propagation. *ACM SIGPLAN Notices*, 30(6): 23–31.

Chambers, C. (1992): *The Design and Implementation of the Self Compiler, an Optimizing Compiler for Object-Oriented Programming Languages.* Dissertation, Computer Science Department, Stanford University.

Chambers, C., Dean, J. und Grove, D. (1996): Whole-program optimization of object-oriented languages. Techn. Ber. 96-06-02, University of Washington.

Chambers, C. und Ungar, D. (1989): Customization: Optimizing Compiler Technology for Self, a Dynamically-Typed Object-Oriented Programming Language. In *Proceedings of the ACM SIGPLAN '89 Conference on Programming Language Design and Implementation*, Nr. 7 in SIGPLAN Notices, S. 146–160.

Chambers, G. und Ungar, D. (1990): Iterative Type Analysis and Extended Message Splitting. In *Proceedings of the ACM SIGPLAN Conference on Programming Language Design and Implementation (PLDI '90).*

Chambers, C. Dean, J. Grove, D. (1997): Whole-Program Optimization of Object-Oriented Languages. Technical Report TR-96-06-02, University of Washington.

Chase, D. R., Wegman, M. und Zadeck, F. K. (1990): Analysis of pointers and structures. *ACM SIGPLAN Notices*, 25(6): 296–310.

Chatterjee und Ryder, B. (1997): Scalable, Flow-Sensitive Type-Inference for Statically Typed Object-Oriented Programming Languages. Techn. Ber., Department of Computer Science, Rutgers University.

Choi, J.-D., Cytron, R. und Ferrante, J. (1991): Automatic construction of sparse data flow evaluation graphs. In *Conference Record of the Eighteenth Annual ACM Symposium on Principles of Programming Languages (POPL '91)*, S. 55–66.

Chow, F. C., Chan, S., Liu, S.-M. et al. (1996): Effective Representation of Aliases and Indirect Memory Operations in SSA Form. In *Compiler Construction, 6th International Conference*, herausgegeben von Gyimothy, T., Bd. 1060 von *Lecture Notes in Computer Science*, S. 253–267. Springer-Verlag.

Click, C. und Cooper, K. D. (1995): Combining Analyses, Combining Optimizations. *ACM Transactions on Programming Languages and Systems*, 17(2): 181–196.

CLICK, C. N. (1995): *Combining Analyses, Combining Optimizations.* Dissertation, Rice University, Houston, Texas.

COOPER, HALL, KENNEDY und TORCZON (1995): Interprocedural Analysis and Optimization. *CPAM: Communications on Pure and Applied Mathematics*, 48.

COOPER, K., HALL, M. W. und TORCZON, L. (1991): An Experiment with Inline Substitution. *Software – Practice and Experience*, 21(6): 581–601.

COOPER, K. und SIMPSON, T. (1995a): SCC-Based Value Numbering. Techn. Ber. CRPC-TR95636-S, Rice University.

COOPER, K. und SIMPSON, T. (1995b): Value-Driven Code Motion. Techn. Ber. CRCP-TR95637-S, Rice University.

COOPER, K. D., HALL, M. W. und KENNEDY, K. (1993): A Methodology for Procedure Cloning. *Computer Languages*, 19(2): 105–117.

COUSOT, P. und COUSOT, R. (1977): Abstract Interpretation: A Unified Lattice Model for Static Analysis of Programs by Construction of Approximation of Fixed Points. In *Proceedings of the 4th ACM Symposium on Principles of Programming Languages. Los Angeles*, S. 238–252. ACM Press.

CYTRON, R., FERRANTE, J., ROSEN, B. K. et al. (1989): An Efficient Method of Computing Static Single Assignment Form. In *Conference Record of the 16th Annual ACM Symposium on Principles of Programming Languages (POPL '89)*, S. 25–35. ACM Press.

CYTRON, R., FERRANTE, J., ROSEN, B. K. et al. (1991): Efficiently Computing Static Single Assignment Form and the Control Dependence Graph. *Sigplan Notices*, 13(4): 451–490.

CYTRON, R. K. und FERRANTE, J. (1995): Efficiently Computing ϕ-Nodes On-The-Fly. *ACM Transactions on Programming Languages and Systems*, 17(3): 487–506.

DEAN, J. (1996): *Whole-Program Optimization of Object-Oriented Languages.* Technical report, University of Washington.

DEAN, J., DEFOUW, G., GROVE, D. et al. (1996): Vortex: An Optimizing Compiler for Object-Oriented Languages. *ACM SIGPLAN Notices*, 31(10): 83–100.

DEFOUW, G., GROVE, D. und CHAMBERS, C. (1997): Fast Interprocedural Class Analysis. Technical Report TR-97-07-02, University of Washington, Department of Computer Science and Engineering.

DOLBY, J. (1997): Automatic Inline Allocation of Objects. *ACM SIGPLAN Notices*, 32(5): 7–17.

DRECHSLER, K.-H. und STADEL, M. P. (1993): A variation of Knoop, Rüthing, and Steffen's Lazy Code Motion. *SIGPLAN Notices*, 28(5): 29–38.

EMMELMANN, H. (1994): *Codegenerierung mit regulär gesteuerter Termersetzung.* Dissertation, Universität Karlsruhe.

FERRANTE, J., OTTENSTEIN, K. J. und WARREN, J. D. (1987): The Program Dependence Graph and Its Use in Optimization. *ACM Transactions on Programming Languages and Systems*, 9(3): 319–349.

GOLDBERG, A. und ROBSON, D. (1983): *Smalltalk-80: the Language and its Implementation*. Addison Wesley.

GOLUBSKI, W. (1997): Datenflußanalyse in objektorientierten Programmiersprachen. Habilitationsschrift an der Universität Siegen.

GOOS, G. (1997): Sather-K — The Language. *Software — Concepts and Tools*, 18: 91–109.

GOSLING, J., JOY, B. und STEELE, G. (1996): *The Java Language Specification*. The Java Series. Addison-Wesley.

GROVE, D., DEAN, J., GARRETT, C. und CHAMBERS, C. (1995): Profile-Guided Receiver Class Prediction. In *Proceedings of OPPSLA '95*, S. 108–123.

GROVE, D., DEFOUW, G., DEAN, J. und CHAMBERS, C. (1997): Call Graph Construction in Object-Oriented Languages. In *Proceedings of Twelfth Conference on Object-Oriented Programming Systems, Languages, and Applications (OOPSLA '97)*.

HAVLAK, P. (1993): Construction of Thinned Gated Single-Assignment Form. In *Proceedings of the 6th International Workshop on Languages and Compilers for Parallel Computing*, herausgegeben von Banerjee, U., Gelernter, D., Nicolau, A. und Padua, D., Lecture Notes in Computer Science, S. 477–499. Springer-Verlag.

KIENLE, H. und HÖLZLE, U. (1998): j2s: A SUIF Java compiler. Technical Report TRCS98-18, University of California, Santa Barbara.

KNOOP, J., RÜTHING, O. und STEFFEN, B. (1992): Lazy Code Motion. In *Proceedings of the ACM SIGPLAN Conference on Programming Language Design and Implementation (PLDI '92)*.

KNOOP, J., RÜTHING, O. und STEFFEN, B. (1993): Lazy Strength Reduction. *Journal of Programming Languages*.

KNOOP, J., RÜTHING, O. und STEFFEN, B. (1994): Partial Dead Code Elimination. In *Proceedings of the ACM SIGPLAN Conference on Programming Language Design and Implementation (PLDI '94)*.

KNOOP, J., RÜTHING, O. und STEFFEN, B. (1998): Code Motion and Code Placement: Just Synonyms? In *Programming Languages and Systems—ESOP'98, 7th European Symposium on Programming*, herausgegeben von Hankin, C., Bd. 1381 von *Lecture Notes in Computer Science*, S. 154–169. Springer-Verlag.

LANDI, W., RYDER, B. G. und ZHANG, S. (1993): Interprocedural Side Effect Analysis With Pointer Aliasing. *SIGPLAN Notices*, 28(6): 56–67.

LEROY, X. (1992): Unboxed Objects and Polymorphic Typing. In *Proceedings of the 19th Symposium on the Principles of Programming Languages*, S. 177–188.

MARLOWE und RYDER (1990): Properties of Data Flow Frameworks. A Unified Model. *Acta Informatica*, 28: 121–163.

MAUCH, R. und TRAPP, M. (1992): *Ein Übersetzer und Laufzeitsystem für die objektorientierte Programmiersprache Sather*. Diplomarbeit, Universität Karlsruhe.

MEYER, B. (1992): *Eiffel: the Language*. Prentice Hall.

MOHNEN, M. (1995): Efficient Compile-Time Garbage Collection for Arbitrary Data Structures. Techn. Ber. 95–08, University of Aachen.

MOREL, E. und RENVOISE, C. (1979): Global Optimization by Suppression of partial redundancies. *Communications of the ACM*, 22(2): 96–103.

MORGAN, R. (1998): *Building an Optimizing Compiler*. Butterworth-Heinemann.

MUCHNICK, S. S. (1997): *Advanced Compiler Design and Implementation*. Morgan Kaufmann.

NIELSON, F., NIELSON, H. R. und HANKIN, C. (1999): *Principles of Program Analysis*. Springer-Verlag.

PLEVYAK, J. (1996): *Optimization of Object-Oriented and Concurrent Programms*. Dissertation, University of Illinois at Urban-Champaign.

PLEVYAK, J. und CHIEN, A. A. (1994): Type Directed Cloning for Object-Oriented Programs. In *Proceedings of the Nineth Conference on Object-Oriented Programming Systems, Languages, and Applications (OOPSLA '94)*, S. 324–340.

PLEVYAK, J. und CHIEN, A. A. (1996): Type Directed Cloning for Object-Oriented Programs. *Lecture Notes in Computer Science*, 1033: 566–579.

RAMALINGAM, G. (1997): On Sparse Evaluation Representations. *Lecture Notes in Computer Science*, 1302: 1–15.

R.E. BRYANT (1986): Graph-Based Algorithms for Boolean Function Manipulation. *IEEE Transactions on Computers*, C-35(8): 677–691.

RUF, E. (1997): Partitioning Dataflow Analysis Using Types. In *Conference Record of POPL '97: The 24th ACM SIGPLAN-SIGACT Symposium on Principles of Programming Languages*.

SAGIV, M., REPS, T. und WILHELM, R. (1996): Solving Shape-Analysis Problems in Languages with Destructive Updating. In *Conference Record of POPL '96: The 23rd ACM SIGPLAN-SIGACT Symposium on Principles of Programming Languages*, S. 16–31.

SIMPSON, L. T. (1996): *Value-Driven Redundancy Elimination*. Dissertation, Rice University.

STEENSGAARD, B. (1993): Sequentializing Program Dependence Graphs for Irreducible Programs. Techn. Ber. MSR-TR-93-14, Microsoft Research, Redmond, WA.

STEENSGAARD, B. (1995): Sparse Functional Stores for Imperative Programs. In *The First ACM SIGPLAN Workshop on Intermediate Representations*.

STEENSGAARD, B. (1996): Points-to Analysis in almost linear time. In *Conference Record of the 23rd Annual ACM Symposium on Principles of Programming Languages (POPL '96)*, S. 32–41.

TARJAN, R. (1972): Depth-first search and linear graph algorithms. *SIAM Journal on Computing*, 1(2): 146–160.

TRAPP, M., LINDENMAYER, G. und BOESLER, B. (1999): Documentation of the Intermediate Representation FIRM. Techn. Ber. 14/1999, Universität Karlsruhe. `ftp://ftp.ira.uka.de/pub/papers/Techreports/1999/1999-14.ps.gz`.

WAITE, W. M. und GOOS, G. (1984): *Compiler Construction.* Springer-Verlag.

WEINHARDT, M. (1992): *Haldenanalyse für Modula-2.* Diplomarbeit, Universität Karlsruhe.

WEISE, D., CREW, R., ERNST, M. und STEENSGAARD, B. (1994): Value Dependence Graphs: Representation without taxation. In *Conference Record of the 21st Annual ACM Symposium on Principles of Programming Languages (POPL '94)*, S. 297–310. ACM Press.

WILSON, R. P., FRENCH, R. S., WILSON, C. S. et al. (1994): SUIF: An Infrastructure for Research on Parallelizing and Optimizing Compilers. *SIGPLAN Notices*, 29(12): 31–37.

WOLFE, M. J. (1996): *High Performance Compilers for Parallel Computing.* Addison-Wesley.

Entscheidungsdiagramme

Entscheidungsdiagramme,[1] (R.E. BRYANT, 1986), sind eine symbolische Darstellung für Funktionen. Sie wurden ursprünglich hauptsächlich in der Hardware-Simulation und Verifikation eingesetzt. In der Regel erlauben sie eine sehr viel kompaktere Darstellung, als dies mit Wertetabellen möglich ist.

A.1 Geordnete, binäre Entscheidungsdiagramme

Ein geordnetes, binäres Entscheidungsdiagramm[2] (OBDD) ist ein zusammenhängender, gerichteter, azyklischer Graph, mit einer Wurzel und zwei Senken (Terminale). Es gibt zwei Arten von Kanten: O-Kanten und L-Kanten, erstere werden gestrichelt gezeichnet. Mit Ausnahme der Senken hat jede Ecke genau zwei ausgehende Kanten, eine O-Kante und eine L-Kante. Die Senken sind mit den Werte O und L markiert, alle anderen Ecken sind mit booleschen Variablen x_i markiert. Variablen treten auf allen Pfaden von der Wurzel zu einer Senke immer in der Reihenfolge einer fest vorgegebenen totalen Ordnung auf. Diese Variablenordnung unterscheidet geordnete BDDs von anderen Entscheidungsdiagrammen. Drei weitere Eigenschaften sind insbesondere wichtig für die kompakte Darstellung und das effiziente Rechnen mit OBDDs.

Gemeinsame Teilausdrücke werden nur einmal repräsentiert. Es gibt keine zwei Ecken mit derselben Markierung, bei denen jeweils die O- und die L-Kanten auf dieselben Ecken zeigen. (A.1)

Die von einer Ecke ausgehenden O- und L-Kanten verweisen nicht auf dieselbe Ecke. (A.2)

Auf jedem Pfad von der Wurzel zu einer Senke tritt jede Variable höchstens einmal auf. (A.3)

Bei vorgegebener Variablenbelegung besitzt jede boolesche Funktion ein eindeutiges OBDD.

Den Funktionswert für eine bestimmte Belegung der Variablen x_i läßt sich aus einem OBDD wie folgt bestimmen: Beginne mit der Wurzel. Abhängig vom Wert der Variable, mit der die aktuelle Ecke markiert ist, gehe über die O- oder L-Kante zur nächsten Ecke. Wird eine Senke erreicht, so ist deren Markierung der

1) Engl.: *decision diagram*.
2) Engl.: *ordered binary decision diagram*.

Funktionswert für die Variablenbelegung durch die der Pfad im OBDD bestimmt wurde.

Im folgenden bezeichnet r_f die Wurzel eines OBDD zu f, $var(e)$ die Variablenmarkierung einer Ecke e des OBDDs, sowie $l(e)$ und $o(e)$ die mit L bzw. O markierte von e ausgehende Kante. (v, o, l) steht für eine neue Ecke mit Markierung v und ausgehenden Kanten zu o und l.

A.2 Größe von OBDDs

Die Größe des OBDDs hängt bei vielen Funktionen entscheidend von der Variablenordnung ab. Beispiele hierzu finden sich in (Bryant, 1992). Im schlechtesten Fall kann die Größe eines OBDDs wie die zugehörige Wertetabelle exponentiell mit der Anzahl der Eingabevariablen wachsen. Für viele Funktionen sind OBDDs jedoch deutlich kleiner als die entsprechenden Wertetabellen. Es gibt Funktionen, bei denen die Größe des OBDDs mit einer Variablenordnung linear zur Anzahl der Variablen ist, mit einer anderen Ordnung jedoch exponentiell in der Anzahl der benötigten Variablen. Es gibt Funktionen, bei denen die Größe der OBDDs für jede Variablenordnung exponentiell zur Anzahl der Variablen ist. Umgekehrt gibt es auch nicht triviale Funktionen, bei denen die Größe der OBDDs im schlechtesten Fall quadratisch zur Anzahl der Variablen ist. Zur allgemeinen Bestimmung von geeigneten Variablenordnungen zu einer gegebenen Funktion sind keine effizienten Algorithmen bekannt. In der Praxis werden Variablenordnungen beim Aufbau der OBDDs heuristisch bestimmt. Es ist auch möglich, heuristische Optimierungsverfahren einzusetzten, um die Variablenordnung im Nachhinein zu ändern, (Bern et al., 1995).

A.3 Symbolisches Rechnen auf OBDDs

Ein entscheidender Vorteil der symbolischen Darstellung von booleschen Funktionen durch OBDDs ist neben der vergleichsweise geringen Größe auch die Tatsache, daß Verknüpfungen boolescher Funktionen direkt auf der OBDD-Darstellung ausgeführt werden können, ohne daß die Repräsentation dabei zunächst wieder auf die Größe von Wertetabellen aufgefaltet werden muß.

Der Schlüssel für die effiziente Berechnung von $f\langle op\rangle g$ ist die rekursive Anwendung der Shannon-Erweiterung

$$f\langle op\rangle g = \overline{x} \wedge (\operatorname{cof}(f, x, 0)\langle op\rangle \operatorname{cof}(g, x, 0)) \vee x \wedge (\operatorname{cof}(f, x, 1)\langle op\rangle \operatorname{cof}(g, x, 1)) \tag{A.4}$$

bzw.

$$r_f\langle op\rangle r_g = (x,\ \operatorname{cof}(r_f, x, 0)\langle op\rangle \operatorname{cof}(r_g, x, 0),\ \operatorname{cof}(r_f, x, 1)\langle op\rangle \operatorname{cof}(r_g, x, 1)) \tag{A.5}$$

Hierbei ist $\mathrm{cof}(f, x, b)$ der Cofaktor von f bezüglich $x = b$. Es gilt:

$$\mathrm{cof}(r_f, x, b) = \begin{cases} r_f & \text{falls } x > var(r_f) \\ l(r_f) & \text{falls } x = var(r_f) \text{ und } b = L \\ o(r_f) & \text{falls } x = var(r_f) \text{ und } b = O \end{cases} \tag{A.6}$$

Der Fall $x < var(r_f)$ kann bei geordneten BDDs ausgeschlossen werden, wenn bei jeder Anwendung von (A.5) x als $\max(var(r_f), var(r_g))$ gewählt wird.

A.4 Effiziente Implementierung

OBDDs werden als DAGs implementiert. Die einzelnen Ecken werden dynamisch erzeugt, die Kanten werden als Verweise auf andere Ecken realisiert. Nach (BRYANT, 1992) gibt es drei wesentliche Implementierungstechniken, durch die der Aufwand beim Aufbau und beim Rechnen mit OBDDs beschränkt werden kann.

- Dynamisches Programmieren.
- Globale Elimination gemeinsamer Teilausdrücke.
- Ausnutzung algebraischer Identitäten.

Dynamisches Programmieren: Nach Anwendung von (A.5) wird ein Quadrupel bestehend aus $\langle op \rangle$, r_f, r_g und dem Ergebnis $f\langle op \rangle g$ gemerkt. Dadurch wird eine Neuberechnungen mit denselben Parametern unterdrückt. Ist eine Suche mit dem Schlüssel $(\langle op \rangle, r_f, r_g)$ erfolgreich, steht auch das Ergebnis fest.

Elimination gemeinsamer Teilausdrücke: Die mehrfache Repräsentation gleicher Teilgraphen wird durch ein einfaches Wertnumerierungsverfahren mit Hashtabellen unterdrückt. Im Prinzip ist dies ebenfalls eine Anwendung dynamischen Programmierens, wobei eine Ecke (v, o, l) nur erzeugt wird, falls noch keine solche Ecke existiert. Dadurch wird (A.1) direkt bei der Erzeugung neuer Ecken erzwungen. Wesentlich ist hierbei, daß die Wertnumerierung global erfolgt, d.h. nicht auf die Unterterme beschränkt ist, die während einer einzigen Verknüpfung auftreten.

Ausnutzung algebraischer Identitäten Die wesentliche Vereinfachung bei der Erzeugung neuer Ecken ist die Transformation

$$(v, x, x) = x.$$

Dadurch wird (A.2) direkt bei der Erzeugung neuer Ecken erzwungen. Weitere algebraische Identitäten werden eingesetzt, um die Vorteile des dynamischen Programmierens auch über unterschiedliche Verknüpfungen $\langle op \rangle$ hinweg nutzen zu können.

Eine gewinnbringende Transformation ist hierbei die Darstellung unterschiedlicher Verknüpfungen durch den ite-Operator. Die Abkürzung ite steht für *if-then-else*. In (A.7) sind a, b und c OBDDs. Es gilt:

$$\text{ite}(a, b, c)(x) = \text{if } a(x) \text{ then } b(x) \text{ else } c(x) \qquad \text{(A.7)}$$

Mit (A.7) läßt sich beispielsweise $x \Rightarrow y$ durch $\text{ite}(x, y, L)$ darstellen, $\neg a$ durch $\text{ite}(a, O, L)$. Die Darstellung von $\Rightarrow$ und $\neg$ durch ite erhöht die Fälle, in denen Berechnungen durch das dynamische Programmieren unterdrückt werden können. Die Quadrupel, durch die Parameter und Ergebnisse von Verknüpfungen gespeichert werden, enthalten dann alle nur den ite-Operator.

Aufwand: Durch die beschriebenen Techniken werden (A.1) und (A.2) direkt bei der Berechnung von Verknüpfungen erzwungen. Die Ergebnisse sind direkt wieder OBDDs. Durch das dynamische Programmieren wird sichergestellt, daß bei der rekursiven Berechnung von $f\langle op\rangle g$ mit (A.5) höchstens $n \cdot m$ mal angewendet werden muß, wenn m und n die Anzahl der Ecken der OBDDs zu f und g sind. Das bedeutet, daß sich zwei OBDDs mit quadratischem Aufwand verknüpfen lassen und daß das Ergebnis ein OBDD mit ebenfalls höchstens quadratischer Größe ist.

A.5 Andere Typen von Entscheidungsdiagrammen

(Bryant, 1995) bietet einen guten Überblick über andere Arten von Entscheidungsdiagrammen. Die für die Verwendung in der Programmanalyse wichtigsten Erweiterungen von OBDDs sind die sogenannten MTBDDs und MVDDs.

MTBDDs (Multi Terminal BDDs) sind eine direkte Erweiterung von OBDDs für Funktionen mit anderen Wertebereichen als $\{O, L\}$. Die Variablen, mit denen die inneren Ecken markiert sind, sind wie bei OBDDs boolesch. Die Anzahl der Senken ist jedoch nicht auf zwei beschränkt. Allerdings ist auch hier nur jeweils eine Senke je Markierung zulässig.

Bei MVDDs (Multi Valued DDs) sind mehrwertige Variablen v als Markierung der inneren Ecken zugelassen. Kann eine Variable v k verschiedene Werte annehmen, so hat die mit v markierte Ecke auch k ausgehende Kanten.

Entscheidungsdiagramme, die sowohl mehrwertige Entscheidungsvariablen, als auch mehrere Terminale aufweisen, heißen MTMDDs (Multi Target, Multi Valued DDs).

B Beispielprogramme

Quellprogramm zum Iterator Benchmark in Sather:

```
class Iterator is
  main: INT is
    x: $VECTOR(INT)
       := #VECTOR_OTHER (INT);
    u: #VECTOR_ARRAY (INT);
    v: #VECTOR_ARRAY (INT);
    i: INT := 0;

    u.init (1000);
    v.init (1000);

    while i < 100000 loop
      res := res + u * v;
      i := i + 1;
    end;
     << res;
  end;
end;


abstract class VECTOR (T) is
  init (s: INT): SAME is abstract; end;
  iter: $VEC_ITER (T) is abstract; end;
  size: INT is abstract; end;

  times (v: $VECTOR (T)): T is
    i1, i2: $VEC_ITER (T);

    i1 := iter;
    i2 := v.iter;

    res := 0;
    while i1.hasNext loop
      res := res + i1.next * i2.next;
    end;
  end;
end;


class VECTOR_OTHER (T) is
  like VECTOR_ARRAY(T);
  iter: $VEC_ITER (T) is
    res := void; end;
end;
```

```
class VECTOR_ARRAY (T) is
  like VECTOR (T);
  private repr: ARRAY[*](T);

  init (s: INT): SAME is
    i: INT := 0;

    repr := #ARRAY[s](T);
    while i < s loop
      repr [i] := i;
      i := i + 1;
    end;
  end;

  iter: VEC_ITER_ARRAY (T) is
    res := #VEC_ITER_ARRAY (T);
    res.init (self);
  end;

  size: INT is res := repr.asize; end;
  aget (i: INT): T is
    res := repr[i]; end;
end;

abstract class VEC_ITER (T) is
  next: T is abstract; end;
  hasNext: BOOL is abstract; end;
end;

class VEC_ITER_ARRAY (T) is
  like VEC_ITER (T);
  private act: INT;
  private v: VECTOR_ARRAY (T);

  init (vec: VECTOR_ARRAY (T)) is
    v := vec;
    act := 0;
  end;

  hasNext: BOOL is
    res := act < v.size; end;

  next: T is
    res := v[act]; act := act + 1 end;
end;
```

Aufrufgraph von Iterator:

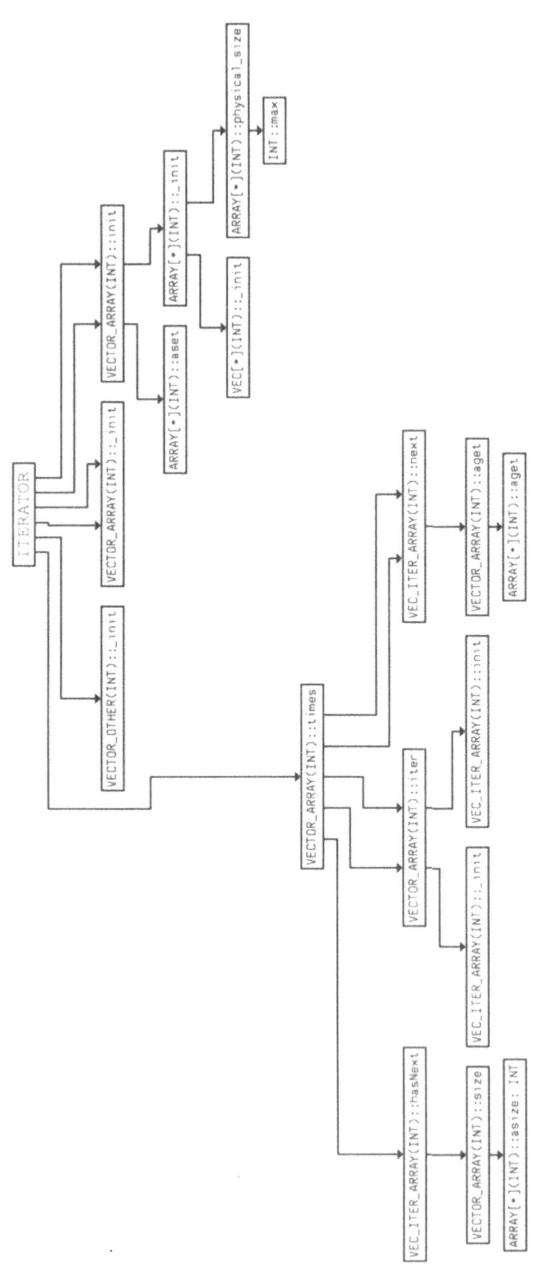

Übersetzung von Iterator auf i386 Assembler:

```
main:
  pushl %ebp
  movl %esp,%ebp
  subl $8,%esp
  pushl %edi
  pushl %esi
  pushl %ebx
  movl $1000,%eax
.L4:
  cmpl $999,%eax
  jg .L7
  addl %eax,%eax
  jmp .L4
  .align 4
.L7:
  cmpl $3000,%eax
  jle .L11
  movl $2,%ecx
  cltd
  idivl %ecx
  jmp .L7
  .align 4
.L11:
  leal 0(,%eax,4),%ebx
  leal 8(%ebx),%eax
  pushl %eax
  call GC_malloc
  addl $8,%eax
  movl %eax,-4(%ebp)
  pushl %ebx
  pushl $0
  pushl -4(%ebp)
  call memset
  xorl %eax,%eax
  addl $16,%esp
.L12:
  cmpl $999,%eax
  jg .L15
  movl -4(%ebp),%ecx
  movl %eax,(%ecx,%eax,4)
  incl %eax
  jmp .L12
```

```
  .align 4
.L15:
  movl $1000,%eax
.L16:
  cmpl $999,%eax
  jg .L19
  addl %eax,%eax
  jmp .L16
  .align 4
.L19:
  cmpl $3000,%eax
  jle .L23
  movl $2,%ecx
  cltd
  idivl %ecx
  jmp .L19
  .align 4
.L23:
  leal 0(,%eax,4),%ebx
  leal 8(%ebx),%eax
  pushl %eax
  call GC_malloc
  leal 8(%eax),%edi

  pushl %ebx
  pushl $0
  pushl %edi
  call memset
  xorl %eax,%eax

.L24:
  cmpl $999,%eax
  jg .L27
  movl %eax,(%edi,%eax,4)

  incl %eax
  jmp .L24
```

```
  xorl %ebx,%ebx
  xorl %esi,%esi
.L28:
  cmpl $99999,%ebx
  jg .L31
  xorl %edx,%edx
  movl $0,-8(%ebp)
.L32:
  cmpl $999,%edx
  jle .L34
  incl %ebx
  addl -8(%ebp),%esi
  jmp .L28
  .align 4
.L34:
  movl -4(%ebp),%ecx
  movl (%ecx,%edx,4),%eax
  imull (%edi,%edx,4),%eax
  incl %edx
  addl %eax,-8(%ebp)
  jmp .L32
  .align 4
.L31:
  movl %esi,%eax
  leal -20(%ebp),%esp
  popl %ebx
  popl %esi
  popl %edi
  leave
  ret
```

```
class CS is

  main: INT is
    a: #A;  b: #A;  c: #A;  d: #A;  e: #A;
    f: #A;  g: #A;  h: #A;  i: #A;  j: #A;
    x:  A;  k: INT;

    x := m (UNKNOWN::bool, a, b, a);
    x := m (UNKNOWN::bool, x, c, x);
    x := m (UNKNOWN::bool, x, d, x);
    x := m (UNKNOWN::bool, x, e, x);
    x := m (UNKNOWN::bool, x, f, x);
    x := m (UNKNOWN::bool, x, g, x);
    x := m (UNKNOWN::bool, x, h, x);
    x := m (UNKNOWN::bool, x, i, x);
    x := m (UNKNOWN::bool, x, j, x);
    if a.a = b.a then work end;
  end;

  m (b:BOOL; x: A; y: A; a: A): A is
    if b then res := x else res := y end;
    res.a := a;
  end;
end;

class A is a: A; v: INT; w: INT; end;
```

Rohdaten über die Häufigkeit von Operationen bei Ausführung der Beispielprogramme:

Programm	Load	Store	Alloc	Call	poly. Call
Max	399802002	99901005	1	100000003	0
Max optimiert	299801001	99901003	1	1	0
Matrix	885120013	2526011	3003	252507005	0
Matrix optimiert	252615002	2526004	3003	4004	0
Complex	700000006	400008008	50002003	150002006	0
Complex optimiert	600000004	150008004	2003	2003	0
Iterator	2200012006	201002018	200007	601000014	300002000
Iterator optimiert	200000000	2000	2	2	0
Simul	87652641	6456425	300044	28978250	8640030
Simul optimiert	70372530	6456388	300039	1946268	0
Hanoi	201326659	50331715	22	100663411	4
Hanoi optimiert	201326630	50331711	22	33554460	0
Queens	609329127	11787920	26	217142973	1
Queens optimiert	609329091	11787911	24	10103906	0

Sachverzeichnis

A

B

C

D

S

T

U

V